수학자가 알려주는 전염의 원리

THE RULES OF CONTAGION

수학자가 알려주는

2m 애덤 쿠차르스키 지음 | 고호관 옮김

전염의 원리

바이러스, 투자 버블, 가짜 뉴스-왜 퍼져나가고 언제 멈출까?
WHY THINGS SPREAD AND WHY THEY STOP

세종

들어가며

몇 년 전 나는 뜻하지 않게 잘못된 정보를 약간 퍼뜨린 적이 있다. 출근길에 기술 분야에서 일하는 내 친구가 복면 쓴 사람들이 탁자를 둘러싼 채 몸을 숙이고 있는 스톡 사진(달력이나 광고 등에 소스로 활용할 수 있는 사진_옮긴이) 한 장을 보내왔다.

우리는 컴퓨터 해킹 관련 뉴스에서 종종 사람들이 음험한 표정을 짓도록 연출한 사진을 자료로 내보낸다며 농담을 주고받았다. 그런데 온라인 불법 마켓을 다룬 기사에 실린 사진은 초현실적이었다. 사진에는 복면만 한 것이 아니라 바지를 입지 않은 게 분명한 한 남자가 마약 무더기와 함께 있었다.

나는 그 사진을 트위터에 올리며 "이 사진은 여러 면에서 아주 흥미롭다"라고 쓰고[1] 사진에서 괴상한 점을 모두 지적했다. 트위터 사용자들도 나와 생각이 같았는지 몇 분 만에 수십 명이 트윗을 공유하고 '좋아요'를 눌렀다. 그중에는 기자도 몇 명 있었다. 그리고 난 뒤 이 사진이 얼마나 널리 퍼질지 궁금해질 즈음 몇몇 사용자가 내게 실수했다고 지적했다. 그건 스톡 사진이 아니라 소셜 미디어를 이용한 마약 거래를 다룬 다큐멘터리에 사용된 스틸 사진이라고 했다. 생각해보니 그쪽이 훨씬 더 그럴듯하게 들렸다(바지를 입지 않은 것은 빼고).

나는 좀 당황스러워하며 정정 트윗을 올렸고, 곧 관심은 사그라들었다. 하지만 그 짧은 시간에도 거의 5만 명이 내 트윗을 보았다. 질병의 발발,

즉 아웃브레이크outbreak를 분석하는 일을 하는 나로서는 좀 전에 어떤 일이 벌어졌는지 궁금했다. 애초에 내 트윗이 왜 이렇게 빨리 퍼졌을까? 정정 트윗은 전파 속도를 늦추었을까? 사람들이 실수를 알아채는 데 더 오래 걸렸다면 어떻게 됐을까?

전염이라면 우리는 대개 감염병이나 온라인의 바이럴 콘텐츠를 생각한다. 하지만 아웃브레이크는 다양하게 일어난다. 멀웨어malware(소유자 승낙 없이 시스템에 침입하거나 시스템을 손상하기 위해 설계된 소프트웨어_옮긴이)나 폭력, 금융 위기를 발생시킬 수 있고 혁신처럼 좋은 일을 발생시킬 수도 있다.

어떨 때는 병원체나 컴퓨터 바이러스 같은 실질적 감염원 때문에 일어나기도 하고, 어떨 때는 추상적인 사상이나 믿음 때문에 일어나기도 한다. 빠른 속도로 벌어질 때도 있고, 천천히 일어날 때도 있다. 어떨 때는 예상치 못한 패턴을 만드는데, 가만히 기다리며 다음에 어떻게 될지 지켜보면 흥미와 호기심, 심지어 두려움까지 느껴진다. 그러면 아웃브레이크는 왜 그런 식으로 일어났다가 사라질까?

제1차 세계대전이 일어난 지 3년 6개월이 지났을 때 생명을 위협하는 존재가 새로 나타났다. 독일군이 프랑스에서 루덴도르프 공세(1918년 서부 전선에서 벌어진 독일군의 공격 작전_옮긴이)를 벌이는 동안 대서양 너머 미국 캔자스주의 번잡한 군사기지 캠프 펀스턴에서는 사람들이 죽어 나갔다.

그 원인은 신종 인플루엔자 바이러스였는데, 인근 농장의 동물이 사람에게 옮겼을 가능성이 있었다. 1918년과 1919년 사이에 이 감염증은 세계적 전염병, 즉 팬데믹pandemic이 됐고 5,000만 명 이상이 목숨을 잃었다. 최종 사망자 수는 제1차 세계대전으로 죽은 사람의 두 배였다.[2]

이후 한 세기 동안 인플루엔자 팬데믹은 네 차례 더 일어난다. 자연스럽게 여기서 의문이 든다. 다음번 팬데믹은 어떤 양상일까? 아쉽게도 뭐라고 콕 집어 말하기는 어렵다. 이전의 인플루엔자 팬데믹이 모두 조금씩 달랐기 때문이다. 균주도 달랐지만 어떤 지역은 다른 지역보다 아웃브레이크가 더 심했다. 내가 일하는 분야에는 이런 격언이 있다. "팬데믹 하나를 봤다면, 그건… 팬데믹 하나를 본 것뿐이다."[3]

질병의 전파를 연구하든 온라인 유행을 연구하든 혹은 다른 어떤 것을 연구하든 우리는 똑같은 문제를 만난다. 아웃브레이크는 제각기 서로 다른 양상을 띤다. 따라서 우리에게는 특정 아웃브레이크에만 있는 특징과 전염을 일으키는 기저 원리를 분리하는 방법이 필요하다. 단순하기 그지없는 설명에 그치지 않고 우리가 관찰하는 아웃브레이크 패턴의 이면에 정말로 무엇이 있는지 밝혀내는 방법 말이다.

이것이 바로 내가 이 책을 쓴 이유다. 서로 다른 삶의 영역에서 일어나는 전염을 탐구하며 어떤 것이 퍼져나가는 이유와 아웃브레이크가 그런 양상을 보이는 이유를 알아볼 것이다. 그 과정에서 겉으로는 관련이 없어 보이는 은행의 위기와 총기 폭력, 가짜 뉴스에서 질병의 진화, 아편중독, 사회적 불평등에 이르기까지 다양한 문제 사이에서 연관성이 드러나는 모습을 볼 수 있다. 또 아웃브레이크에 대처하는 데 도움이 되는 여러 아이디어를 다루는 동시에 감염과 믿음, 행동 패턴에 대한 생각을 바꾸는 비정상적인 상황을 살펴볼 것이다.

먼저 아웃브레이크 형태부터 보자. 질병 연구자들은 새로운 위협을 발견하면 가장 먼저 시간 흐름에 따른 사례의 수를 보여주는 아웃브레이크 곡선을 그린다. 형태는 아주 다양할 수 있지만 전형적으로 점화, 성장, 정점, 쇠퇴 네 가지 주요 단계를 거친다. 어떨 때는 이런 단계가 여러 차례 나타난다. 2009년 4월 돼지인플루엔자 팬데믹이 영국에서 발병했을 때는 초여름에 급속히 늘어나서 7월에 절정을 맞았다가 잦아들었지만 10월 말에 다시 크게 늘어났다(왜 그랬는지는 뒤에서 알아본다).

아웃브레이크에는 여러 단계가 있지만 대개 점화에 초점을 맞춘다. 사람들은 왜 그게 발생했는지, 어떻게 시작됐는지, 누구 책임인지 알고 싶어 한다. 아웃브레이크가 지나고 난 뒤에는 설명과 해설을 만들어내고 싶은 유혹이 생긴다. 마치 그 아웃브레이크가 필연적이었고 똑같은 방식으로 다시 일어날 수 있다는 듯이 말이다. 그러나 성공적이었던 감염이나 유행의 특징을 나열하는 데 그친다면 실제로 아웃브레이크가 어떻게 이루어졌는지에 대해서는 불완전한 그림밖에 얻지 못한다.

아웃브레이크는 대부분 불이 붙지 않은 채 끝난다. 동물에서 사람으로 옮겨가 전 세계에 퍼져 팬데믹이 된 인플루엔자 바이러스가 하나 있다면, 어떤 사람도 감염시키지 못한 바이러스는 수백만 개 있다. 바이럴 마케팅에 성공한 트윗이 하나 있다면, 그렇게 되지 못한 트윗은 수없이 많다.

아웃브레이크에 불이 붙었다 해도 그건 시작에 지나지 않을 뿐이다. 어떤 특정한 아웃브레이크의 형태를 상상해보라. 질병 팬데믹일 수도 있고, 새로운 생각의 전파일 수도 있다. 그건 왜 그렇게 빨리 퍼질까? 언제 정점에 이를까? 정점은 하나만 있을까? 쇠퇴 단계는 얼마나 오래 지속될까?

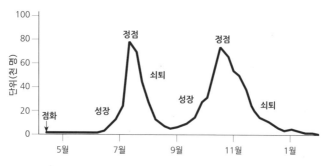

2009년 영국의 인플루엔자 팬데믹

자료: 영국 공중보건국[4]

우리는 단순히 아웃브레이크가 시작되느냐 시작되지 않느냐는 관점이 아니라 그걸 측정하고 예측하는 방법을 생각해야 한다. 2014년 서아프리카에서 퍼진 에볼라 바이러스를 예로 들어보자. 에볼라는 기니에서 시작해 시에라리온과 라이베리아로 퍼진 뒤 급격하게 늘어났다.

우리 연구진의 초기 분석에 따르면 에볼라는 가장 심하게 영향을 받은 지역에서 2주마다 두 배로 늘어났다.[5] 이는 현재 감염 사례가 100건 있다면 2주 뒤 200건이 더 생기고 4주 뒤에는 400건이 더 생긴다는 뜻이었다. 따라서 보건기관이 신속하게 대응해야 하는데, 전염병 대처에 시간이 오래 걸릴수록 통제하는 데 들이는 노력은 더욱 커지기 때문이다. 사실 즉시 여는 치료센터 하나가 한 달 뒤 여는 치료센터 네 곳과 맞먹는다.

어떤 아웃브레이크는 더 빠르게 진행된다. 2017년 5월 워너크라이 랜섬웨어가 아주 중요한 국민보건서비스NHS 시스템을 포함한 전 세계 컴퓨터를 공격했다. 초기 단계에는 거의 한 시간마다 공격 건수가 두 배로

수학자가 알려주는 전염의 원리

늘어났고, 결국 150개국에서 20만 대 이상의 컴퓨터가 영향을 받았다.[6] 널리 퍼지는 데 시간이 훨씬 더 많이 걸리는 기술도 있다. 1980년대 초 VCR(비디오카세트 녹화기)가 인기를 끌었을 때 VCR 보유자는 약 480일마다 두 배로 늘어났을 뿐이다.[7]

속도뿐만 아니라 규모에도 의문이 생긴다. 빠르게 전염된다 해서 항상 대규모 아웃브레이크가 일어나는 것은 아니다. 그러면 무엇이 아웃브레이크가 정점을 찍도록 만들까? 정점이 지나면 어떻게 될까? 이는 금융에서 정치, 기술, 보건에 이르기까지 모두 관련된다. 그러나 아웃브레이크에 대한 사람들 생각은 모두 다르다. 나는 질병의 전파를 막는 게 목표인 반면 광고 일을 하는 내 아내는 생각과 메시지를 퍼뜨리고 싶어 한다. 삶의 한 영역에서 나온 아이디어를 이용해 다른 영역을 이해함으로써 여러 산업계에 걸쳐 있는 전염을 조사하고 비교하는 일은 가능한 것이다.

뒤에서는 금융 위기가 에이즈와 비슷한 이유, 질병 연구자들이 아이스 버킷 챌린지 같은 놀이를 예측할 수 있는 이유, 천연두를 퇴치한 아이디어가 총기 사고에 쓰인 이유 등을 본다. 전파를 늦추거나 계속 유지하는 데 필요한 기술도 본다.

전염에 대한 이해도는 최근 들어 극적으로 높아졌다. 이는 질병 연구라는 내 분야에서만 있는 일이 아니다. 연구자들은 사회적 상호작용에 대한 상세한 데이터를 바탕으로 정보가 더 설득력 있고 공유할 만하게 진화하는 과정, 2009년 인플루엔자 팬데믹처럼 아웃브레이크가 계속 정점을 찍는 이유, 서로 멀리 떨어진 친구 간에 이어지는 '좁은 세상small world effect'이 특정 생각을 널리 퍼뜨리는(그러면서 다른 생각의 전파는 방해하는) 과정을 알아낸다. 동시에 우리는 소문이 생겨나 퍼지는 과정, 어떤 아웃브레이크는 다른 것보다 설명하기 어려운 이유, 온라인 알고리즘이 우리 삶에 영향을 주고 사생활을 침해하는 과정도 더 많이 배운다.

그 결과 아웃브레이크 과학에서 나온 아이디어들은 다른 분야에서 생기는 위협에 대처하는 데 도움이 된다. 중앙은행은 이런 방법을 이용해 미래의 금융 위기를 예방하고, 기술 기업들은 해를 끼치는 소프트웨어를 막는 새로운 방어 수단을 만든다. 그 과정에서 연구자들은 아웃브레이크가 작동하는 과정이라는 오랜 문제에 도전한다. 전염에 대해 이야기하면, 우리는 역사를 통해 어떤 것이 퍼지는 과정에 대한 이론이 항상 현실과 맞아떨어지지는 않는다는 사실을 안다. 예를 들어, 중세의 공동체들은 산발적으로 일어나는 아웃브레이크의 성질 규명을 점성술의 영역으로 돌렸다. 인플루엔자는 이탈리아어로 '영향influence'이라는 뜻이다.[8]

아웃브레이크를 통상적으로 설명하는 방법은 과학적 발견에 따라 계속 뒤집힌다. 이 책에서는 전염의 비밀을 밝혀내 우리가 단순하기 짝이 없는 일회성 이야기와 비효율적인 해결책을 피하는 방법을 보여준다. 그러나 이런 진보에도 아웃브레이크 보도는 여전히 모호한 편이다. 우리는 단순히 어떤 것이 전염성이 있다거나 바이럴이 됐다는 소식을 듣는다. 하지만 그것이 그렇게 빨리(혹은 천천히) 퍼진 이유나 정점에 오른 원인 그리고 전망은 듣기가 어렵다. 생각이나 혁신을 퍼뜨리는 데 관심이 있든 바이러스나 폭력을 막는 데 관심이 있든 우리는 무엇이 전염을 일으키는지 확인해야 한다. 그건 우리가 감염에 대해 알고 싶다고 생각하는 모든 것을 다시 생각해야 한다는 뜻이다.

차례

1장

모기의 날갯짓

나는 세 살 때 걷는 능력을 잃었었다. 처음에 한 번은 일어서는 데 어려움을 느꼈다가 한 번은 균형을 잃는 식으로 천천히 나타났다. 그러다 곧 퇴행 속도가 빨라졌다. 짧은 거리도 걷기 힘들어졌고, 경사로와 계단은 거의 오를 수 없었다. 1990년 4월 어느 금요일 오후 부모님은 다리를 점점 못 쓰는 나를 배스에 있는 로열유나이티드병원으로 데려갔고 다음 날 아침 신경과 전문의를 만났다. 처음에는 척추 종양을 의심하며 며칠 동안 검사를 했다. 엑스선 촬영, 혈액 검사, 신경 자극은 물론 척수액을 뽑기 위해 요추 천자(질환 진단에 필요한 수액의 채취, 약제 주입의 목적으로 바늘을 지주막하강에 찔러 넣는 일_옮긴이)를 받았다. 진단은 길랭·바레증후군 GBS이라는 희귀병으로 기울었다. 프랑스의 신경과 의사 조르주 길랭과 장 알렉산드르 바레의 이름을 딴 GBS는 면역체계가 오작동해서 나타나는 질병이다. 면역체계가 몸을 보호하는 대신 신경을 공격해 마비를 일으키는 것이다.

　프랑스 소설가 알렉상드르 뒤마Alexandre Dumas(1802~1870)가 말했듯이, 때때로 인류 지혜의 총체는 "희망을 가지고 기다려라"라는 말에서 찾을 수 있다.[1] 내 치료법이 그랬다. 부모님은 내 호흡의 세기를 확인할 색색의 파티용 피리(입으로 불면 둘둘 말려 있던 부분이 펴지는 피리_옮긴이)를 받았다. (유아가 사용할 수 있을 정도로 작은 가정용 장비가 없었다.) 내가 아무리 불어도 피리가 펴지지 않으면 공기를 허파로 불어넣는 근육까지 마비됐다는 뜻이었다.

그즈음 내가 휠체어에 앉은 할아버지 무릎에 앉아서 찍은 사진이 있다. 할아버지는 스물다섯 살 때 인도에서 소아마비에 걸렸는데, 그 뒤로 걷지 못했다. 나는 할아버지가 힘센 두 팔로 비협조적인 다리를 움직이려고 애쓰던 모습을 기억한다. 어떤 면에서 보면 그 덕에 나는 이 익숙하지 않은 상황에 익숙해질 수 있었다. 그러나 우리를 이어준 것이 우리를 갈라놓기도 했다. 우리는 증상이 비슷했지만 할아버지의 소아마비가 남긴 흔적은 영구적인 반면 GBS는 비록 비참하기는 해도 보통 일시적인 병이었다.

그래서 우리는 희망을 가지고 기다렸다. 내가 부는 피리는 매번 펴졌고 그렇게 병에서 회복하려는 노력이 계속됐다. 부모님은 내게 GBS가 '천천히 나아지기Getting Better Slowly'를 뜻한다고 말했다. 12개월이 지나자 걸을 수 있었고, 12개월이 더 지나자 달리기 비슷한 것을 할 수 있었다. 그 뒤로도 몇 년 동안 균형 감각은 완전히 돌아오지 않았다. 증상이 사라지면서 기억도 희미해졌다. 그 일은 점점 내게서 멀어지면서 다른 생활에 자리를 내주었다. 이제는 주사 맞기 전 부모님이 내게 초콜릿을 준 일도, 초콜릿을 먹으면 그다음 일어날 일이 두려워 심지어 보통 때도 초콜릿을 거부하던 일도 모두 기억에서 희미해졌다. 초등학생 때 술래잡기를 한 기억, 내 다리가 아직 다른 애들을 따라잡기에는 너무 약해서 점심시간 내내 술래만 했던 기억도 희미해졌다.

병에서 회복되고 학업을 마치고 박사학위를 받은 25년 동안 GBS에 대해 거의 이야기하지 않았다. GBS는 너무 희귀했을 뿐 아니라 아예 의미가 없어서 말을 꺼낼 이유도 없었다. 길랭… 뭐라고? 바레가 누구? 내가 꺼내지 않은 그 이야기는 내게는 이미 끝난 일이었다.

그런데 사실은 그렇지 않았다. 2015년 피지의 수도 수바에서 GBS를 다시 만났는데 이번에는 일 때문이었다. 얼마 전 피지에서 유행한 뎅기열을 조사하는 일을 도우려고 수바에 간 것이다.[2] 모기를 매개로 옮겨 다니는 뎅기 바이러스는 피지 같은 섬에서 간간이 아웃브레이크를 일으킨다. 뎅기열은 증상이 가벼울 때도 있지만 심한 열을 일으킬 수도 있고 입원이 필요한 상황도 벌어졌다. 2014년 초 몇 달 동안 2만 5,000명이 뎅기열 감염이 의심된다며 보건소를 찾아오자 보건 시스템은 막중한 부담을 안게 됐다.

피지의 사무실이 햇살 좋은 바닷가에 있을 거라고 상상했다면 그건 오산이다. 리조트가 널린 피지 서부와 달리 수바는 주도인 비티레부 남동쪽에 있는 항구도시다. 도시의 주요 도로 두 개가 말굽자석처럼 반도를 빙 돌고 있으며 중앙 지역에는 비가 많이 내린다. 영국 날씨에 익숙한 현지인들은 내게 고향에 온 것 같은 기분을 느낄 거라고 했다.

곧 또 다른 것, 훨씬 더 오래된 기억이 내게 고향을 떠올리도록 했다. 세계보건기구WHO의 동료 한 명이 태평양의 섬들에서 GBS가 집단으로 나타났다고 말한 것이다. GBS의 연간 발병률은 10만 명당 한두 건이다. 물론 몇몇 지역에서는 두 자리 숫자를 볼 수 있었지만 그래도 이것은 이례적인 일이었다.[3]

내가 왜 GBS에 걸렸는지는 아무도 알아내지 못했다. 때때로 GBS는 어떤 감염에 이어 나타난다. 인플루엔자, 폐렴을 비롯해 다른 여러 질병과 연관성을 보인다.[4] 하지만 어떨 때는 명확한 원인이 없다. 내 경우는 인간의 건강이라는 거대한 설계도 안에 무작위로 생긴 잡티 같은 '잡음'

이었다. 그러나 2014~2015년 태평양에서 나타난 GBS는 조만간 남아메리카에서 벌어질 기형아 출산과 마찬가지로 어떤 신호였다.

이 신호의 배후에는 지카 바이러스가 있었다. 우간다 남부 지카숲의 이름을 딴 바이러스다. 뎅기 바이러스와 가까운 친척인 지카 바이러스는 1947년 그 숲에 서식하는 모기에서 처음 확인됐다. 현지어로 지카는 '너무 자라난'[5]이라는 뜻인데 우간다, 타히티, 리우데자네이루와 그외 지역에서 실제로 그렇게 됐다. 2014년과 2015년에 태평양과 남아메리카에서 나온 그 신호가 무엇인지 서서히 선명해졌다. 연구자들은 지카 바이러스 감염과 신경학적 질병이 서로 관련되어 있다는 증거를 점점 더 많이 찾아냈다. GBS처럼 지카 바이러스도 임신합병증을 일으키는 것 같았다. 가장 큰 걱정거리는 아기의 뇌가 정상보다 작게 발달해 두개골까지 작아지는 소두증이었다.[6] 소두증은 발작과 지적장애를 비롯한 심각한 건강 문제를 일으킬 수 있다.

2016년 2월 지카 바이러스가 소두증을 일으켰을 가능성을 이유로[7] WHO는 국제공중보건 비상사태[PHEIC]('페이크'라고 읽는다)를 선포했다. 초기 연구에 따르면 임신 중 지카 바이러스 감염 100건당 1~20건꼴로 소두증 아기가 태어날 수 있었다.[8] 비록 소두증이 지카 바이러스와 관련해 최우선 고려사항이 됐지만, 이것이 처음 보건기관과 내 관심에 들어오게 한 건 GBS였다. 2015년 수바의 간이 사무실에 앉아 있던 나는 어린 시절 대부분을 차지했던 GBS에 대해 내가 아무것도 모른다는 사실을 깨달았다. 이런 무지는 거의 내가 불러왔지만 (전적으로 이해할 만한) 부모님 영향도 일부 있었다. 부모님은 오랜 시간이 지나서야 내게 GBS가 치명적일 수도 있다고 알려주었다.

이와 동시에 보건 세계는 훨씬 더 심각한 무지를 드러냈다. 지카 바이러스는 엄청난 질문을 만들어냈지만 그중 대답할 수 있는 것은 거의 없었다. 2016년 초에 역학자 로라 로드리게스는 "이렇게 다급한 데도 과학자가 아는 게 거의 없는 상황에서 새로운 연구 과제에 돌입하는 일은 드물다"라고 썼다.[9] 내게 첫 번째 과제는 지카 바이러스 아웃브레이크의 동역학을 이해하는 일이었다. 감염이 얼마나 쉽게 퍼지는가? 뎅기열 아웃브레이크와 비슷한가? 얼마나 많은 감염 사례를 예상해야 하는가?

이런 질문에 답하기 위해 연구진은 아웃브레이크의 수학 모형을 개발했다. 이런 접근법은 현재 공중보건 분야에서 흔히 쓰이며, 다른 몇몇 연구 분야에서도 도입했다. 그런데 이런 모형은 어디에서 유래했을까? 실제로 어떻게 작동할까? 이 이야기는 1883년, 한 젊은 군의관과 물탱크, 짜증 난 장교가 등장하면서 시작된다.

━━

영국의 열대병학자인 로널드 로스Ronald Ross(1857~1932)는 작가가 되고 싶었지만 아버지의 강요로 의과대학에 갔다. 로스는 시와 희곡, 음악을 하고 싶은 마음과 싸우며 런던에 있는 성바르톨로메오병원에서 의학을 공부했다. 1879년에 치른 자격시험 두 가지 중 외과 분야에만 합격했는데 이는 로스가 아버지가 원하는 식민지 인도 의무대에 들어갈 수 없다는 뜻이었다.[10]

일반의로 일할 수 없었던 로스는 다음 해 한 선박에서 외과의로 일하며 대서양을 항해했다. 1881년 남은 자격시험을 통과하고 간신히 인도 의무대에 들어갔다. 마드라스(지금의 첸나이)에서 2년간 복무한 뒤 1883년 9월 주둔지 외과의 자리를 맡아 벵갈루루로 갔다. 편안한 식민주의적 관점으로 그곳을 바라본 로스는 '즐거운 풍경'이라고 표현했다. 햇살 좋은 도시. 정원이 있고 기둥이 늘어선 저택. 로스가 보기에 유일한 문제는 모기였다. 새로 머물게 된 방갈로는 부대 안의 다른 방보다 모기를 훨씬 잘 끌어들이는 것 같았다. 로스는 자기 방 창문 바로 바깥에 있는 물통과 모기가 어떤 관계가 있을 거라고 보았다. 물통 주위에 곤충들이 다닥다닥 붙어 있었기 때문이다.

로스는 일단 물통을 뒤집어엎어 모기가 번식할 곳을 없앴다. 이것이 효과가 있었는지 고인 물을 없애자 모기도 기승을 부리지 않았다. 이 성공적인 실험에 자극을 받은 로스는 담당 장교에게 다른 물통까지 치워도 될지 물었다. 기왕 하는 김에 휴게 공간 주위에 아무렇게나 널려 있는 꽃병과 양철통도 없애버리면 어떨까? 번식할 곳이 없어진다면 모기는 다른 곳으로 갈 수밖에 없을 터였다. 하지만 담당 장교는 관심이 없었다. "그 자는 비웃으며 병사들에게 그런 지시를 내리기를 거부했다." 훗날 로스는 이렇게 썼다. "그건 자연의 질서를 어지럽히는 행위이며, 모기도 어떤 목적에 따라 창조됐으니 참고 견디는 게 우리 의무라고 했다."

결과적으로 이 실험은 그의 삶에서 평생 이어질 모기 연구에서 첫걸음이 됐다. 그로부터 10여 년 뒤 로스는 한 대화에서 영감을 받아 두 번째 연구를 시작했다. 1894년 로스는 1년간 안식년을 받아 영국으로 돌아갔다. 런던은 마지막으로 갔을 때와 비교해 많이 변해 있었다. 타워브리지가 완공됐고 윌리엄 글래드스턴William Ewart Gladstone(1809~1898) 수상이

막 사임했다. 그리고 영국에 영화 상영실이 처음 생길 참이었지만[11] 로스의 관심은 다른 데 있었다. 그는 최신 말라리아 연구를 따라잡고 싶었다. 인도에서는 사람들이 일상적으로 말라리아를 앓았다. 그 결과 열과 구토 증상을 보였고 죽기도 했다.

말라리아는 아주 오랜 옛날부터 인류가 아는 병이었다. 어쩌면 인류라는 종의 역사와 내내 함께했을 수도 있다.[12] 그러나 말라리아라는 이름은 중세 이탈리아에서 생겼다. 열병에 걸린 사람들이 종종 그 원인을 '말라 아리아mala aria', 즉 나쁜 공기 탓으로 돌린 것이다.[13] 그 이름도 원인도 그대로 계속됐다. 결국 말라리아의 원인은 플라스모듐Plasmodium이라는 기생충으로 밝혀졌지만 로스가 영국에 돌아왔을 때는 아직 그 원인을 몰랐다.

로스는 자신이 인도에 있는 동안 놓쳤을지도 모를 발전 상황을 알 수 있을까 싶어 성바르톨로메오병원의 생물학자 알프레도 캔택을 찾아갔다. 캔택은 로스에게 말라리아 같은 기생충에 대해 더 알고 싶으면 패트릭 맨슨을 찾아가라고 했다. 맨슨은 몇 년 동안 중국 남동부에서 기생충을 연구했다. 그곳에서 미생물 중 고약한 특정 과family에 속하는 사상충이 사람들을 감염시키는 과정을 밝혔다. 크기가 작은 이 기생충은 사람의 혈액으로 들어가 림프절을 감염시켜 체액이 몸 안에 쌓이게 한다. 심하면 팔과 다리를 몇 배로 부풀어오르게 하는데, 이를 상피병elephantiasis이라고 한다. 맨슨은 사상충이 병을 일으키는 과정을 확인했을 뿐 아니라 모기가 감염된 사람의 피를 빨 때 기생충도 함께 빨아들인다는 사실을 밝혔다.[14]

맨슨은 로스를 연구실로 초대해 감염된 환자에게서 말라리아 같은 기생충을 찾아내는 방법을 가르쳐주고, 로스가 인도에 있는 동안 놓쳤을 최신 학술 논문도 알려주었다. "나는 종종 맨슨을 찾아가 배울 수 있는 것을 모두 배웠다." 훗날 로스는 이렇게 회고했다. 어느 겨울날 오후 둘이 옥스퍼드 거리를 걸을 때 맨슨은 로스의 경력을 바꿔놓을 말을 했다. "나는 모기가 사상충을 나르는 것과 마찬가지로 말라리아도 나른다는 이론을 떠올렸네."

다른 문화권에서는 오래전부터 모기와 말라리아 사이에 관련이 있을지도 모른다고 추측했다. 영국의 지리학자 리처드 버튼Richard Francis Burton(1821~1890)은 소말리아에서는 모기에 물리면 치명적인 열병에 걸린다는 말을 한다고 기록했다. 그러나 버튼 자신은 이 생각을 받아들이지 않았다. 버튼은 1856년 이렇게 썼다. "그 미신은 아마 모기와 열병이 같은 시기에 기승을 부리기 때문에 생겼을 것이다."[15] 말라리아의 원인은 알 수 없었지만 어떤 사람은 치료약까지 개발했다. 4세기 중국 학자 갈홍葛洪은 청호라는 식물이 열을 내릴 수 있다고 서술했다. 이 식물 추출물은 현대 말라리아 치료제의 근간이 됐다[16](그밖에 다른 시도는 그만큼 성공적이지 못했다. '아브라카다브라'라는 말은 말라리아를 격퇴하기 위한 로마의 주문에서 유래했다[17]).

로스도 모기와 말라리아가 관련이 있을지도 모른다는 말을 들었지만 맨슨의 주장이 가장 설득력이 있었다. 맨슨은 모기가 사람의 피를 먹을 때 작은 기생충을 빨아들일 수 있듯이 말라리아 기생충도 빨아낼 수 있다고 보았다. 그러면 이런 기생충이 모기 몸 안에서 번식한 뒤 어떤 식으로든 다시 사람에게 돌아갔다. 맨슨은 식수가 감염의 원인일 수도 있다고 생각했다. 로스는 인도로 돌아가서 요즘이라면 윤리위원회를 절대 통과하지 못할 법한 실험으로 이 생각을 시험했다.[18] 모기가 감염된 환자의 피를 빤 뒤 병 안에 담긴 물에 알을 낳게 한 것이다. 알이 부화되자 로스는 세 사람에게 돈을 주고 그 물을 마시게 했다. 하지만 실망스럽게도 셋 다 말라리아에 걸리지 않았다. 그러면 기생충은 어떻게 사람 몸속으로 들어갈까?

마침내 로스는 모기에게 물리는 과정에서 감염될지도 모른다는 새로운 이론을 편지에 적어 맨슨에게 보냈다. 모기는 물 때마다 침을 약간 주입한다. 어쩌면 이 정도만으로도 기생충이 들어갈 수 있지 않을까? 다른 실험에 필요한 사람을 모을 수 없었던 로스는 새를 가지고 실험했다. 먼저 모기를 모은 뒤 감염된 새의 피를 빨아먹게 했다. 그리고 이 모기가 건강한 새를 물게 했더니 그 새들도 곧 병에 걸렸다. 마지막으로 감염된 모기의 침샘을 잘라 말라리아 기생충을 찾아냈다. 진짜 전파 경로를 알아낸 로스는 이전의 이론이 얼마나 얼토당토않았는지 깨달았다. 로스는 맨슨에게 "사람과 새는 죽은 모기를 먹지 않습니다"라고 했다.

1902년 로스는 말라리아 연구로 2회 노벨의학상을 받았다. 맨슨도 이 발견에 공로가 있었지만 상을 함께 받지는 못했다. 로스가 상을 받았다는 사실을 신문에서 알았을 뿐이다.[19] 한때 스승과 제자로 친밀했던 두 사람은 천천히 적대적인 관계가 됐다. 로스는 영리한 과학자였지만 동료들과는 자주 불화를 일으켰다. 경쟁자와 여러 차례 논쟁했고 소송을 벌이기도 했다. 1912년에는 모욕죄로 고소하겠다고 맨슨을 위협했다.[20] 맨슨은 로스가 물러난 교수 자리를 원했던 한 연구자를 위해 추천서를 써주기도 했다.[21]

로스는 맨슨 없이 말라리아 연구를 계속할 작정이었다. 그러면서 자신의 완고함을 감내할 새로운 통로와 상대를 찾았다. 말라리아가 퍼지는 과정을 밝혀낸 로스는 말라리아를 막을 수 있음을 증명하고 싶어 했다.

━━━

과거에는 말라리아가 오늘날보다 훨씬 더 넓은 지역에 퍼져 있었다. 오랜 세월 노르웨이의 오슬로에서 미국의 온타리오주에 이르기까지 유럽과 북아메리카 전역에 손길을 뻗었다. 17~18세기의 이른바 소빙하기(13세기 초부터 17세기 후반까지 비교적 추운 기후가 지속됐던 시기_옮긴이)에 기온이 떨어졌을 때도 살을 엘 듯이 추운 겨울이 지나고 여름이 오면 모기에게 물리곤 했다.[22] 여러 온대지역 국가의 풍토병인 말라리아는 한 해에서 그다음 해로 계속 전파되며 환자가 꾸준히 나왔다. 윌리엄 셰익스피어William Shakespeare(1564~1616)의 희곡 중 여덟 편에 'ague'라는 말이 나오는데, 이는 말라리아열을 뜻하는 중세 단어다. 런던 북동쪽 에식스주의 염습지는 오랫동안 말라리아의 발원지로 악명이 높았다. 로스는 의대생이었을 때 그곳에서 말라리아에 걸린 여성을 치료한 적이 있다.

곤충과 감염병의 관련성을 입증한 로스는 모기를 없애는 것이 말라리아를 다스리는 핵심이라고 주장했다. 인도 벵갈루루에서 물통으로 한 실험으로 미루어볼 때 모기 개체를 줄일 수 있을 것 같았기 때문이다. 하지만 이는 보편적 지식에 반하는 생각이었다. 모기를 완전히 없애지 못하므로 몇 마리는 남게 되므로 말라리아는 여전히 퍼질 수 있었다. 로스는 모기가 일부 살아남을 수 있다는 사실은 인정하면서도 말라리아 전파는 막을 수 있다고 생각했다. 시에라리온의 프리타운에서 인도의 콜카타(캘커

타)에 이르기까지 로스의 제안은 잘해야 무시당하는 수준이었고, 심지어 조롱까지 받았다. "어디를 가도 모기를 줄이자는 내 제안은 웃음거리가 됐다." 로스는 훗날 이렇게 회상했다.

1901년 로스는 연구진을 이끌고 시에라리온에서 모기를 관리한다는 아이디어를 실험했다. 수많은 그릇과 병을 치우고 모기가 번식하기 쉬운 고인 물에는 독성 물질을 탔다. 또 그의 표현처럼 '죽음을 부르는 길가의 물웅덩이'가 생기지 않도록 구덩이를 메웠다. 결과는 희망적이어서 1년 뒤 다시 찾았을 때 모기 수가 훨씬 줄었다. 로스는 보건기관에 계속 관리해야 이 효과를 유지할 수 있다고 경고했다. 청소 비용은 글래스고의 한 부자가 기부했는데 돈이 다 떨어지고 열정이 사그라들자 모기 수는 다시 늘어났다.

로스는 다음 해 수에즈운하회사에 조언해서 좀 더 성공을 거두었다. 이집트의 이스마일리아에서는 말라리아 감염이 해마다 2,000건 정도 발생했는데 모기 수를 줄이려고 집중력으로 노력한 끝에 이 숫자가 100건 아래로 내려갔다. 모기를 관리하는 것이 효과적인 방법이라는 사실이 다른 곳에서도 증명됐다. 1880년대 프랑스에서 파나마에 운하를 지으려 할 때 노동자 수천 명이 말라리아, 황열병, 기타 모기 매개 감염병으로 목숨을 잃었다. 미국이 파나마운하 프로젝트를 주도하던 1905년 미국 육군 대령 윌리엄 고가스는 모기 관리 운동을 집중적으로 감독했는데, 그 덕분에 운하를 완공할 수 있었다.[23] 한편, 그보다 더 남쪽에서는 의사 오즈와우두 크루스와 카를루스 샤가스가 브라질에서 말라리아 퇴치 운동을 이끌며 감염된 건설 노동자 숫자를 줄이는 데 기여했다.[24]

이런 운동에도 상당수는 모기 관리에 여전히 회의적이었으므로 동료들을 설득하려면 좀 더 강력한 논거가 있어야 했다. 로스는 자신의 주장을 입증하려고 결국 수학으로 눈을 돌렸다. 인도 의무대에서 일할 때 로스는 상당히 수준 높은 수학을 혼자서 공부했다. 내면의 예술가적 기질이 수학의 우아함에 감탄한 것이다. 훗날 로스는 이런 말을 남겼다. "증명된 명제는 마치 완벽하게 균형 잡힌 그림 같다. 무한급수는 길게 늘어지는 소나타 변주곡처럼 미래를 향해 사라져간다." 자신이 수학을 좋아한다는 사실을 알게 된 로스는 학교에서 제대로 공부하지 않은 것을 후회했지만 지금 경력을 바꾸기에는 너무 늦었다. 의학계에서 일하는 사람에게 수학이 무슨 소용이란 말인가? 로스는 "아름답지만 다가갈 수 없는 여성을 향한 유부남의 불행한 열정이었다"라고 표현했다.

로스는 한동안 이 지적 관심사를 뒤로 미뤄두었다가 모기에 대한 발견을 한 뒤 다시 *끄*집어냈다. 이번에는 직업적인 연구에 수학이라는 취미를 활용할 방법을 찾았다. 로스에게는 반드시 답을 알아내야 할 문제가 있었다. 모기를 남김없이 없애지 않아도 말라리아를 관리하는 일이 정말로 가능할까? 로스는 이를 알아내려고 말라리아 전파를 나타내는 간단한 개념 모형을 만들었다.

먼저 특정 지역에서 한 달에 평균 몇 명이 새로 말라리아에 감염될지 계산했다. 이렇게 하려면 전파 과정을 기본적인 요소로 쪼개야 했다. 로스는 전파가 일어나려면 먼저 그 지역에 말라리아에 걸린 사람이 적어도 한 명은 있어야 한다고 보았다. 그래서 1,000명이 사는 마을에 감염된 사람이 한 명 있는 시나리오를 예로 들었다. 다른 사람에게 전염되려면 학질모기 한 마리가 감염된 사람을 물어야 한다. 로스는 모기 네 마리 중 한 마리만 사람을 물 수 있다고 보았다. 따라서 어떤 지역에 모기가 4만

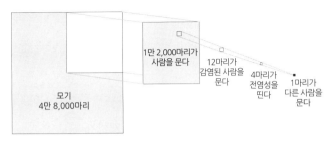

로스는 말라리아가 감염자가 있는 어떤 마을에 모기 4만 8,000마리가 있다 해도 추가 감염 사례는 한 건만 더
생기는 데 그칠 수 있다는 계산 결과를 내놓았다.

8,000마리 있다면 1만 2,000마리만 사람을 물 수 있다. 초기에 감염성이
있는 사람은 1,000명 중 한 명이므로 평균적으로 모기 1만 2,000마리 중
12마리만 그 한 사람을 물어 기생충을 빨아들일 수 있다.

말라리아 기생충이 모기 몸속에서 번식하려면 시간이 좀 걸린다. 따라
서 모기가 감염성을 띠려면 어느 정도 오래 살아야 한다. 로스는 모기 세
마리 중 한 마리만 그 정도로 살 수 있다고 가정했다. 즉, 기생충을 빨아
들인 12마리 중 네 마리만 감염성을 띤다. 마지막으로 이 모기들이 다른
사람을 물어서 감염을 일으켜야 한다. 네 마리 중 한 마리만 사람을 무
는 데 성공한다면 감염된 모기 중 전파에 성공하는 모기는 단 한 마리가
된다. 로스의 계산은 그 지역에 모기가 4만 8,000마리 있다 해도 새로운
감염자는 평균적으로 한 명밖에 늘어나지 않는다는 사실을 보였다.

만약 모기가 더 많다면, 감염된 사람이 더 많다면 이 논리에 따라 매
달 더 많은 감염자가 생긴다고 예상할 수 있다. 그러나 이 효과를 상쇄하
는 두 번째 과정이 있다. 로스는 매달 말라리아에 걸린 사람 중 약 20%
가 회복된다고 추산했다. 말라리아가 인구 집단 안에서 풍토병으로 남으

려면 감염과 회복 두 과정이 상쇄되어야 한다. 만약 회복되는 숫자가 새로 감염되는 숫자보다 빨리 늘어나면 질병은 줄어들다 궁극적으로는 사라질 것이다.

이는 결정적 통찰이었다. 말라리아를 관리하기 위해 마지막 남은 모기까지 없앨 필요는 없었다. 모기 밀도에는 임계치가 있고 모기 숫자가 그 아래로 떨어지면 말라리아는 저절로 사라질 터였다. 로스는 이렇게 표현했다. "학질모기가 매우 많아서 새로 감염되는 숫자가 회복되는 숫자에 육박하지 않는다면 말라리아는 공동체 안에서 살아남을 수 없다."

1910년에 펴낸 《말라리아 예방The Prevention of Malaria》에 이 분석을 실은 로스는 독자들이 계산을 따라오지 못할지도 모른다는 사실을 깨달았다. 그래도 그 함의는 이해할 거라고 생각했다. "독자는 이 아이디어를 세심하게 공부해야 한다. 그러면 수학을 거의 다 잊어버렸다 해도 별로 어렵지 않게 이해할 수 있다." 로스는 수학적 분위기를 내기 위해 이 발견을 '모기 정리'라고 불렀다.

이 분석은 말라리아 관리 방법을 보여주었을 뿐 아니라 우리가 전염을 바라보는 방식을 혁명적으로 바꾸는 더 깊은 통찰을 담았다. 로스 생각대로 질병 분석에는 두 가지 접근법이 있다. 이를 '서술적 방법'과 '역학적 방법'이라고 하자. 로스가 살았던 시대에는 거의 모든 연구가 서술적 추론을 사용했다. 실제 데이터로 거슬러 올라가며 예측 가능한 패턴을 확인하는 방식이다.

1830년대 후반 런던의 천연두 아웃브레이크를 분석한 윌리엄 파의 사례를 보자. 정부 소속 통계학자였던 파는 천연두가 처음에는 빠른 속도로 퍼지다가 결국 속도가 느려지면서 정점에 도달하고, 이내 쇠퇴한다는 사실을 알아차렸다. 파는 전반적인 형태를 파악하려고 사례 데이터를 바탕으로 곡선을 그렸다. 파는 1840년 일어난 또 다른 아웃브레이크가 거의 똑같은 경로를 따른다는 사실을 알아냈다.[25] 이 분석에서 파는 천연두 전파의 역학은 설명하지 않았는데 당시에는 누구도 천연두가 바이러스라는 사실을 알지 못했기 때문이다. 따라서 파의 방법도 전염병이 어떤 형태를 취하느냐에 집중했을 뿐 왜 그런 형태인지에는 관심을 두지 않았다.[26]

이와 달리 로스는 역학적 방법을 선택했는데, 데이터를 모으고 관찰할 수 있는 경향을 나타낼 패턴을 찾는 대신 전파에 영향을 미치는 주요 과정을 개략적으로 정리했다. 또 말라리아에 대한 지식을 이용해 사람들이 감염되는 과정과 다른 사람을 감염시키는 과정, 회복하는 속도를 자세히 파악했다. 그는 수학식을 이용해 질병의 전파를 나타내는 개념 모형을 간추렸고, 이를 분석해서 가능한 아웃브레이크 패턴에 대한 결론을 끌어냈다.

이 분석에는 전파 과정에 대한 구체적 가정이 담겼기 때문에 상황이 변하면 가정을 살짝 바꾸고 결과가 어떻게 되는지 볼 수 있었다. 모기의 수가 줄면 어떤 효과가 있을까? 전파가 쇠퇴하면 그 질병이 사라지기까지 얼마나 걸릴까?

로스의 접근법은 단순히 이미 있는 데이터 안에서 패턴을 찾는 것이 아니라 앞날을 내다보면서 '만약 이렇게 되면?'이라는 질문을 던질 수 있음을 뜻했다. 이전에 다른 연구자들이 이런 방식의 분석을 어설프게 시도한 적이 있지만, 로스는 아이디어를 한데 모아 명확하고 종합적인 이론으로 만들었다.[27] 전염병을 정적인 패턴의 집합이 아니라 일련의 상호작용 과정으로 다루며 동역학적 방식으로 조사하는 법을 보여준 것이다.

하나는 뒤를 돌아보고 다른 하나는 앞을 바라보는 서술적 방법과 역학적 방법은 이론적으로는 똑같은 결론으로 수렴해야 한다. 서술적 접근법을 보자. 실제 데이터가 충분하면 모기 관리의 효과를 추정하는 일이 가능하다. 물통을 엎어버리거나 모종의 방법으로 모기를 없애면 어떤 일이 일어나는지 관찰할 수 있다. 반대로, 이상적으로는 로스의 수학적 분석에서 모기 관리의 예상 효과는 그런 조치의 실제 영향과 맞아떨어져야 한다. 만약 관리 전략이 효과가 있다면 두 방법은 그 사실을 우리에게 보여주어야 한다. 차이가 있다면 로스의 역학적 접근법을 썼을 때 어떤 효과가 있을지 알아보려고 물통을 엎어버릴 필요가 없다는 것이다.

로스의 것과 같은 수학 모형은 종종 불투명하거나 복잡하다는 평가를 받는다. 그러나 모형은 본질적으로 세상을 단순화한 것에 지나지 않는다. 어떤 상황에서 어떤 일이 벌어질지 이해하도록 도우려고 만든 것이다. 역학적 모형은 실험으로 답할 수 없는 문제에 특히 유용하다. 만약 보건기관이 질병 관리 전략의 효과를 알고 싶다 해도 과거로 돌아가 그 전략을 쓰지 않고 똑같은 전염병을 겪어볼 수는 없는 노릇이다. 마찬가지로 미래의 팬데믹이 어떤 양상일지 알고 싶어도 일부러 새로운 바이러스를 풀어놓고 어떻게 퍼지는지 관찰할 수는 없다.

모형은 현실을 건드리지 않은 채 아웃브레이크를 조사할 수 있게 해준다. 전파와 회복 같은 요소가 감염이 퍼지는 데 어떤 영향을 미치는지 탐구할 수 있다. 모기 제거에서 백신 접종에 이르기까지 여러 관리 방법을 도입해 서로 다른 상황에서 그것들이 얼마나 효과적인지 알아볼 수 있다.

20세기 초의 이 접근법은 바로 로스가 원한 것이다. 그가 학질모기가 말라리아를 퍼뜨린다고 발표했을 때 상당수 동료가 모기를 관리해 발병을 줄일 수 있다는 사실을 받아들이지 않았다. 사용해보지 않고 어떤 관리 대책을 평가하기는 어렵다는 것이 서술적 분석의 문제다. 그러나 로스는 새로운 모형 덕분에 모기 개체 수 감소가 장기적으로 효과가 있음을 확신할 수 있었다. 다음 과제는 다른 사람들을 설득하는 것이었다.

현대의 관점에서 보면 로스의 연구 결과에 그렇게 많은 사람이 반대했다는 사실이 이상할 수 있다. 역학Epidemiology, 즉 전염병 과학은 급성장하면서 질병을 분석하는 새로운 방법을 만들어냈지만 의료계는 말라리아를 로스와 같은 방식으로 바라보지 않았다. 그건 근본적으로 철학이 충돌하는 것이었다. 의사는 대부분 말라리아를 서술적 관점에서 생각했다. 아웃브레이크를 바라볼 때 계산한 것이 아니라 분류를 다룬 것이다. 그러나 로스는 전염병 이면에 있는 과정을 정량적으로 파악해야 한다고 철석같이 믿었다. 그는 1911년에 이런 글을 남겼다. "역학은 사실 수학적 주제다. 전염병을 수학적으로 연구하는 데 좀 더 집중한다면 그와 관련해 (예를 들어, 말라리아와 관련해) 어처구니없는 실수를 줄일 수 있다."[28]

모기 관리가 폭넓게 받아들여지기까지는 더 오랜 세월이 필요했다. 로스는 말라리아가 아주 극적으로 줄어드는 모습을 보지 못하고 죽었다. 말라리아는 1950년대까지 영국에 남아 있었고 1975년이 되어서야 유럽 대륙에서 모습을 감추었다.[29] 로스의 아이디어는 결국 인정받았지만 로스는 그것이 늦어지는 걸 한탄하며 이런 기록을 남겼다. "세상이 새로운 아이디어를 이해하는 데는 적어도 10년이 필요하다. 그게 아무리 중요하거나 간단해도 말이다."

이것이 시간이 지나면서 퍼져나간 것이 로스의 실질적 노력 덕분만은 아니다. 1901년 시에라리온으로 원정을 떠난 연구진 가운데 글래스고 출신의 새내기 의사 앤더슨 맥켄드릭이 있었다. 인도 의무대 시험에서 수석을 차지한 맥켄드릭은 시에라리온에서 일이 끝나면 인도에 가서 새로운 일을 할 예정이었다.[30] 영국으로 돌아오는 배 안에서 맥켄드릭과 로스는 한참 질병의 수학에 대해 이야기했다. 두 사람은 그 뒤에도 꾸준히 아이디어를 주고받았다. 마침내 맥켄드릭은 로스의 분석을 바탕으로 새로운 시도를 해볼 만큼 수학을 익혔다. "선생님의 훌륭한 책을 읽었습니다." 1911년 8월 맥켄드릭은 로스에게 말했다. "저는 다른 방정식으로 똑같은 결론에 도달하려고 노력합니다. 하지만 그건 매우 어려운 일입니다. 그리고 수학을 새로운 방향으로 확장해야 합니다. 제가 원하는 것을 얻을지는 의심스럽습니다. 그러나 한 인간의 관심 범위는 자신의 이해력을 넘어서야 하겠지요."[31]

맥켄드릭은 로스의 역학적 방법을 도입하지 않고 서술적 분석에 주로 의존하는 칼 피어슨 같은 통계학자들을 냉소적으로 바라보았다. "피어슨주의자들이 평소처럼 이 일 전체를 끔찍하게 망쳐놓았습니다." 맥켄드릭은 말라리아 감염에 관한 잘못된 분석을 읽은 뒤 로스에게 말했다. "그 사람들이나 그런 방법에 도무지 동조할 수 없습니다."[32] 전통적인 서술적 접근법은 의학의 중요한 부분이었고 지금도 그렇지만 전파 과정을 이해하는 데는 한계가 있었다. 맥켄드릭은 아웃브레이크 분석의 미래는 좀 더 동역학적인 사고방식에 있다고 판단했는데, 로스도 같은 생각을 했다. 한번은 로스가 맥켄드릭에게 이렇게 말했다. "결국 우리는 새로운 과학을 만들게 될 걸세. 하지만 먼저 자네와 내가 잠긴 문을 여세. 그리고 원하면 누구든 들어가게 하는 거야."[33]

1924년 어느 여름날 저녁 실험실에서 폭발이 일어났다. 이 사고로 부식성 알칼리 용액이 스물여섯 살의 능숙한 화학자 윌리엄 커맥의 눈에 들어갔다. 커맥은 척수액을 연구하는 데 흔히 쓰는 방법을 조사하려고 에든버러왕립의과대학 연구소에서 혼자 실험 중이었다. 그는 결국 이 부상으로 두 달 동안 입원했으며, 시력까지 거의 잃었다.[34]

입원해 있는 동안 커맥은 친구와 간호사에게 수학 관련 글을 읽어달라고 부탁했다. 이제 앞을 볼 수 없으니 다른 방식으로 정보를 얻는 방법을 연습하고 싶었다. 기억력이 특출났던 커맥은 머릿속으로 수학 문제를 풀었다. "종이에 뭔가를 적지 못해도 할 수 있는 게 그렇게 많다는 사실을 믿을 수 없었다." 커맥의 동료 윌리엄 맥크리어는 이렇게 말했다.

커맥은 퇴원한 뒤에도 과학계에 남았지만 관심을 다른 주제로 돌려 새로운 연구 계획을 세웠다. 특히 새로 연구소 소장이 된 맥켄드릭과 함께 수학 문제를 풀었다. 인도에서 20여 년간 복무한 맥켄드릭은 1920년 인도 의무대를 떠나 가족과 함께 스코틀랜드로 이주했다.

둘은 함께 전염병을 전반적으로 바라볼 수 있도록 로스의 아이디어를 확장했고, 감염성 질병 연구에서 손꼽을 정도로 중요한 질문에 관심을 기울였다. 전염병은 무엇 때문에 끝나는가? 당시 두 가지 설명이 호응을 얻었다. 감염될 사람이 없어서 전파가 끝난다는 설과 전염병이 진행되면서 병원체의 감염성이 약해진다는 설이었다. 하지만 대부분 상황에서 두 설명 모두 정확하지 않다는 사실이 드러났다.[35]

로스처럼 커맥과 맥켄드릭도 질병 전파의 수학 모형부터 만들었다. 그리고 이를 단순화하기 위해 모형에 인구가 무작위로 섞여 있다고 가정했다. 병 속 구슬을 흔들어 섞은 것처럼 인구 집단 안의 어떤 사람이 다른 사람을 만날 확률은 모두 똑같았다. 이 모형에서 전염병은 감염된 사람Infectious이 몇 명 있을 때 불이 붙는다. 그리고 다른 사람들은 모두 감염 대상Susceptible이 된다. 감염에서 회복한 사람Recovered은 그 질병에 면역이 생긴다. 따라서 질병과 관련한 상태에 따라 사람들을 세 집단으로 나눌 수 있다.

이 모형은 세 집단의 이름을 따서 흔히 'SIR 모형'이라고 한다. 인구가 1만 명인 집단에 인플루엔자 감염이 1건 발생했다고 하자. SIR 모형을 이용해 독감과 비슷한 전염병을 시뮬레이션하면 다음과 같은 패턴을 얻는다.

처음에는 감염된 사람이 한 명뿐이기 때문에 시뮬레이션 속 전염병이 커지는 데는 시간이 걸린다. 하지만 그래도 50일 안에 정점에 도달한다. 그리고 80일째가 되면 사실상 끝난다. 전염병 막바지에도 여전히 감염될 대상이 몇 명 남았다는 사실에 주목하자. 만약 모든 사람이 감염되면 궁극적으로 1만 명은 모두 회복군에 들어간다. 커맥과 맥켄드릭의 모형은 이런 일이 벌어지지 않는다는 사실을 제시한다. 모든 사람이 감염되기 전에도 아웃브레이크는 끝날 수 있다. "일반적으로 전염병은 감염 대상군

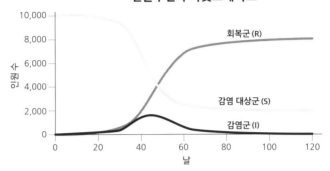

**SIR 모형을 사용해 시뮬레이션한
인플루엔자 아웃브레이크**

회복군 (R)

감염 대상군 (S)

감염군 (I)

이 완전히 사라지기 전에 끝난다." 두 사람은 이렇게 나타냈다.

왜 모든 사람이 감염되지는 않을까? 아웃브레이크 중간에 전환이 일어나기 때문이다. 전염병 초기 단계에는 감염될 사람이 많다. 매일 감염되는 사람이 회복하는 사람보다 훨씬 더 많고 전염병은 퍼진다. 그러나 시간이 지나면 감염 대상군이 줄어든다. 충분히 줄어들고 나면 상황이 뒤바뀐다. 매일 새로 감염되는 사람보다 회복되는 사람이 더 많다. 따라서 전염병은 쇠퇴하기 시작한다. 아직 감염 대상군이 있지만 그 수가 너무 적어 감염된 사람이 회복되기 전에 만날 가능성이 작다.

이 효과를 보여주기 위해 커맥과 맥켄드릭은 1906년 봄베이(지금의 뭄바이)에서 일어났던 흑사병 아웃브레이크의 동역학을 SIR 모형으로 재현할 수 있다는 사실을 보였다. 모형에서 병원체는 시간이 지나도 감염성이 전혀 떨어지지 않았다. 곡선의 상승과 하강은 감염 대상군과 감염군에 속한 사람 수의 변화가 만들었다.

결정적 변화는 전염병의 정점에서 일어난다. 이 시점에는 면역된 사람

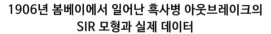

1906년 봄베이에서 일어난 흑사병 아웃브레이크의
SIR 모형과 실제 데이터

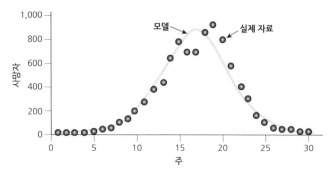

이 매우 많고 감염될 사람이 아주 적어서 전염병이 계속 퍼질 수 없다. 따라서 전염병은 쇠퇴의 길로 접어든다.

면역된 사람이 충분해서 전파를 막으면 그 인구 집단이 '집단면역'을 얻었다고 한다. 이 말은 원래 20세기 초 통계학자 메이저 그린우드가 만들었다(메이저는 이름이고 군대에서 계급은 대위였다).[36] 이전에 심리학자들은 단체로 행동하는 집단을 나타내기 위해 '집단 본능'이라는 용어를 썼다.[37] 이와 마찬가지로 집단면역은 몇몇 개인이 아직 감염될 수 있다 해도 인구 집단 전체가 전파를 막을 수 있음을 뜻했다.

집단면역이라는 개념은 몇십 년 뒤 사람들이 그게 질병 관리에 강력한 도구가 될 수 있다는 사실을 깨달으면서 인지도를 얻었다. 전염병이 번지는 동안 사람들은 자연스럽게 감염 대상군에서 나와 감염군으로 들어간다. 하지만 많은 감염병의 경우 보건기관이 예방접종으로 이 집단에서 사람을 빼낼 수 있다. 모기를 전부 없애지 않아도 말라리아를 관리할 수 있다는 로스의 제안과 마찬가지로 집단면역은 인구 전체에 예방접종을 하

수학자가 알려주는 전염의 원리

지 않아도 감염병을 관리할 수 있게 해준다. 때때로 신생아나 면역체계에 이상이 있는 사람처럼 예방접종을 할 수 없는 사람도 있지만 집단면역은 예방접종을 받은 사람이 자신뿐만 아니라 접종을 받지 못해 취약한 사람까지 보호하게 한다.[38] 그리고 예방접종으로 질병을 관리할 수 있다면 인구 집단에서 완전히 퇴치하는 것도 가능하다. 이게 바로 집단면역이 전염병 이론의 핵심으로 자리 잡은 이유다. "이 개념에서 특별한 광휘가 느껴진다." 역학자 폴 파인은 이렇게 표현했다.[39]

커맥과 맥켄드릭은 전염병이 왜 끝나는지 살펴보는 한편, 무작위로 일어나는 게 분명한 아웃브레이크의 성질에도 관심을 두었다. 모형을 분석해보니 전파는 병원체나 인구 집단의 작은 차이에도 매우 예민하게 반응했다. 이는 대규모 아웃브레이크가 하늘에서 뚝 떨어진 것처럼 일어나는 이유를 설명한다. SIR 모형에 따르면, 아웃브레이크가 일어나려면 세 가지가 필요하다. 감염성이 충분한 병원체, 서로 다른 사람 사이의 활발한 접촉, 충분히 큰 감염 대상군이다. 집단면역의 임계점 근처에서는 이런 요인의 작은 변화가 한 줌에 불과한 환자에게 일어났느냐 대규모 전염병이냐의 차이를 만들 수 있다.

지카 아웃브레이크는 공식적으로 2007년 초 미크로네시아 야프섬에서 처음 나타났다. 그전에는 지카 바이러스에 감염된 사람이 열네 명에 지나지 않았고 우간다와 나이지리아, 세네갈 등지에 흩어져 있었다. 그러나

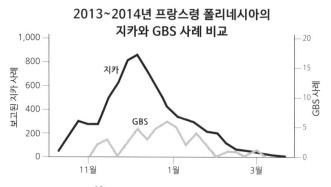

2013~2014년 프랑스령 폴리네시아의
지카와 GBS 사례 비교

자료: 프랑스령 폴리네시아 보건국[40]

야프섬 아웃브레이크는 이와 달리 폭발적이었다. 섬 주민 대부분이 감염
되는 것은 전혀 예상하지 못한 상황이었다. 너무 울창한 숲에서 나온 이
알 수 없는 바이러스는 분명히 새로운 시대로 접어들도록 했다. "공중보
건 부처는 향후 지카 바이러스 확산에 따르는 위험을 인지해야 한다." 아
웃브레이크 보고서에서 역학자 마크 더피와 동료 연구진은 이렇게 결론
을 내렸다.[41]

지카 바이러스는 야프섬에서 중대한 위협이라기보다는 호기심의 대상
이었다. 수많은 사람이 열이나 발진을 겪었지만 입원한 이는 아무도 없었
다. 그러나 바이러스가 2013년 말 프랑스령 폴리네시아의 훨씬 더 큰 섬
들에 상륙하면서 상황이 바뀌었다. 그 결과 아웃브레이크가 벌어지는 동
안 GBS에 걸린 42명이 타히티 북부 파페에테 시병원에 도착했다. GBS
는 주된 지카 아웃브레이크보다 조금 늦게 발병하는데, 원래 감염 몇 주
뒤 나타나므로 예상 가능한 일이었다. 현지 과학자와 동료 연구진이 거의
모든 GBS 환자가 바로 얼마 전 지카 바이러스에 걸렸다는 사실을 알아

내면서 이 둘이 서로 관련이 있을지 모른다는 추측이 나왔다.[42]

야프섬에서처럼 프랑스령 폴리네시아의 아웃브레이크도 인구 대부분이 감염되는 대형 사건이었다. 그리고 야프섬과 마찬가지로 아웃브레이크는 아주 짧았으며 많은 환자가 몇 주에 걸쳐 나타났다. 우리 연구진은 2014~2015년에 태평양의 뎅기열을 분석하는 수학 모형을 개발했다는 점을 고려해 지카 바이러스에도 관심을 돌렸다. 몇 킬로미터를 날아다니며 말라리아를 전파하는 단색 학질모기와 달리 뎅기와 지카는 줄무늬와 굼뜬 동작으로 잘 알려진 숲모기Aedes가 퍼뜨린다(aedes는 라틴어로 '집'이라는 뜻). 그 결과 사람들이 한곳에서 다른 곳으로 이동하면서 서서히 전염된다.[43]

우리 모형을 이용한 시뮬레이션으로 프랑스령 폴리네시아에서 지카 바이러스의 동역학을 재현하려고 할 때, 아웃브레이크가 그렇게 폭발적으로 일어나려면 대규모에 뎅기열 수준의 속도로 번져야 한다는 분명한 사실을 깨달았다.[44] 감염 과정에서 생기는 지연을 고려하자 아웃브레이크가 짧게 지속되는 것이 더욱 두드러졌다. 바이러스는 전파 주기마다 사람에서 모기로 갔다가 다시 다른 사람에게 들어가야 한다.

프랑스령 폴리네시아에서 전파 속도를 분석하는 동안 우리는 2013년 10월에 첫 환자가 나타났을 때 이미 얼마나 많은 사람이 감염됐을지도 추정했다. 우리 모형에 따르면, 이 시점에 수백 명이 감염되어 있었다. 그건 바이러스가 이 나라에 들어온 시기가 아마도 한 달, 적어도 몇 주 전이라는 뜻이었다. 이 결과는 또 다른 수수께끼로 이어진다. 지카 바이러스는 어떻게 남아메리카로 갔을까? 2015년 5월 브라질에서 첫 환자가 나온 이래 이 병이 언제 남아메리카 대륙으로 들어갔는지, 누가 그렇게 했는지 의견이 분분했다. 초기의 한 가설로는 2014년 6~7월에 열린 브라질 월드컵이 있었다. 이때 세계에서 300만 명이 넘는 축구 팬이 그곳을 찾았다. 또 다른 후보로는 2014년 8월 리우데자네이루에서 열린 국제 카누대회가 있었다. 월드컵보다 작은 이 행사에는 프랑스령 폴리네시아팀이 참가했다. 자, 어떤 설명이 가장 그럴듯할까?

진화생물학자 누노 파리아와 동료 연구자들에 따르면, 두 이론 다 별로 좋지 않았다.[45] 이들은 2016년까지 남아메리카에서 돌았던 지카 바이러스의 유전자 다양성을 바탕으로 그 감염병이 지금까지 생각한 것보다 훨씬 더 오래전에 들어왔다고 보았다. 2013년 중후반에 바이러스가 남아메리카 대륙에 들어왔을 거라는 것이다. 카누대회나 월드컵보다는 한참 이르지만, 2013년 6월 열린 지역 축구 토너먼트인 컨페더레이션스컵과 시기가 맞아떨어졌다. 게다가 프랑스령 폴리네시아도 참가국 중 하나였다.

이 이론에는 빈틈이 딱 하나 있었다. 컨페더레이션스컵은 프랑스령 폴리네시아에서 지카 환자가 처음 발생하기 다섯 달 전 열렸다. 하지만 프랑스령 폴리네시아의 아웃브레이크가 우리 분석처럼 실제로는 2013년 10월 이전 시작됐다면, 그해 여름 남아메리카에 번졌다는 것도 가능한 이야기였다(물론 지카 이야기의 첫머리를 스포츠로 장식하려고 너무 애를 쓰면 안 된다. 2013년 언젠가 태평양에서 비행기를 타고 브라질에 간 누군가가 원인일 수도 있다).

우리는 수학 모형으로 과거의 아웃브레이크를 분석할 뿐만 아니라 미래에 어떤 일이 벌어질지도 예측하는데, 이는 아웃브레이크 시기 중에서 어려운 결정에 직면한 보건기관에 특히 유용하다. 지카가 카리브해의 마르티니크섬까지 번진 2015년 12월에 바로 그런 어려운 순간이 찾아왔다.

가장 큰 걱정거리는 GBS 환자를 감당할 역량이 섬에 있느냐는 것이었다. 만약 환자의 폐가 기능을 잃는다면 인공호흡기를 써야 한다. 당시 38만 명이 살던 마르티니크섬에는 인공호흡기가 여덟 개밖에 없었다.

상황을 확인하기 위해 파리 파스퇴르연구소 연구자들이 마르티니크섬의 지카 바이러스 전파를 나타내는 모형을 개발했다.[46] 핵심적으로 알고자 한 것은 아웃브레이크의 전반적 형태였다. 인공호흡기가 필요한 GBS 환자는 보통 몇 주 동안 호흡기를 사용한다. 따라서 정점이 높고 짧은 아웃브레이크는 보건 체계를 무너뜨릴 수 있고, 길고 완만한 아웃브레이크는 그렇지 않을 터였다. 마르티니크섬의 아웃브레이크 아주 초반에는 환자가 그다지 많지 않았다. 그래서 연구진은 프랑스령 폴리네시아의 데이터를 가져다 시작점으로 사용했다. 2013~2014년에 그곳에서 발생한 GBS 환자 42명 중 인공호흡기가 필요한 환자는 12명이었다. 이건 파스퇴르연구소 모형에 따르면 큰 문제가 될 수 있다는 뜻이었다. 만약 마르티니크섬의 아웃브레이크가 프랑스령 폴리네시아와 똑같은 패턴을 따른다면 그 섬에 필요한 인공호흡기는 그들이 가지고 있는 것보다 하나 더 많은 아홉 개가 될 터였다.

다행히 마르티니크섬의 아웃브레이크는 프랑스령 폴리네시아와 똑같지 않았다. 새로운 데이터가 들어오자 바이러스가 프랑스령 폴리네시아에서만큼 빠르게 퍼지지 않는다는 게 분명해졌다. 연구자들은 아웃브레이크가 정점에 도달했을 때 GBS 환자 중 세 명 정도에게 인공호흡기가 필요할 것으로 예측했다. 최악의 경우라도 일곱 개면 충분할 것이었다. 연구진이 예측한 상한선은 옳았다. 아웃브레이크가 정점일 때 인공호흡기를 사용한 GBS 환자는 다섯 명이었다. 전체적으로 아웃브레이크 시기에 GBS 환자는 30명 발생해 그중 둘이 죽었다. 의료 장비가 충분하지 않 았다면 결과는 훨씬 더 끔찍했을 것이다.[47]

이런 지카 바이러스 연구는 로스의 방법이 감염병 이해에 얼마나 큰 영향을 주는지 보여주는 몇 가지 사례일 뿐이다. 아웃브레이크 형태를 예측하는 데서 관리 대책을 평가하는 데에 이르기까지 역학 모형은 오늘 날 전염 연구 방법의 근간이 됐다. 연구자들은 머나먼 섬에서 분쟁 지역 에 이르기까지 여러 곳에서 모형을 이용해 보건당국이 말라리아와 지카 는 물론 인체면역결핍바이러스[HIV]와 에볼라에 이르는 온갖 아웃브레이크 에 대응하도록 돕는다.

로스는 자기 아이디어가 이렇게 영향력이 크다는 사실을 알면 분명히 기 뻐했을 것이다. 모기가 말라리아를 전파한다는 사실을 발견한 공로로 노벨 상을 받았지만 로스는 이를 자신의 가장 큰 성취로 보지 않았다. "내 생각 에 나의 가장 중요한 연구는 전염의 일반적 법칙을 확립한 것이다." 로스는 이렇게 쓰기도 했다.[48] 그리고 그건 질병의 전염만 뜻하는 게 아니었다.

훗날 커맥과 맥켄드릭이 로스의 모기 이론을 다른 종류의 감염으로 확 장했지만 로스의 야심은 더 컸다. "감염은 그런 유기체에 일어날 수 있는 온갖 종류의 사건 중 하나에 불과하다. 우리는 일반적인 '사건'을 다루어 야 한다." 로스는 《말라리아 예방》 2판에 이렇게 썼다. 로스는 질병이나 다른 사건의 영향을 받는 사람의 수가 시간이 흐름에 따라 달라지는 양 상을 설명하는 '사건 이론'을 제안했다.

로스는 사건을 크게 두 유형으로 나눌 수 있다고 했다. 첫째 유형은 사 람들에게 독립적으로 영향을 미친다. 그 사건이 당신에게 일어났다 해도 보통 그 뒤 다른 사람에게 일어날 확률이 높아지거나 낮아지지 않는다는

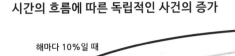

시간의 흐름에 따른 독립적인 사건의 증가

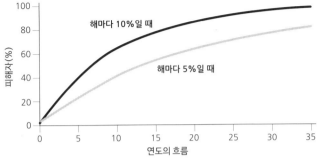

위 사례는 모든 사람의 감염 확률이 해마다 5% 또는 10%일 때 일어날 일을 보여준다.

뜻이다. 로스에 따르면 비감염성 질병, 사고, 이혼 같은 일이 여기에 해당한다.[49]

사람들이 무작위로 걸리는 새로운 병이 있다고 하자. 하지만 처음에는 인구 집단 안의 누구도 걸리지 않은 상태다. 만약 누구나 해마다 이 병에 걸릴 확률이 있고 그 시점부터 쭉 감염된 채로 있다면 우리는 시간 흐름에 따라 올라가는 패턴을 예상한다.

그러나 곡선은 서서히 평탄하게 변한다. 감염되지 않은 집단의 크기가 시간이 지나면서 줄어들기 때문이다. 해마다 감염되지 않던 사람들이 일정한 비율로 병을 얻지만 그런 사람은 시간이 갈수록 줄어들므로 나중에는 전체적으로 총합이 그다지 늘어나지는 않는다. 만약 해마다 감염될 확률이 더 낮다면 곡선은 초기에 더 천천히 올라가겠지만 여전히 결국 평탄해진다. 현실에서는 곡선이 반드시 100%에서 수평이 되지는 않을 것이다. 병에 걸린 사람의 총합은 초기에 그 사건에 '감염될 수 있는' 사

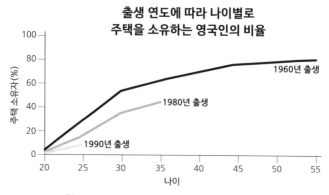

**출생 연도에 따라 나이별로
주택을 소유하는 영국인의 비율**

자료: 모기지채권자위원회**50**

람에게 달렸을 것이다.

이해를 돕기 위해 영국의 주택 소유를 예로 들어보자. 1960년에 태어난 사람 중 스무 살에 주택을 소유한 사람은 매우 적었다. 그러나 서른 살이 됐을 때는 대다수가 주택을 소유했다. 반면, 1980년이나 1990년에 태어난 사람은 20대 때 주택을 소유할 확률이 훨씬 더 낮다. 만약 시간의 흐름에 따라 주택 소유자가 되는 사람들의 비율을 그린다면 서로 다른 연령대에서 주택 소유자가 얼마나 빨리 많아지는지 볼 수 있다.

물론 주택 소유는 완전히 무작위적인 사건이 아니다. 상속과 같은 요소가 집을 살 확률에 영향을 미친다. 하지만 전반적 패턴은 로스가 생각한 독립적 사건과 궤를 같이한다. 평균적으로 스무 살짜리가 주택 소유주가 되는 일은 동년배가 주택 사다리에 올라타는 데 별다른 영향을 미치지 않는다. 사건이 아주 일정한 비율로 제각기 독립적으로 일어나는 한 이 전반적 패턴은 크게 변하지 않는다. 특정 나이에 주택 사다리에 올라타는 사람의 총합을 그리든 특정 시간을 기다린 뒤 버스가 도착할 확률

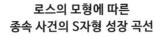

로스의 모형에 따른
종속 사건의 S자형 성장 곡선

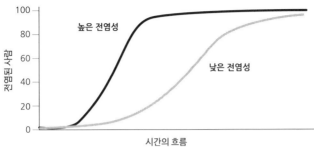

그래프는 전염성이 높은 사건과 낮은 사건의 성장을 보여준다.

을 그리든 우리는 비슷한 모양을 얻을 것이다.

　독립적인 사건은 자연스러운 시작점이다. 그러나 사건에 전염성이 있으면 더욱 흥미로워진다. 로스는 이런 유형의 사건을 '종속 사건'이라고 했다. 어떤 사람에게 일어나는 일이 현재 걸린 사람의 수에 의존하기 때문이다. 아웃브레이크의 가장 단순한 유형은 걸린 사람이 그 병을 다른 사람에게 전달하고, 일단 걸린 사람은 그런 상태로 남는 것이다. 이런 상황에서는 사건이 서서히 인구 집단 속으로 스며든다. 로스는 그런 전염병은 '길게 늘인 S자'를 따른다는 사실을 지적했다. 시간이 흐르면서 새로운 환자의 수가 점점 더 빠르게 늘면서 초반에는 걸린 사람의 수가 지속해서 늘어나지만 결국 이런 성장은 느려지다가 수평이 된다.

　한 번 걸린 사람이 계속 걸린 상태로 남는다는 가정이 감염성 질병에는 보통 적용되지 않는다. 사람들이 치료받거나 회복하거나 죽기 때문이다. 하지만 다른 종류의 전파를 설명할 수 있다. S자 곡선은 훗날 에버렛 로저스가 1962년에 쓴《개혁의 확산Diffusion of Innovations》에 실린 뒤 사회학에서 유명해졌다.[51] 로저스는 새로운 아이디어와 상품을 도입하는 초기에 일반적으로 이 형태를 따른다고 지적했다. 20세기 중반 라디오와 냉장고 같은 제품의 확산은 모두 S자를 그렸다. 나중에 나온 텔레비전과 전자레인지, 휴대전화도 마찬가지였다.

로저스에 따르면 어떤 제품의 성장에는 네 종류의 사람이 필요하다. 초기에 받아들이는 '혁신가', 그 뒤를 잇는 '얼리 어답터', 그다음에는 인구의 대다수, 그리고 마지막으로 '굼벵이'다. 혁신에 대한 로저스의 연구는 대부분 이런 서술적 접근법을 따랐다. S자 곡선으로 시작해 가능한 설명을 찾으려 애쓰는 것이다.

로스는 그와 정반대로 연구했다. 역학적 추론으로 아무것도 없는 상태에서 그 곡선을 끌어내 그런 사건의 전파가 이런 패턴이 될 수밖에 없다는 사실을 보였다. 로스의 모형은 새로운 아이디어의 도입이 서서히 느려지는 이유도 설명해준다. 더 많은 사람이 받아들이면서 새로운 아이디어에 대해 들어보지 못한 사람을 만나기는 점점 더 어려워진다. 받아들인 사람 수는 전반적으로 늘어나지만 시기마다 그걸 받아들일 사람은 점점 더 적어진다. 따라서 새로 받아들이는 사람 수는 줄어들기 시작한다.

1960년대에 마케팅 연구자인 프랭크 배스는 본질적으로 로스의 것을 확장한 모형을 개발했다.[52] 로저스의 서술적 분석과 달리 배스는 자신의 모형을 이용해 전반적 형태와 함께 시간에 따른 도입 양상을 살펴보았다. 배스는 사람들이 혁신을 받아들이는 방식을 생각함으로써 새로운 기술의 흡수를 예측할 수 있었다. 로저스의 곡선에서는 혁신가가 초반에 받아들이는 2.5%를 나타내고, 나머지는 모두 97.5%에 속한다. 수치는 다소 자의적인데, 로저스는 서술적 방법에 의존했으므로 S자 곡선의 전체 형태를 알아야 했다. 사람들을 분류하는 건 아이디어가 완전히 도입된 뒤에야 가능했다.

반면, 배스는 도입 곡선의 초기 형태를 이용해 혁신가와 배스가 '모방자'라고 부른 나머지 모두의 상대적 역할을 예측할 수 있었다. 로스는 1966년 논문에서 새로 등장한 컬러텔레비전의 판매량이 여전히 올라가던 1968년 정점에 달한다고 예측했다. "산업계는 나보다 훨씬 더 낙관적으로 전망했다." 훗날 배스는 이렇게 기록했다.[53] "내 예상이 잘 받아들여지지 않은 것도 어쩌면 당연한 일인지 모른다." 배스의 예상은 폭넓은 인지도를 누리지 못했지만 마지막에는 현실과 아주 비슷해졌다. 모형이 예측한 대로 판매가 정말로 느려지다가 정점에 도달한 것이다.

관심이 정체되는 과정을 보며 우리는 겸사겸사 도입의 초기 단계를 조사할 수 있다. 1960년대 초 S자 곡선을 발표했을 때 로저스는 인구의 20~25%가 새로운 아이디어를 받아들이면 그게 '이륙'한 셈이라고 제시했다. "그 시점부터는 그렇게 하려 해도 새로운 아이디어가 더 확산되는 것을 막기가 아마도 불가능할 것이다." 로저스는 이렇게 주장했다.

아웃브레이크의 동역학을 바탕으로 이 이륙 지점을 좀 더 정확하게 정의할 수 있다. 특히 새롭게 받아들이는 사람의 수가 언제 가장 빨리 늘어나는지 알아낼 수 있다. 이 시점 이후로는 감염될 수 있는 사람이 부족해서 전파가 느려지고 결국 아웃브레이크가 정체된다. 로스의 단순한 모형에서는 가장 빨리 늘어나는 시기가 잠재적 추종자의 21%를 갓 넘겼을 때다. 놀랍게도 그건 혁신이 얼마나 쉽게 퍼질 수 있는지와 무관하다.[54]

로스의 역학적 접근법은 서로 다른 유형의 사건이 현실에서 어떤 모습이 될 수 있는지 보여준다. 앞에서 말한 영국의 주택 소유 비율 그래프와

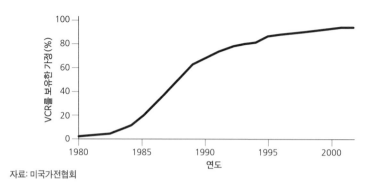

시간의 흐름에 따른 미국의 VCR 소유자 비율

자료: 미국가전협회

미국의 VCR 도입 비율 그래프를 보자. 둘 다 궁극적으로는 정체된다. 그러나 VCR 곡선은 초반에 지수적으로 올라간다. 단순한 전염 모형으로 예측하면 보통 이런 유형의 성장 곡선이 나온다. 새로운 도입은 매번 더 많은 도입을 끌어내기 때문이다. 반면, 독립적인 사건 모형은 그렇지 않다. 지수적 성장이 언제나 어떤 것이 전염성이 있다는 징후는 아니지만—사람들이 점점 더 많이 어떤 기술을 받아들이는 데는 다른 이유가 있을 수 있다—서로 다른 감염 과정이 아웃브레이크 형태에 어떤 영향을 줄 수 있는지 보여준다.

만약 아웃브레이크의 동역학을 생각하면 우리는 현실에서는 거의 있을 법하지 않은 형태도 확인해볼 수 있다. 인구 집단 전체가 걸릴 때까지 지수적으로 증가하는 전염병을 상상해보라. 그런 형태가 생기려면 무엇이 필요할까?

대규모 전염병에서는 대개 감염될 사람이 많이 남지 않았기 때문에 전파가 느려진다. 전염병이 점점 더 빨리 퍼지려면 감염된 사람들이 전염병

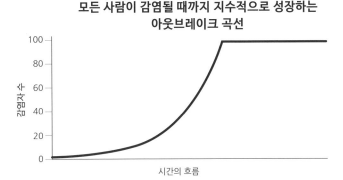

모든 사람이 감염될 때까지 지수적으로 성장하는 아웃브레이크 곡선

마지막 단계에서 감염될 사람들을 적극적으로 찾아다녀야 한다. 그건 감기에 걸린 사람이 아직 걸리지 않은 친구들을 전부 찾아다니며 감기가 걸릴 때까지 친구들을 향해 기침을 해대는 것과 마찬가지다. 이와 같은 아웃브레이크 형태를 만드는 가장 익숙한 시나리오는 가상의 이야기다. 좀비 떼가 살아남은 마지막 인간들을 쫓아다니는 것처럼.

　현실 세계에서는 숙주가 감염을 전파하도록 영향을 주는 감염이 몇 개 있다. 광견병에 걸린 동물은 공격적인 성향을 보이며, 동물이 물면 바이러스가 퍼지는 데 도움이 된다.[55] 말라리아에 걸린 사람은 모기를 더 잘 끌어들이는 냄새를 내뿜는다.[56] 그러나 일반적으로 그런 효과는 전염병 마지막 단계에서 감염 가능한 사람이 줄어드는 정도를 극복할 만큼 크지는 않다. 게다가 여러 감염이 숙주의 행동에 그와 정반대 영향을 미친다. 혼수상태나 무기력증을 일으켜 전파 가능성을 줄이는 것이다.[57] 혁신에서 감염에 이르기까지 감염 가능한 사람을 찾기가 점점 어려워짐에 따라 어쩔 수 없이 속도가 떨어진다.

로스는 온갖 아웃브레이크를 모두 연구할 계획이었다. 하지만 모형이 점점 더 복잡해지면서 수학이 어려워졌다. 전파 과정의 윤곽을 그릴 수는 있었지만 그에 따르는 동역학을 분석할 수 없었다. 그러자 로스는 런던 웨스트햄기술연구소의 힐다 허드슨을 찾았다.[58] 수학자 아버지를 둔 허드슨은 열 살 때 처음으로 자기 연구를 학술지 〈네이처〉에 실었다.[59] 그 뒤에는 케임브리지대학교에서 공부했는데, 같은 학년에서 수학 1등급을 차지한 유일한 여성이었다. 허드슨의 성적은 7등을 한 남학생과 같은 수준이었지만, 그 성과는 공식 목록에 오르지 않았다(케임브리지대학교에서 여성은 1948년부터 학위를 받을 수 있었다[60]).

허드슨의 전문 지식 덕분에 사건 이론을 확장하고 서로 다른 모형이 만드는 패턴을 시각화할 수 있었다. 어떤 사건은 시간이 지나면서 서서히 모든 사람에게 영향을 미치며 뭉근하게 끓었다. 어떤 사건은 재빨리 올라왔다가 떨어졌다. 어떤 사건은 대규모 아웃브레이크를 일으켰다가 좀 더 약한 풍토병 수준으로 자리 잡았다. 계절에 따라 오르락내리락하며 꾸준히 파도처럼 밀려오는 아웃브레이크도 있고 산발적으로 계속 일어나는 아웃브레이크도 있었다. 로스와 허드슨은 그 방법이 현실 세계의 상황을 대부분 설명할 수 있다고 주장했다. "지금의 우리가 볼 수 있는 전염병의 성쇠는 사건의 일반 법칙으로 설명할 수 있다."[61]

안타깝게도 사건 이론에 대한 허드슨과 로스의 연구는 논문 세 편에 그치게 된다. 첫 번째 장벽은 제1차 세계대전이었다. 1916년 허드슨은 영국 전시 지원의 하나로 불려가 비행기 설계를 도왔고 이 일로 훗날 대영

제국훈장을 받았다.[62] 전쟁이 끝난 뒤에는 또 다른 장애물을 만났다. 목표로 삼았던 사람들이 논문을 무시한 것이다. "'보건기관'이 거의 흥미를 보이지 않아서 계속하는 게 무의미하다고 생각했다." 훗날 로스는 이렇게 썼다.

사건 이론 연구를 처음 시작했을 때 로스는 궁극적으로 "통계학과 인구학, 공중보건, 진화론, 나아가 상업, 정치, 정치 수완과 관련된 문제"에 대처할 수 있기를 바랐다.[63] 그건 장대한 전망이었다. 그리고 우리가 전염에 대해 생각하는 방식을 궁극적으로 바꿔놓았을 것이다. 그러나 감염성 질병 연구 분야에서조차 수십 년이 지나서야 그 방법이 널리 퍼졌다. 그리고 삶의 다른 영역까지 침투해 들어오는 데는 그보다 훨씬 더 오랜 시간이 걸린다.

2장

금융 위기와 에이즈 전염

"나는 천체의 움직임을 계산할 수 있지만 인간의 광기는 계산할 수 없다." 전설에 따르면 아이작 뉴턴Isaac Newton(1642~1727)은 남해회사(아프리카의 노예를 스페인령 서인도 제도에 수송하고 이익을 얻는 것을 주된 목적으로 1711년 영국에서 설립된 특권 회사_옮긴이)에 투자했다가 큰돈을 잃은 뒤 이렇게 말했다. 1719년 말에 회사 주식을 샀는데, 처음에는 투자금이 오르는 것을 보고 현금으로 바꾸었다. 그러나 주식이 계속 오르자 뉴턴은 서둘러 판 것을 후회하며 다시 투자했다. 몇 달 뒤 버블이 터졌고 뉴턴은 2만 파운드를 잃었다. 오늘날의 2,000만 달러 정도에 상당하는 금액이었다.[1]

금융 시장에 관해 위대한 학자의 지성도 항상 성공적이지는 않다. 수학자 에드워드 소프와 제임스 사이먼스 같은 몇몇 사람은 투자회사로 성공해 막대한 이익을 보았다. 어떤 사람들은 정반대로 돈을 날리고 말았다. 1997년 아시아와 러시아의 금융 위기로 엄청난 손해를 본 롱텀캐피털매니지먼트LTCM를 보자. 이사회에 노벨상 수상자인 경제학자 두 명이 있고 초기에 건강하게 수익을 내던 이 회사는 월스트리트에서 부러움의 대상이었다. 점점 더 야심 찬 매매 전략을 추구할 수 있도록 투자은행은 점점 더 많은 액수를 빌려주었고, 급기야 1998년 회사는 파산하는 지경에 이르렀다. 빚이 1억 달러가 넘었다.[2]

1990년대 중반, 새로운 표현이 은행가에서 유행했다. '금융 전염'은 한 나라의 경제 문제가 다른 나라로 퍼지는 현상을 나타냈다. 아시아 금융 위기가 아주 좋은 사례였다.[3] LTCM을 강타한 건 위기 자체가 아니었다. 다른 시장을 통해 퍼져가던 간접 충격파였다. 그리고 LTCM에 아주 많은 돈을 빌려준 은행도 위기에 처했다. 1998년 9월 23일 뉴욕의 연방준비은행 건물 10층에 월스트리트에서 가장 힘이 센 은행가들이 모였는데, 그 사람들을 불러 모은 게 바로 이 전염에 대한 두려움이었다. LTCM의 고통이 다른 기관으로 퍼져나가는 일을 피하기 위해 그들은 36억 달러 구제금융에 동의했다. 그건 값비싼 교훈이었다. 하지만 불행히도 제대로 배우지는 못했다. 거의 10년이 지난 뒤 바로 그 은행들은 금융 전염에 대해 똑같은 대화를 나눈다. 이번에는 훨씬 더 상황이 안 좋았다.

━━━

2008년 여름 나는 상관관계라는 통계적 개념을 어떻게 사고팔 수 있을지 생각했다. 대학교 졸업을 1년을 남긴 상태로 런던 커네리워프의 한 투자은행에서 인턴으로 일하는 중이었다. 상관관계는 어떤 것이 다른 것과 어떻게 발을 맞추어 움직이는지를 말한다. 만약 주식시장의 상관관계가 크다면, 주식은 다 같이 올라가거나 떨어질 것이다. 상관관계가 없다면 어떤 주식은 올라가고 어떤 주식은 내려갈 것이다. 만약 주식이 미래에도 비슷하게 행동할 거라고 판단한다면 가급적 이 상관관계로 이익을 낼 매매전략을 원할 것이다. 내가 하는 일은 그런 전략을 개발하는 것이었다.

상관관계는 단순히 수학적 기질을 갖춘 인턴 하나가 심심할까봐 던져준 틈새 주제가 아니다. 그건 2008년 한 해가 본격적인 금융 위기로 끝나는 이유를 이해하는 데 핵심 개념으로 드러난다. 그리고 사회적 행동에서 성병에 이르기까지 전염이 좀 더 일반적으로 퍼지는 과정을 설명하는 데도 도움이 된다. 앞으로 살펴보겠지만, 그건 마침내 아웃브레이크 분석을 현대 금융의 심장부로 이끄는 연결고리다.

그 여름 매일 아침 나는 도클랜드 경전철을 타고 출근했다. 내가 내릴 커네리워프역에 도착하기 직전 열차는 고층건물인 25뱅크 거리를 지나간다. 그 건물에는 리먼브라더스가 있었다. 2007년 말 내가 인턴 자리에 지원했을 때 리먼은 많은 지원자가 선망하는 자리였다. 골드만삭스, JP모간, 메릴린치 같은 일류 투자은행 그룹에 속했다. 베어스턴스도 2008년 3월 무너지기 전까지는 그 그룹에 속했다.

은행가에서 베어라고 부르는 이곳은 모기지에 투자했다가 실패하는 바람에 파산했다. 얼마 뒤 JP모간이 이전 가치의 1/10도 안 되는 가격으로 잔해를 인수했다. 여름쯤 되자 업계의 모든 사람이 다음 파산할 회사가 어디일지를 추측했는데 리먼브라더스가 1순위로 보였다.

수학을 전공하는 학생에게 금융계의 인턴십은 다른 길이 눈에 들어오지 않을 정도로 밝게 빛나는 행로다. 나와 같은 공부를 한 모든 사람이, 나중에 어떤 일을 하게 됐는지와 무관하게 한번은 신청했다. 나는 인턴을 시작하고 한 달쯤 뒤 생각을 바꾸어 일자리 대신 박사학위를 노리기로 했다. 그해 초에 들은 역학 수업의 영향이 컸다. 전염병 아웃브레이크가 이렇게 난해하고 예측할 수 없는 일일 필요가 없다는 아이디어에 매혹되어 있었다. 올바른 방법만 있다면 조목조목 뜯어보고 실제로 어떤 일이 벌어지는지 밝힐 수 있었다. 그리고 잘하면 뭔가 할 수 있을지도 모른다.

그러나 먼저 커네리워프에 있던 내 주위에서 어떤 일이 벌어졌는지에 의문이 생겼다. 다른 경력을 추구하기로 마음먹었지만 은행업계에 무슨 일이 벌어지는지는 이해하고 싶었다. 왜 최근 트레이더들이 자리를 잃고 줄줄이 떠날까? 왜 유명한 금융 아이디어들이 갑자기 무너질까? 그리고 상황이 얼마나 나빠질까?

나는 보통주 쪽에 배치받아 기업의 주가를 분석했다. 하지만 그전에는 신용 기반 투자가 진짜 돈이 되는 분야였다. 그중 한 가지가 특별히 두드러졌다. 은행은 점점 더 많은 모기지와 기타 대출을 모아 '부채담보부증권CDO'을 만들었다. 이 상품은 투자자가 대출 기관의 위험 일부를 떠안는 대신 돈을 벌게 해준다.[4] 그런 방법은 대단히 수지맞는 일이 될 수 있다. 2019년 영국 재무장관으로 임명된 사지드 자비드는 2009년 은행업계를 떠나기 전까지 다양한 신용상품을 거래하며 1년에 약 300만 파운드를 벌었다고 한다.[5]

CDO는 생명보험업계에서 빌려온 아이디어에 바탕을 둔다. 보험회사에서는 사람들이 배우자가 죽으면 뒤따라 죽을 확률이 높다는 사실을 알아챘다. '상심증후군'이라고 하는 사회적 현상이다. 1990년대 중반 보험회사는 보험료를 계산할 때 이 효과를 감안하는 방법을 개발했다. 은행가들이 이 아이디어를 빌려와 새로운 용도를 찾아내는 데는 그리 오래 걸리지 않았다. 은행은 죽음 대신 누군가 모기지를 상환하지 못할 때 생기는 일에 흥미를 보였다. 다른 가구들도 그렇게 될 것인가?

그렇게 수학 모형을 빌려오는 것은 금융뿐 아니라 다른 분야에서도 흔한 일이다. "인류는 제한된 예지력과 뛰어난 상상력을 가졌다." 금융수학자 이매뉴얼 더만은 이렇게 말했다. "따라서 필연적으로 모형은 모형을 만든 사람이 결코 의도하지 않은 방식으로 쓰일 것이다."[6]

불행히도 모기지 모형에는 몇 가지 중대한 결함이 있었다. 아마도 가장 큰 문제는 지난 20년 동안 거의 오르기만 한 과거의 주택 가격에 바탕을 둔다는 점이었을 것이다. 이 시기는 모기지 시장이 그다지 상관관계를 보이지 않았던 때였다. 예를 들어 플로리다에 사는 어떤 사람이 한 번 상환하지 못했다 해도 그게 캘리포니아에 사는 어떤 사람도 그럴 것이라는 뜻은 아니다. 비록 주택 가격이 터지기 직전이라고 추측하는 사람도 있었지만, 많은 사람은 여전히 낙관적이었다. 2005년 7월 CNBC는 부시 대통령의 경제자문위원회 의장이었으며 얼마 뒤 미국 연방준비제도이사회 의장이 되는 벤 버냉키를 인터뷰했다. 버냉키가 생각하는 최악의 시나리오는 무엇인가? 주택 가격이 전국적으로 떨어진다면 무슨 일이 벌어질까? "그건 가능성이 아주 낮다." 버냉키는 이렇게 말했다.[7] "우리는 한 번도 전국적인 주택 가격 하락을 경험한 적이 없다."

베어스턴스가 무너지기 1년 전인 2007년 2월, 신용전문가 재닛 타바콜리는 CDO 같은 투자 상품의 부흥 관련 글을 썼다. 타바콜리는 모기지 사이의 상관관계를 예측하는 데 사용한 모형을 그다지 높게 평가하지 않았다. 이들 모형은 현실과 아주 동떨어진 가정을 도입해 실제로는 수학적 환상을 만들어내 고위험 대출이 저위험 투자인 것처럼 보이게 한다는 것이었다.[8] "상관관계 거래는 마치 감염성이 높은 사고 바이러스thought virus처럼 금융계 전체에 퍼져나갔다." 타바콜리는 이렇게 지적했다. "지금까지는 사망자가 거의 없지만 병에 걸린 사람은 일부 있으며 이 질병은 급속히 번지고 있다."[9] 다른 사람들도 타바콜리의 회의론에 공감하며 널리 보급된 상관관계 기법을 모기지 상품을 분석하는 지나치게 단순한 방법으로 여겼다. 들리는 말에 따르면 한 일류 헤지펀드 회의실 한곳에는 '상

관관계 모형'이라는 딱지가 붙은 주판이 놓여 있다고 한다.[10]

비록 이 모형에는 문제가 있지만 모기지 상품은 인기를 유지했다. 그러다 주택 가격이 하락하면서 현실이 닥쳐왔다. 나는 그 2008년 여름을 보내며 많은 사람이 그게 함축하는 의미를 알았다고 생각했다. 투자 가치는 나날이 곤두박질쳤지만 꼬드겨서 돈을 내게 할 수 있는 순진한 투자자가 있는 한 별문제는 없어 보였다. 마치 바닥에 커다란 구멍이 난 돈자루를 짊어지고 다니지만 위쪽에 워낙 돈이 많아서 상관하지 않는 것 같았다.

전략치고는 구멍이 너무 많았다. 2008년 8월이 되자 돈주머니가 얼마나 비었는지 추측하는 목소리가 많이 들렸다. 금융계 이곳저곳에서 은행들이 자금 조달 방법을 찾아다니며 중동의 국부펀드를 유치하려고 경쟁했다. 보통주 트레이더들이 인턴을 붙잡고 이번에 리먼브라더스 주가가 얼마나 떨어졌는지 알려주었다. 나는 한때 수익을 잘 내던 부채담보부증권팀이 해고되어 떠난 텅 빈 사무실 옆을 지나다녔다. 동료 중 일부는 혹시 다음이 자기 차례일까 봐 경비원이 지나갈 때마다 긴장한 표정으로 고개를 들었다. 두려움이 퍼져나갔고 마침내 붕괴가 일어났다.

━━━

복잡한 금융 상품의 부흥과 롱텀캐피털매니지먼트 같은 펀드의 몰락은 중앙은행이 얽히고설킨 금융 거래의 그물을 이해해야 한다고 깨닫게 해주었다. 2006년 5월 뉴욕연방준비은행은 '시스템의 위험'을 논의하려고 회의를 열었다. 금융 네트워크의 안정성에 영향을 줄 수 있는 요인을

확인하려는 것이었다.[11]

회의에는 다양한 과학 분야 인사들이 참여했다. 그중 한 사람이 생태학자 조지 스기하라였다. 샌디에이고에 있는 스기하라연구실에서는 어류 개체 수의 동역학을 파악하는 모형을 이용한 해양 생태계 보존에 주안점을 두었다. 스기하라는 1990년대 말 도이체방크에서 4년간 일해서 금융계에도 익숙했다. 그 당시 은행들은 계량분석팀의 덩치를 키우며 수학 모형을 다루어본 사람들을 찾아다녔다. 도이체방크는 스기하라를 영입하려고 영국의 저택으로 호화로운 여행을 보내주기도 했다. 그날 저녁 은행의 고위직 가운데 한 사람이 냅킨 위에 막대한 연봉을 적어 제시했다고 한다. 스기하라는 너무 놀라서 아무 말도 하지 못했다. 스기하라가 못마땅해서 침묵했다고 생각한 은행 측은 냅킨을 거두어들이더니 더 큰 액수를 적었다. 다시 한 번 침묵이 맴돌았고 뒤이어 더 큰 금액이 나왔다. 이번에는 스기하라가 그 제안을 받아들였다.[12]

스기하라가 도이체방크에서 일하는 동안 양쪽 모두 아주 만족했다. 비록 물고기가 아니라 돈의 양을 다룬 데이터였지만 예측 모형을 다루어본 스기하라의 경험은 새로운 분야에서도 성공을 이끌었다. 스기하라는 훗날 〈네이처〉에 이렇게 말했다.[13] "사실상 나는 금융 거래를 하는 무리의 두려움과 탐욕을 모형으로 만든 셈이다."

뉴욕연방준비은행의 논의에 참여한 또 다른 인물은 스기하라의 박사학위 지도교수였던 로버트 메이였다. 노련한 생태학자인 메이는 감염성 질병 분석에 대해 다방면으로 연구한 경험이 있었다. 사실 메이는 우연히 금융 연구에 발을 들였지만 금융 시장에서 일어나는 전염에 대한 연구 논문도 몇 편 발표했다. 메이는 2013년 의학 학술지 〈랜싯〉에 실린 논문에서 전염병 아웃브레이크와 금융 거품의 명백한 유사성을 지적했다. "최근 있었던 금융 자산의 상승과 이어진 몰락은 홍역 혹은 다른 전염병 아웃브레이크의 전형적인 성쇠와 모양이 완전히 똑같다." 메이는 감염성 질병이 유행하는 것은 나쁜 소식이지만 전염이 수그러드는 건 좋은 소식이라는 점을 가리켰다. 그와 반대로 금융 시장에서는 가격이 오르면 좋은 일이고, 떨어지면 나쁘다고 알려졌다. 하지만 그는 이를 잘못된 구분이라고 주장했다. 가격이 올라가는 게 항상 좋은 징조는 아니라는 얘기다. "왜 그런지 뚜렷한 이유 없이 뭔가 올라간다면 그건 정말로 사람들의 어리석음을 나타내는 것이다." 메이는 이렇게 표현했다.[14]

역사상 손꼽을 정도로 유명한 거품으로는 1630년대에 네덜란드를 강타한 '튤립 파동'이 있다. 대중문화에서는 금융의 광기에 대한 고전적 이야기로 나온다. 부유한 사람이나 가난한 사람이나 모두 갈수록 튤립에 더 많은 돈을 붓다가 급기야는 튤립 알뿌리가 집값에 육박할 정도였다. 알뿌리 하나를 맛있는 양파로 착각한 뱃사람은 감옥에 가야 했다. 전설에 따르면, 1637년 시장이 무너지자 경제는 병들었고 사람들은 운하에 몸을 던졌다.[15] 그러나 킹스칼리지런던의 앤 골드거에 따르면 그 정도의 튤립 거품은 없었다고 한다. 골드거는 그때 붕괴로 몰락한 사람들을 다룬 기록을 찾을 수 없었다고 했다. 적은 수의 부자만 가장 비싼 튤립에 돈을 쏟아부었으므로 경제에는 영향을 주지 않았고 물에 뛰어든 사람도 없었다.[16]

다른 거품은 훨씬 더 큰 영향을 주었다. 사람들이 과도한 투자를 일컬어 '거품'이라는 말을 처음 사용한 건 남해회사 거품 때였다.[17] 1711년에 생긴 남해회사는 미국에서 몇몇 무역과 노예 계약을 관리했다. 1719년 남해회사는 영국 정부와 수지맞는 거래를 확보했다. 그다음 해 주가는

1720년 남해회사 주가

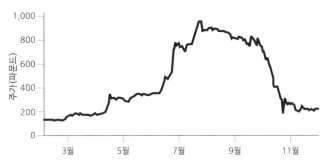

자료: Frehen et al. (2013)[18]

몇 주 사이에 네 배로 치솟았다. 그리고 몇 달 뒤 올라갔을 때처럼 급격히 떨어졌다.[19]

앞에서 말했듯 뉴턴은 1720년 봄 자신이 가진 주식을 대부분 팔았다. 그러나 결국 여름에 정점에 이르렀을 때 다시 투자하고 말았다. 수학자 앤드루 오들리즈코는 "뉴턴은 거품의 광기를 맛보는 데 그치지 않고 깊이 들이마시기까지 했다"라고 말했다. 더 나은 시기에 투자한 사람도 있었다. 서적 판매상 토머스 가이는 초창기에 투자했다가 정점에 이르기 전 빠져나와 그 수익으로 런던에 가이병원을 지었다.[20]

그 뒤 1840년대 대영제국의 철도 파동에서 1990년대 말 미국의 닷컴 거품에 이르기까지 여러 차례 거품이 있었다. 거품은 보통 투자자가 밀려들어 가격이 급격히 올라갔다가 터지면서 떨어지는 상황을 말한다. 오들리즈코는 거품을 가리켜 투자자가 현실에서 멀어지도록 유혹하는 '아름다운 환상'이라고 했다. 거품이 생기면 가격은 논리적으로 정당한 수준을 한참 넘도록 올라간다. 때때로 사람들은 앞으로 투자자가 더 생길 거라는 가정만으로 투자하기도 한다.[21] 여기서 흔히 '더 심한 바보 이론'이 나온다. 많은 돈을 주고 사는 게 어리석은 일이라는 것은 알지만 나중에 그보다 더 많은 돈을 주고 살 더 심한 바보가 있다고 생각하는 것이다.[22]

더 심한 바보 이론을 아주 극명하게 보여주는 사례 중 하나가 피라미드 사기다. 그런 사기 형태는 다양하지만 기본 전제는 모두 똑같다. 모집책은 사람들에게 다른 사람을 충분히 모집하면 전체 금액에서 지분을 가져갈 수 있다고 약속하며 투자를 권유한다. 피라미드 사기는 전형적인 형태를 따르기 때문에 비교적 분석하기가 쉽다. 처음에 투자한 사람이 열 명이라고 하자. 이들이 낸 돈을 회수하려면 각자 열 명씩 모집해야 한다. 열 명씩 모집하는 데 성공한다면 새로 들어온 사람은 100명이다. 새로 들어온 사람들도 각자 열 명씩 모집해야 하므로 전체 규모는 1,000명이 더 늘어난다. 한 단계 더 확장하는 데는 1만 명이 필요하다. 그다음에는 10만, 그다음에는 100만이다. 몇 단계가 지나면 그다지 어렵지 않게 알아챌 수 있다. 꼬드길 만한 사람이 별로 남지 않은 것이다. 모집이 몇 단계 지나면 거품은 대개 터진다. 만약 얼마나 많은 사람이 이 아이디어에 감염되어 등록할지 안다면 그 사기가 얼마나 빨리 무너질지 예측할 수 있다.

지속 가능하지 않은 특징 때문에 피라미드 사기는 보통 불법이다. 그러나 급격한 성장 가능성과 상층부 인원이 벌어들이는 돈 때문에 여전히 사기꾼이 흔히, 특히 잠재적 참여자의 수가 많을 때 사용하는 방법이다. 중국에서 어떤 피라미드 사기 혹은 당국 표현처럼 '컬트 사업'은 막대한 규모에 이르렀다. 2010년 이후 몇몇 사기는 각각 100만 명이 넘는 투자자를 모집하는 데 성공했다.[23]

장 폴 로드리게가 주장한 버블의 4단계

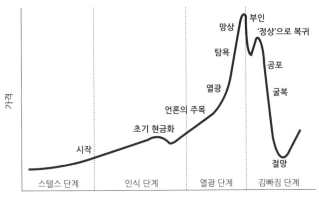

전형적인 구조를 따르는 피라미드 사기와 달리 금융 거품은 분석하기가 더 어렵다. 그러나 경제학자 장 폴 로드리게Jean-Paul Rodrigue는 거품을 크게 네 단계로 나눌 수 있다고 주장한다. 첫째, 전문 투자자가 새로운 아이디어에 돈을 집어넣는 스텔스 단계다. 그다음은 좀 더 광범위한 투자자가 들어오는 인식 단계다. 이 시기 초기에 남해회사 거품이 초기 단계일 때 뉴턴이 했던 것처럼 초기 투자자들이 현금화하면서 급락이 있을 수 있다. 아이디어가 점점 널리 알려지면서 언론과 대중이 들어오면 가격이 미친 듯이 올라간다. 마침내 거품이 정점에 도달했다가 내려오기 시작하는 김빠짐 단계가 온다. 어쩌면 낙관적인 투자자들이 다시 오르기를 기대하면서 작게 2차 정점이 몇 번 나타날 수도 있다. 이 거품 단계는 아웃브레이크의 4단계인 점화, 성장, 정점, 쇠퇴와 비슷하다.[24]

거품의 특징 가운데 하나는 성장이 빠르다는 점이다. 시간이 지날수록 매입 속도가 늘어나기 때문이다. 거품은 종종 '초지수적' 성장으로 알려진 특징을 보인다.[25] 매입 속도가 점점 빨라질 뿐만 아니라 가속도 자체도 더 커지는 것이다. 가격이 높아질 때마다 더 많은 투자자가 들어와 가격을 더 높인다. 감염병과 마찬가지로 거품이 더 빨리 커질수록 감염될 수 있는 사람도 더 빨리 소모된다.

불행히도 감염될 사람이 얼마나 남았는지 알아내기는 어려울 수 있다. 이것이 아웃브레이크를 분석할 때 흔히 겪는 문제다. 초기 성장 단계에서는 어느 정도 진행됐는지 알아내기가 어렵다. 감염성 질병 아웃브레이크에서는 얼마나 많은 감염 사례가 모습을 드러내는지가 대단히 중요하다. 대부분 감염이 알려지지 않은 채 지나간다고 가정하자. 이건 곧 우리가 사례 하나를 목격할 때 새로운 감염 사례가 훨씬 더 많으며 아직 감염될 사람의 수가 줄어든다는 뜻이다. 반대로 감염이 대부분 알려진다면 아직 많은 사람이 감염될 위험에 놓였을 수 있다. 이 문제를 피해 가는 한 가지 방법은 인구 집단의 혈액을 채취해 분석하는 것이다. 만약 대부분이 이미 감염되어 질병에 대한 면역력을 획득했다면, 아웃브레이크가 오래 이어질 가능성은 작다. 물론 짧은 동안 많은 사람의 혈액을 채취하는 것이 항상 가능한 일은 아니다. 그렇다 해도 우리는 아웃브레이크가 얼마나 커질지 그 규모를 짐작할 수 있다. 당연히 전체 인구보다 감염자 수가 더 많아지는 일은 불가능하다.

금융 거품은 그렇게 간단하지 않다. 사람들은 레버리지leverage를 사용해 거래할 수 있다. 추가 투자를 덮기 위해 돈을 빌리는 것이다. 이렇게 하면 감염 가능성이 얼마나 남았는지, 따라서 거품이 어느 단계에 이르렀는지 추정하기가 훨씬 더 어려워진다. 그러나 지속 가능하지 않은 성장의 징후를 포착할 때도 있다.

1990년대 후반 닷컴 거품이 커질 때 주식 가격 상승을 정당화하는 흔한 근거는 인터넷 트래픽이 100일마다 두 배로 늘어난다는 주장이었다. 그래서 인프라스트럭처 기업의 가치는 수천억 달러로 평가받았고, 투자자는 월드컴 같은 인터넷 서비스 제공사업자에게 돈을 쏟아부었다. 그러나 그 주장은 터무니없는 것이었다. 1998년 당시 AT&T 연구원이던 오들리즈코는 인터넷이 그보다 훨씬 더 느린 속도로 성장한다는 사실을 깨달았다. 규모가 두 배로 늘어나는 데 약 1년이 걸렸다.[26] 한 보도자료에서 월드컴은 사용자의 수요가 매주 10%씩 늘어난다고 주장했다. 이 속도가 지속 가능하려면 1년 안에 전 세계 모든 사람이 하루 24시간 내내 온라인에 접속해야 했다.[27] 감염될 사람이 충분하지 않은 것이다.

근래에 있었던 가장 큰 거품은 분명히 비트코인일 것이다. 비트코인은 강력한 암호가 걸린 공공 거래 기록을 공유해 탈중심화된 디지털 화폐를 만든다. 코미디언 존 올리버의 표현을 빌리면, "돈에 대해 이해할 수 없는 모든 것과 컴퓨터에 대해 이해할 수 없는 모든 것을 합쳐놓은 것"이다.[28] 2017년 12월, 1BTC의 가격은 거의 2만 달러까지 올라갔다. 1년 뒤에는 이 가격의 1/5로 떨어졌다.[29] 그건 여러 차례 작은 거품 중 가장 최근 것이었다. 2009년 등장한 뒤 비트코인 가격은 여러 번 올라갔다 내려왔다(2019년 중반에 가격은 다시 올라가기 시작했다).

각각의 비트코인 거품으로 갈수록 감염될 관련자가 늘어났다. 마치 아웃브레이크가 서서히 촌락 수준에서 마을 수준으로, 마침내 도시 수준으로 커지는 것과 같았다. 처음에는 소규모 초기 투자자가 참여했다. 그 사람들은 비트코인 기술을 이해했고 기저에 깔린 가치를 믿었다. 그 뒤 좀 더 광범위한 투자자가 합류했다. 돈이 더 들어왔고 가격이 더 올랐다. 마지막으로 비트코인이 신문 지상이나 대중교통 광고판에 오르며 대중과 만났다. 과거 비트코인 정점과 정점 사이의 시간 지연은 서로 다른 집단 사이에서는 그 아이디어가 아주 효율적으로 퍼지지 않음을 암시한다. 만약 감염될 인구 집단이 서로 강하게 연결되어 있다면 전염병은 보통 작은 아웃브레이크가 순서대로 일어나는 게 아니라 비슷한 시기에 정점을 맞는다.

로드리게에 따르면 거품의 주요 성장 단계에서 극적인 국면 전환이 일어난다. 풀린 돈의 양은 늘어나는 반면 평균적 지식 기반은 줄어드는 것이다. "단골 '투자자들'에 의해 '종잇장 재산'이 생겨나면 시장은 서서히 풍요로워진다. 그리고 욕심이 들어선다." 로드리게는 이렇게 주장했다.[30] 1978년 로버트 알리버와 함께 기념비적인 책 《광기, 패닉, 붕괴: 금융위기의 역사Manias, Panics, and Crashes》를 쓴 경제학자 찰스 킨들버거Charles Kindleberger는 거품의 이 단계에서 사회적 전염의 역할을 강조했다. "친구가 부자가 되는 모습을 보는 것만큼 어떤 사람의 행복과 판단력에 방해가 되는 것은 없다."[31] 성장 추세의 일부가 되고자 하는 투자자들의 욕망은 심지어 거품에 대한 경고가 역효과를 일으키게 한다. 1840년대 영국 철도 파동 시 〈타임스〉는 철도 투자가 너무 빠르게 늘어나 경제의 다른 분야를 위험에 빠뜨릴 수 있다고 주장했다. 그 결과 투자자들은 더 적극적으로 되고 말았다. 그걸 철도회사 주식이 계속 오른다는 증거로 본 것이다.[32]

거품의 후반부에 이르면 두려움이 열광과 아주 비슷한 방식으로 퍼질 수 있다. 2008년 모기지 거품의 첫 번째 물결은 미국의 주택 가격이 정점에 이른 2006년 4월에 이미 나타났다.[33] 그건 모기지 투자가 사람들 생각보다 훨씬 더 위험할지도 모른다는 우려에 불을 지폈다. 이것이 업계로 퍼져나가고 그 과정에서 마침내 은행권 전체를 무너뜨린다. 리먼브라더스는 2008년 9월 15일 무너졌다. 내가 커네리워프에서 인턴십을 마친 지 일주일 정도 지났을 때였다. 롱텀캐피털매니지먼트와 달리 구세주는 없었다. 리먼브라더스의 몰락은 전 세계 금융 시스템이 무너질 수 있다는 두려움을 불러왔다. 미국과 유럽에서 정부와 중앙은행은 은행 업계가 무너지지 않도록 14조 달러 이상을 지원했다. 그 규모는 지난 수십 년간 은행의 투자가 얼마나 커졌는지 보여주었다. 1880년대에서 1960년대 사이에 영국 은행의 자산 규모는 보통 국가 경제의 절반 정도였는데 2008년에는 다섯 배 이상으로 늘어나 있었다.[34]

당시에는 깨닫지 못했지만 내가 전염병 연구를 위해 금융계를 떠났을 때 런던의 다른 지역에서는 두 분야가 융합하고 있었다. 영국은행은 런던의 은행가인 스레드니들 거리에서 리먼브라더스 붕괴의 낙진을 줄이기 위해 분투했다.[35] 많은 사람이 금융 네트워크의 안정성을 과대평가한다는 사실이 그 어느 때보다 명확해졌다. 으레 활력과 회복력이 있을 거라고 가정했지만 더는 그렇지 않았다. 전염은 사람들이 생각한 것보다 훨씬 더 큰 문제였다.

여기서 질병 연구자가 끼어들었다. 2006년의 뉴욕연방준비은행 회의를 바탕으로 로버트 메이는 다른 과학자들과 그 문제를 논의했다. 그중 한 사람이 옥스퍼드대학교의 동료 님 아리나민파티였다. 아리나민파티는 2007년 이전에는 금융 시스템을 하나의 전체로 연구하는 게 이례적인 일이었다고 회고했다. "그 거대하고 복잡한 금융 시스템의 자체 교정 능력에 대한 믿음이 아주 컸다. 그때는 '시스템이 작동하는 방법은 알 필요가 없는 대신 개별 기관에 집중할 수 있다'는 자세였다."[36] 불행히도 2008년의 사건은 이런 접근법의 약점을 드러냈다. 당연히 더 나은 방법이 있지 않을까?

1990년대 후반 메이는 영국 정부의 수석과학자문관이 됐다. 메이는 이 역할을 수행하는 과정에서 훗날 영국은행 총재가 되는 머빈 킹을 알게 됐다. 2008년 위기가 닥쳤을 때 메이는 전염이라는 문제를 좀 더 자세하게 관찰해야 한다고 주장했다. 어떤 은행이 흔들리는 것이 금융 시스템에 어떻게 퍼져나갈까? 메이와 동료들은 그 문제에 대처하는 데 적격이었다. 과거 수십 년 동안 그들은 홍역에서 에이즈까지 다양한 감염병을 연구했고, 질병 관리 프로그램에 기준을 제시하는 새로운 방법을 개발했다. 그러나 이런 방법이 어떻게 작동하는지 이해하려면 먼저 더 근본적인 문제를 살펴보아야 한다. 어떤 감염병 혹은 위기가 퍼질지 퍼지지 않을지 어떻게 알아내야 할까?

———

1920년대에 커맥과 맥켄드릭이 전염병 이론을 연구한 결과를 발표한 뒤 이 분야는 수학 쪽으로 급선회했다. 아웃브레이크 분석에 대해 계속 연구하기는 했지만 그 방향은 점점 더 추상적·전문적으로 됐다. 알프레드 로트카 같은 연구자는 길고 복잡한 논문을 발표해 이 분야가 현실 세계의 전염병에서 더 멀어지게 했다. 이들은 무작위인 사건과 복잡한 전파 과정, 복수의 인구 집단을 포함하는 가상의 아웃브레이크를 연구할 방법을 찾아냈다. 컴퓨터의 등장은 이런 기술의 발전을 촉진했다. 손으로 분석하기 어려웠던 모형을 시뮬레이션할 수 있게 된 것이다.[37]

그러다가 발전 속도가 멈칫했다. 걸림돌은 수학자 노먼 베일리가 1957년에 쓴 교과서였다. 앞선 연구 주제를 이어나간 이 교과서는 거의 이론적이었을 뿐 현실 세계의 데이터는 별로 없었다. 그리고 전염병 이론을 정리한 인상적인 교과서로 몇몇 젊은 연구자를 이 분야로 끌어들이는 데 도움이 됐지만 문제가 하나 있었다. 베일리가 핵심 아이디어를 빼놓았는데 그것이 아웃브레이크 분석에서 손꼽을 정도로 중요한 개념으로 드러난 것이다.[38]

문제의 아이디어는 런던 위생및열대의학대학원 로스연구소에 근무하는 말라리아 연구자 조지 맥도널드가 떠올린 것이다. 1950년대 초반 맥도널드는 로스의 모기 모형을 개선해 모기의 수명과 섭식률 같은 현실 세계의 데이터를 결합하도록 만들었다. 맥도널드는 이 모델을 실제 시나리오에 맞게 고쳐 전파 과정의 어떤 부분을 관리하는 게 가장 효율적인지 알아냈다. 로스가 물속에 사는 모기 유충에 집중한 반면 맥도널드는 말라리아에 대처하려면 모기 성충을 목표로 삼는 게 낫다는 사실을 깨달았다. 그 부분이 전파 고리에서 가장 약한 사슬이었다.[39]

1955년 WHO는 사상 처음으로 질병 하나를 박멸하겠다는 계획을 발표했다. 맥도널드의 분석에 자극받은 WHO는 그 대상으로 말라리아를 골랐다. 박멸은 전 세계에서 감염병을 모두 없앤다는 뜻이다. 이는 결국 기대한 것보다 달성하기 어려운 목표로 드러났다. 어떤 모기는 살충제에 내성을 키웠고 어떤 지역에서는 모기 관리 대책이 다른 곳에서보다 효과

적이지 못했다. WHO는 훗날 관심을 천연두로 옮겼고 1980년 이 질병을 박멸했다.[40]

모기 성충을 목표로 삼는다는 맥도널드의 아이디어는 연구의 핵심이었다. 하지만 베일리가 교과서에서 생략한 건 그게 아니었다. 진정 혁신적 아이디어는 맥도널드의 논문 부속물에 있었다.[41] 맥도널드는 마치 조금 늦게 떠올랐다는 듯 감염병에 대한 새로운 사고방식을 제안했다. 모기의 임계밀도를 관찰하는 대신 감염자 한 사람이 인구 집단에 나타나면 어떻게 될지 생각해보자는 것이다. 얼마나 많은 감염이 뒤이어 나타날까?

20년 뒤 마침내 수학자 클라우스 디츠가 맥도널드 부속물에 있던 아이디어에 관심을 둔다. 그 과정에서 전염병 이론이 수학이라는 좁은 구덩이 밖으로 나와 공중보건이라는 좀 더 넓은 세계로 들어오게 했다. 디츠는 나중에 '감염재생산수', 줄여서 R이라고 부르는 수치의 윤곽을 만들었다. R은 전형적인 감염자 한 명이 평균적으로 만들어내는 새로운 감염자 수를 나타낸다.

커맥과 맥켄드릭이 사용한 비율이나 임계점과 달리 R은 전염에 대해 더 직관적·보편적으로 생각할 수 있는 방법이다. 그건 단순히 이런 질문을 던진다. 감염 사례 하나가 얼마나 많은 사람에게 퍼질까? 뒤에 이어질 장에서 살펴보겠지만, 이는 총기 폭력에서 온라인 밈에 이르기까지 광범위한 아웃브레이크에 적용할 수 있는 아이디어다.

R은 대규모 아웃브레이크가 일어날지 일어나지 않을지 알려주기 때문에 특히 유용하다. 만약 R이 1보다 작다면 감염된 사람 한 명이 평균적으로 한 명이 채 안 되는 추가 감염자를 만든다. 따라서 시간이 지날수록 감염 사례가 줄어든다고 예측할 수 있다. 만약 R이 1보다 크다면 평균

적으로 감염 수준이 올라가고 대규모 전염병이 될 가능성이 생긴다.

어떤 질병은 상대적으로 R이 낮다. 팬데믹 독감의 R은 보통 1~2다. 2013~2016년 서아프리카에서 번진 에볼라의 초기 단계와 비슷한 수준이다. 평균적으로 각 에볼라 감염자는 바이러스를 두세 명에게 전달한다. 다른 감염병은 좀 더 쉽게 퍼진다. 2003년 초 아시아에서 아웃브레이크를 일으킨 사스 바이러스의 R은 2~3이었다. 인간이 박멸한 유일한 감염병인 천연두는 감염될 수 있는 전체 인구 집단 안에서 R이 4~6이었다. 수두는 그보다 조금 더 높아 모든 사람이 감염될 수 있을 때 R이 6~8이다. 그러나 이런 수치는 홍역과 비교하면 낮은 것이다. 모든 사람이 감염될 수 있는 공동체 안에서 홍역 환자 1명은 평균적으로 20명 이상을 새롭게 감염시킬 수 있다.[42] 이는 홍역 바이러스의 놀라운 지속력 덕분이다. 홍역에 걸린 사람이 방 안에서 재채기를 한다면 몇 시간 뒤에도 공기 중에 바이러스가 떠다닐 수 있다.[43]

R은 감염된 사람 한 명이 일으키는 전파를 측정할 수 있을 뿐 아니라 전염병이 얼마나 빨리 커질지도 추측할 수 있게 해준다. 피라미드 사기에서 매 단계가 지날 때마다 사람 수가 얼마나 늘었는지 상기해보자. R을 이용하면 똑같은 논리를 전염병 아웃브레이크에 적용할 수 있다. 만약 R이 2라면 첫 감염자 한 명은 평균적으로 감염자 두 명을 만든다. 이 두 사례가 평균적으로 각각 두 사례를 만드는 식으로 이어진다. 계속 두 배씩 늘어나다가 아웃브레이크의 다섯 번째 단계에 이르면 새로운 감염 사례가 32건이 되리라고 예측할 수 있다. 열 번째 단계에서는 평균 1,024건이 된다.

아웃브레이크는 초반에 커지기 때문에 R이 조금만 변해도 몇 단계 이

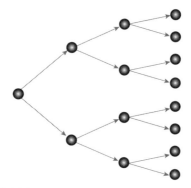

각 사례가 다른 두 사람을 감염시키는 아웃브레이크 사례. 동그라미는 각 사례를, 화살표는 전파 경로를 나타낸다.

후 예상 감염 건수에 큰 영향을 미칠 수 있다. 방금 R이 2일 때 아웃브레이크 5단계에서 예상할 수 있는 새로운 감염이 32(2의 5승)건이라는 것을 보았다. 만약 R이 3이었다면 같은 단계에서 예상 수치는 243(3의 5승)건이 된다.

R이 이렇게 널리 쓰이는 이유의 하나는 현실 세계의 데이터를 바탕으로 예측 가능하다는 점이다. 에이즈에서 에볼라에 이르기까지 R은 서로 다른 질병의 전파를 정량화하고 비교하게 해준다. 이런 인기는 대부분 메이와 오랜 협력자 로이 앤더슨 덕분이다. 1970년대 말 두 사람은 전염병 연구를 다른 분야에 소개하는 데 기여했다. 둘 다 생태학이 전공인 덕에 앞선 수학자들보다 좀 더 실용적으로 바라볼 수 있었다. 두 사람은 데이터와 모형을 현실 세계 상황에 적용하는 방법에 흥미가 있었다. 1980년 메이는 로스연구소의 폴 파인과 재클린 클락슨이 쓴 논문의 초고를 읽었다. R을 이용해 홍역을 분석하는 내용이었다.[44] 잠재성을 깨달은 메이와

수학자가 알려주는 전염의 원리

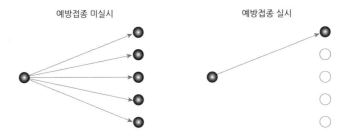

예방접종 미실시　　　　　　　　예방접종 실시

예방접종률 80%일 때와 예방접종을 하지 않았을 때의 비교. 모든 사람이 감염 가능한 집단에서 감염재생산수가 5일 때다.

앤더슨은 재빨리 그 아이디어를 다른 문제에 적용했고, 다른 동료들에게도 함께하자고 제안했다.

R이 인구 집단의 차이에 따라 크게 달라질 수 있다는 사실은 곧 명확해졌다. 예를 들어 홍역 같은 질병은 면역이 부족한 공동체를 만나면 수많은 사람에게 퍼질 수 있지만 백신 접종률이 높은 국가에서는 아웃브레이크가 일어나는 일이 드물다. 홍역의 R은 모든 사람이 감염 위험에 노출된 인구 집단 속에서는 20이 될 수 있지만 백신 접종률이 높은 인구 집단에서는 감염자 한 명이 만드는 2차 감염자가 평균적으로 한 명도 채 되지 않는다. 그런 곳에서는 R이 1보다 아래라는 소리다.

따라서 우리는 R을 이용해 감염병을 관리하려면 얼마나 많은 사람에게 백신을 맞혀야 하는지 알아낼 수 있다. 모두가 감염될 수 있는 인구 집단에서 어떤 감염병의 R이 수두와 같은 5라고 하자. 그런데 다섯 명 중 네 명에게 백신을 접종한다. 백신을 접종하기 전에 우리는 전형적인 감염자 한 명이 다섯 명을 감염시킨다고 예상했다. 만약 백신이 100% 효과가 있다면 평균적으로 이 중 네 명은 이제 면역됐다. 그러므로 각각의 감염자 한 명은 추가 감염자를 단 한 명만 만들 수 있다고 예상할 수 있다.

만약 우리가 인구 전체의 4/5 이상에게 백신을 접종한다면 2차 감염의 평균 건수는 1 아래로 떨어질 것이다. 따라서 시간이 지날수록 감염자 수가 줄어든다고 예상할 수 있고 그 질병은 관리할 수 있게 된다. 똑같은 논리를 이용해 다른 감염병의 백신 접종 목표를 세울 수 있다. 만약 모든 사람이 감염 가능한 인구 집단에서 R이 10이라면 10명 중 적어도 9명에게 백신을 접종해야 한다. 홍역처럼 R이 20이라면 20명 중 19명 혹은 인구의 95% 이상에게 백신을 접종해야 아웃브레이크를 막을 수 있다. 이 백분율은 흔히 '집단면역 임계점herd immunity threshold'이라고 알려져 있다. 이 아이디어는 커맥과 맥켄드릭의 연구와 상통한다. 일단 많은 사람이 면역을 획득하면 감염병은 효과적으로 퍼지지 못한다.

인구 집단 속 감염 가능한 사람의 수를 줄이는 건 아마도 감염재생산수를 떨어뜨리는 가장 명확한 방법일 것이다. 하지만 이것이 유일한 방법은 아니다. R에 영향을 주는 요소로는 네 가지가 있는 것으로 드러났다. 그 요소들을 밝혀내는 건 전염이 작동하는 방식을 이해하는 열쇠다.

1987년 4월 19일 다이애나 왕세자비는 런던 미들섹스병원에 새로운 치료 시설을 열었다. 그곳에 간 다이애나비는 동행한 언론은 물론 병원 직원조차 깜짝 놀랄 행동을 했다. 환자와 악수를 한 것이다. 그곳은 HIV, 즉 에이즈 환자를 전문적으로 돌보는 영국 최초의 시설이었다. 에이즈가

수학자가 알려주는 전염의 원리

접촉으로는 퍼지지 않는다는 과학적 증거가 있음에도 그럴 수 있다는 생각이 널리 퍼져 있었기 때문에 그 악수는 중요한 의미를 지녔다.[45]

1980년대에 일어난 에이즈/HIV 감염이 증가하면서 이 전염병의 전파 과정을 급히 밝혀야 할 필요가 생겼다. 에이즈의 어떤 특징이 전파를 촉진할까? 다이애나비가 미들섹스병원을 방문하기 전 달에 메이와 앤더슨은 에이즈의 R을 분석한 논문을 발표했다.[46] 두 사람은 R이 다양한 요소의 영향을 받는다는 데 주목했다. 먼저 어떤 사람이 전염성을 띠는 기간에 따라 다르다. 감염 기간이 짧을수록 다른 사람에게 옮길 시간이 짧다. 감염 기간뿐 아니라 그 기간에 얼마나 많은 사람과 접촉했는지도 R에 영향을 준다. 많은 사람과 접촉했다면 감염병이 퍼질 기회도 많아진다. 마지막으로 감염될 수 있는 사람과 접촉하는 각각의 과정에서 병을 옮길 확률도 영향을 미친다.

따라서 R은 네 가지 요소에 영향을 받는다. 어떤 사람이 전염성을 띠는 기간Duration, 전염성을 띨 때 하루 동안 전파할 수 있는 기회의 평균값Opportunities, 기회가 전파로 이어질 확률Transmission Probability, 인구 집단 중 감염될 수 있는 사람의 평균 비율Susceptibility이다. 나는 이들을 줄여 DOTS라고 부르려 한다. 이 넷을 가지고 감염재생산수를 구할 수 있다.

R = 기간^D × 기회^O × 전파 확률^T × 감염될 수 있는 사람의 비율^S

R을 이 DOTS 요소로 분해하면 전파의 서로 다른 측면이 어떻게 상쇄되는지 알 수 있다. 우리가 전염병을 관리하는 최선의 방법을 찾는 데 도움이 되는 일이다. 왜냐하면 R의 어떤 측면은 다른 것보다 바꾸기 쉽기

때문이다. 예를 들어 금욕 생활이 널리 퍼지면 에이즈에 옮을 기회는 줄어든다. 그러나 대부분에게 그건 매력적이거나 실용적인 방법이 아니다. 그래서 보건기관에서는 성관계를 할 때 전파 확률을 낮추어주는 콘돔 착용을 권장하는 데 초점을 맞추었다. 최근에는 HIV에 음성인 사람의 감염 가능성을 낮추기 위해 항HIV약을 복용하는 노출 전 사전 예방Pre-exposure Prophylaxis 방법도 상당한 성공을 거두었다.[47]

우리가 관심을 두는 전파 기회는 감염병의 유형에 따라 달라진다. 인플루엔자나 천연두는 얼굴을 맞대고 대화하는 동안 전파될 수 있다. 반면, 에이즈나 임질은 주로 성적 접촉으로 옮는다. DOTS의 상쇄 효과는 가령 어떤 사람이 전염성을 띠는 기간이 두 배가 된다면 질병 전파 관점에서 그건 접촉 횟수가 두 배로 늘어나는 것과 마찬가지라는 뜻이다. 천연두와 에이즈 둘 다 종종 R이 약 5일 때가 있었다.[48] 그러나 천연두는 대개 전염성을 띠는 기간이 더 짧았다. 그건 천연두가 하루에 병을 옮길 기회가 더 많아서 혹은 전파 확률이 더 높아서 보충된다는 뜻이었다.

R, 즉 감염재생산수는 현대 아웃브레이크 연구에서 핵심이 됐다. 여기서 고려해야 할 전염의 특징이 하나 더 있다. R은 평균적 전파 수준을 나타내므로 아웃브레이크 기간에 일어날 수 있는 이례적 사건을 잘 포착하지 못한다.

1972년 3월에 그런 사건이 하나 일어났다. 세르비아인 교사 한 명이 이례적인 여러 가지 증상을 보이며 베오그라드의 중앙병원에 도착했다. 발진을 치료하려고 동네 병원에서 페니실린을 처방받았는데 많은 출혈이 이어졌다. 수십 명에 달하는 병원 의사와 수련생들이 약물에 대한 이상반응으로 여겨지는 현상을 보려고 몰려들었다. 그러나 그건 알레르기가 아니었다. 그 남성의 형제까지도 병에 걸리자 의사들은 무엇이 진짜 문제였는지는 물론 자신들이 무엇에 노출됐는지도 깨달았다. 그 교사는 천연두에 감염됐고 그 뒤로 모두 그 교사와 이어진 사례가 38건 더 나타난 뒤에야 베오그라드에서 천연두가 수그러들었다.[49]

천연두는 1980년 전 세계에서 박멸됐지만 유럽에서는 이미 사라진 병이었다. 세르비아에서는 1930년 이후 사례가 한 건도 없었다. 그 교사는 최근 이라크에서 돌아온 동네 목사에게서 옮았을 가능성이 컸다. 1960년대와 1970년대에도 유럽에서 그와 비슷한 발병 사례가 있었는데 대부분 여행을 통해 벌어진 일이었다. 1961년 한 소녀가 파키스탄 카라치에서 천연두 바이러스를 지닌 채 영국 브래드포드로 오면서 자신도 모르게 다른 사람 열 명에게 병을 옮겼다. 1969년 독일 메셰데에서 일어난 아웃브레이크도 카라치에 갔던 사람 때문에 일어났다. 이번에는 여행을 갔던 독일 전기 기술자가 원인이었다. 그는 열일곱 명에게 병을 옮겼다.[50] 그러나 이는 흔히 있는 사건은 아니었다. 유럽으로 돌아온 사람은 대부분 누구에게도 병을 옮기지 않았다.

감염될 수 있는 인구 집단 안에서 천연두의 R은 4~6이다. 이 수치는 우리가 관찰할 수 있으리라 예상하는 2차 감염 건수를 나타낸다. 하지만 아직은 그저 평균치에 지나지 않는다. 현실에서는 각 개인과 아웃브레이크마다 큰 차이가 생길 수 있다. R이 전반적인 전파 양상을 요약해 보여주는 데는 유용하지만 역학자들이 '슈퍼 전파'라고 하는 얼마 안 되는 사건에서 비롯한 전파가 얼마나 되는지는 알려주지 않는다.

전염병 아웃브레이크에 대해 흔히 하는 오해는 매번 비슷한 숫자가 감염되며 단계별로 꾸준히 커진다는 것이다. 감염병이 사람 대 사람으로 퍼지며 연쇄 고리를 만드는 것은 '전달형 전파'라고 한다. 그러나 전달형 아웃브레이크는 단계마다 똑같은 수준으로 늘어나는 R의 기계적 패턴을 따르지 않는다.

1997년, 일군의 역학자가 질병 전파를 설명하기 위해 '20/80 법칙'을 제시했다. 에이즈와 말라리아 같은 질병은 감염 사례의 20%가 나머지 80%를 일으킨다는 것이다.[51] 그러나 생물학 법칙이 대부분 그렇듯 전파의 20/80 법칙에도 예외가 있었다. 그 연구자들이 성병과 모기 매개 질병에 집중했으므로 다른 아웃브레이크도 이 패턴을 항상 따르는 건 아니었다. 대량 감염 사례가 여러 차례 나타난 사스 팬데믹이 있은 2003년 이후 슈퍼 전파라는 개념에 새로운 관심이 쏟아졌다. 사스의 경우 그게 특히 중요해 보였다. 감염 사례 20%가 전체의 거의 90%를 일으켰기 때문이다. 반대로 흑사병 같은 질병은 슈퍼 전파 사건이 더 적어 감염 사례 20%가 고작 50%만 감염시켰다.[52]

다른 상황에서는 아웃브레이크가 전혀 전달되지 않을 수 있다. 그러면 모든 감염 사례가 똑같은 원천에서 나오는 '동일 감염원 전파'라는 결과가 나올 수 있다. 한 가지 예로 식중독이 있다. 아웃브레이크는 종종 특정 식사나 사람에게서 시작된다. 가장 유명한 사례가 아무 증상 없이 타이포이드(장티푸스)에 걸린 채 살았던 메리 말론이다. 흔히 '타이포이드 메리'라고 한다. 20세기 초 말론은 뉴욕시에서 몇몇 가정의 요리사로 일했다. 그 결과 여러 차례 타이포이드 아웃브레이크를 일으켰고 몇 명이 목숨을 잃었다.[53]

동일 감염원 아웃브레이크 때는 감염 사례가 종종 짧은 기간에 발생한다. 1916년 5월, 캘리포니아에서 학교 소풍 며칠 뒤 타이포이드 아웃브레

수학자가 알려주는 전염의 원리

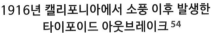

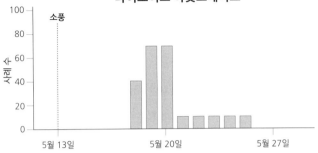

1916년 캘리포니아에서 소풍 이후 발생한
타이포이드 아웃브레이크 [54]

이크가 일어났다. 말론처럼 소풍에서 먹을 아이스크림을 만든 요리사가 자기도 모른 채 감염되어 있었던 것이다.

따라서 우리는 질병 전파를 쭉 이어진 끈으로 생각할 수 있다. 한쪽 끝에는 말론 같은 한 사람이 모든 감염 사례를 일으키는 상황이 있다. 이건한 명이 감염 사례 100%를 일으키는 슈퍼 전파의 가장 극단적 사례다. 반대쪽 끝에는 각 감염 사례가 정확하게 똑같은 수의 2차 감염 사례를 일으키는 기계적 전염병이 있다. 대부분 사례에서 아웃브레이크는 이 양극단 사이 어딘가에 놓인다.

만약 아웃브레이크 때 슈퍼 전파 사건이 일어날 가능성이 있다면 그건어떤 사람들이 특별히 중요할 수 있다는 사실을 암시한다. 에이즈 감염의80%가 20%의 사례에서 비롯한다는 사실을 깨달은 연구자들은 이 '핵심 집단'을 목표로 하는 관리 대책을 제안했다. 그러나 그런 접근 방법이효과가 있으려면 개인이 네트워크 안에서 서로 어떻게 연결되어 있는지, 왜 어떤 사람들이 다른 사람들보다 더 위험에 처하는지 생각해야 한다.

역사상 가장 풍성한 성과를 낸 수학자는 학계의 유목민이었다. 헝가리의 수학자 폴 에르되시Paul Erdős는 신용카드나 수표책도 없이 꽉 찬 여행 가방 두 개만 갖고 세계를 여행하며 평생을 보냈다. 그는 "재산은 골칫거리다"라고 말하기도 했다. 하지만 그는 은둔자와는 거리가 멀었고 여행을 다니며 방대한 공동 연구 네트워크를 만들었다. 커피와 암페타민으로부터 에너지를 얻은 에르되시는 동료들 집에 나타나 "내 두뇌가 열렸네"라고 이야기하곤 했다. 1996년 사망하기까지 8,000명이 넘는 공저자와 함께 논문을 1,500편 발표했다.[55] 에르되시는 네트워크를 만들었을 뿐만 아니라 연구하기도 했다. 레니 알프레드와 함께 개별적인 '마디점node'이 무작위로 서로 연결된 네트워크를 분석하는 방법을 개척했다. 두 사람은 이런 네트워크가 별개 조각으로 나뉘지 않고 궁극적으로 완전히 연결될 가능성, 어느 두 마디점 사이에도 가능한 경로가 있을 가능성에 특히 흥미가 있었다. 이는 아웃브레이크에 중요하다. 성관계 파트너를 나타내는 네트워크가 있다고 하자. 그 네트워크가 완전히 연결되어 있다면, 이론적으로 감염자 한 사람이 다른 모든 사람에게 성병을 퍼뜨릴 수 있다. 그러나 네트워크가 여러 조각으로 나뉘어 있다면 어느 한 조각에 속한 사람이 다른 조각에 속한 사람에게 병을 옮길 방법은 없다.

만약 네트워크를 가로지르는 경로가 하나 또는 몇 개 있다면 달라질 수 있다. 네트워크 안에 닫힌 순환 고리가 있다면 성병 전파는 늘어날 수 있다.[56] 고리가 있다면 감염은 두 가지 방식으로 네트워크에 퍼질 수 있다. 사회적 연결고리 하나가 끊어진다 해도 아직 다른 경로 하나가 남는

완전히 연결된 에르되시-레니 네트워크와
끊어진 에르되시-레니 네트워크

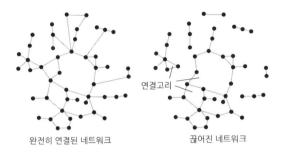

연결고리

완전히 연결된 네트워크 　　　　　　　　끊어진 네트워크

셈이다. 따라서 네트워크 안에 고리가 몇 개 있다면 성병은 퍼질 가능성이 더 커진다.

이른바 에르되시-레니 네트워크의 무작위성이 수학적 관점에서는 편리하지만 현실 세계에서는 이야기가 다르다. 친구들은 무리를 지어 다닌다. 연구자들은 똑같은 집단의 공동 저자와 협업한다. 으레 사람들은 한 번에 한 사람과만 성관계를 한다. 게다가 그런 무리 밖으로 이어지는 연결고리도 있다. 1994년 역학자 미르얌 크레츠스마르와 마르티나 모리스는 만약 어떤 사람들이 성관계 파트너가 복수일 때 성병이 퍼지는 양상을 모형으로 만들었다. 어쩌면 당연하게도 두 사람은 이런 관계가 훨씬 더 빠르게 아웃브레이크를 일으킬 수 있다는 사실을 알아냈다. 네트워크 안에서 서로 멀리 떨어진 영역 사이를 잇는 연결고리를 만들기 때문이다.

에르되시-레니 모형은 현실 네트워크 안에서 이따금 생기는 장거리 연결을 파악하게 해주었지만 밀집된 접촉을 재현하지는 못했다. 이런 어긋남은 1998년 수학자 덩컨 와츠와 스티븐 스트로가츠가 대부분은 국지적이지만 소수의 장거리 연결고리가 있는, 한 지역 내에서만 연결되지만 몇몇은 멀리 있는 상대방과 이어지는 '좁은 세상'이라는 개념을 만들었을 때 해결됐다. 두 사람은 그런 네트워크가 전력망, 벌레 뇌의 뉴런, 영화의 공동 출연진, 심지어 에르되시의 공동 연구자 등 온갖 곳에서 튀어나올 수 있다는 사실을 알아냈다.[57] 놀라운 발견이었는데, 이 발견은 그걸로 끝이 아니었다.

좁은 세상 개념은 밀집된 연결고리와 장거리 연결고리 문제를 다루었다. 하지만 물리학자이자 《링크Link》의 저자로 유명한 알베르트 라스즐로 바라바시Albert-László Barabási와 레카 알베르트Réka Albert는 현실 세계의 네트워크에서 뭔가 다른 유별난 점을 눈치챘다. 영화 공동 출연에서 월드와이드웹WWW에 이르기까지 네트워크의 몇몇 마디점은 엄청난 연결고리를 갖는다는 것이었다. 에르되시-레니나 좁은 세상 네트워크에서 전형적으로 나타나는 것보다 훨씬 더 많았다. 1999년 두 사람은 이 극단적인 연결 변이성을 설명하기 위해 간단한 메커니즘을 제시했다. 네트워크에 새로 합류하는 마디점은 먼저 기존의 인기 마디점에 달라붙는다는 것이다.[58] '부자가 더 부자가 되는' 사례인 셈이다.

그다음 해 스톡홀름대학교 연구진은 스웨덴에서 성관계 파트너의 수도 이 법칙을 따르는 것 같다는 사실을 보였다. 지난해에 대다수는 기껏해야 한 명과 잠자리를 한 반면 몇몇은 수십 명과 잠을 잔 것이다. 그 뒤로 연구진은 부르키나파소에서 영국에 이르기까지 여러 나라에서 비슷한 성관계 패턴을 찾아냈다.[59]

이와 같은 성관계 파트너 수의 극단적 변이성이 아웃브레이크에는 어떤 영향을 줄까? 1970년대에 수학자 제임스 요크와 동료 연구자들은 미국에서 임질이 계속 유행하는 문제가 있음을 알아챘다. 사실 그건 말이 안 되는 소리였다. 그 질병이 계속 퍼지려면 R이 1 이상이어야 했다. 이는 임질에 걸린 사람이 근래에 적어도 평균 2명과 관계를 맺었다는 뜻이었다. 한 명은 자신에게 옮긴 사람이요, 다른 한 명은 자신이 옮긴 사람이었다. 그러나 임질에 걸린 환자를 조사해보니 최근 파트너 수 평균은 1.5에 불과했다.[60] 섹스 도중에 병을 옮길 가능성이 아무리 크다 해도 성병이 존속하기에는 접촉 수가 충분하지 않았다. 그렇다면 어떻게 된 걸까?

만약 평균 파트너 수만 고려한다면 모든 사람의 성생활이 똑같지 않다는 사실을 무시하는 것이다. 이 변이성은 중요한데 만약 어떤 사람이 성관계 파트너가 많다면 그 사람은 감염될 가능성도 다른 사람에게 옮길 가능성도 크다고 생각할 수 있다. 따라서 그런 사람이 이 두 가지 방식으로 전파에 기여할 수 있다는 사실을 고려해야 한다. 요크와 동료 연구진은 이게 사람들의 평균 파트너 수가 적은데도 임질이 유행하는 이유를 설명할 수 있을지도 모른다고 주장했다. 많이 접촉하는 사람들이 전파에 유달리 더 기여하면서 R을 1 이상으로 올라가게 할지도 모른다는 것이다. 앤더슨과 메이는 훗날 파트너 수 차이가 클수록 R이 더 높아질 수 있다는 사실을 보인다.

감염 위험이 높은 사람을 확인하고 이 위험을 줄일 방법을 찾으면 아웃브레이크를 초기 단계에서 멈추는 데 도움이 될 수 있다. 1980년대 후반 앤더슨과 메이는 모든 사람이 무작위로 섞였다면 전반적인 성병 아웃브레이크는 예상보다 작겠지만 그런 고위험군을 통해 초기에 빠른 속도로 퍼진다고 주장했다.[61]

전염을 기본적 DOTS인 기간, 기회, 전파 확률, 감염될 수 있는 사람의 비율로 분해하고 네트워크 구조가 전염에 어떻게 영향을 미치는지 생각해봄으로써 새로운 성병이 가하는 위협도 추정할 수 있다. 2008년 한 미국 과학자가 세네갈에서 한 달 동안 일한 뒤 콜로라도주에 있는 집으로 돌아왔다. 일주일 뒤 이 과학자는 두통과 극심한 피로, 몸통 발진 증상을 보였다. 곧 여행을 하지 않은 그 사람 아내도 똑같은 증상을 보였다. 검사 결과 두 사람 모두 지카 바이러스에 노출됐다는 사실이 드러났다. 그때까지 지카 연구는 모기에 의한 전파에 초점을 맞추었다. 그러나 콜로라도 사건은 지카 바이러스 전파에 또 다른 경로가 있다는 사실을 암시했다. 성관계 도중 감염이 가능했던 것이다.[62] 2015~2016년 지카 바이러스가 세계적으로 확산했을 때 성접촉으로 인한 전파 사례가 더 많으며 새로운 유형의 아웃브레이크가 있을지도 모른다는 추측에 불을 지폈다. "지카, 새천년의 성병인가?" 2016년 〈뉴욕타임스〉에 실린 한 기고문은 이런 의문을 던졌다.[63]

지카의 DOTS 요소를 바탕으로 우리 연구진은 성관계를 통한 전파의 R을 1 아래로 추정했다. 지카 바이러스는 성병 유행을 일으키지 않을 공산이 컸다. 성접촉이 많은 집단에서는 소규모 아웃브레이크를 일으킬 수 있지만, 모기가 없는 지역에서 큰 위험을 일으킬 확률은 낮았다.[64] 하지만 불행히도 다른 성병은 그렇지 않았다.

———

캐나다 항공기 승무원으로 금발이 매력적인 남성 가에탕 뒤가는 성관계를 많이 했다. 동성애자였던 뒤가는 1984년 3월 자신의 31세 생일 몇 주 뒤 에이즈로 세상을 떠날 때까지 200명이 넘는 남성과 잤다. 3년 뒤 언론인 랜디 실츠는 자신의 베스트셀러 《아무 일 없다는 듯이And the Band Played On》에서 뒤가를 다루었다. 실츠는 뒤가가 에이즈 초기 전파에서 중심 역할을 했다고 주장했다. 뒤가를 '0번 환자Patient Zero'라고 부르기도 했다. 이 용어는 오늘날에도 아웃브레이크의 첫 번째 사례를 가리킬 때 쓰인다. 실츠의 책은 뒤가가 북아메리카에 에이즈를 가져온 사람이라는 추측에 불을 지폈다. 〈뉴욕포스트〉는 뒤가를 가리켜 "우리에게 에이즈를 가져다준 남자"라고 불렀고, 〈내셔널 리뷰〉는 "에이즈의 콜럼버스"라고 했다.

뒤가가 0번 환자라는 생각은 확실히 눈길을 끌었고, 그 뒤 수십 년 동안 계속 종종 모습을 보였다. 그러나 이것이 허구였다는 사실이 드러났다. 2016년 한 연구진이 1970년대에 에이즈 진단을 받은 사람들과 뒤가를 포함한 다양한 환자에게서 얻은 HIV를 분석한 결과를 발표했다. 연구진은 이들 바이러스의 유전자 다양성과 진화 속도를 바탕으로 HIV가 1970년이나 1971년 북아메리카에 도착했다고 추정했다. 그러나 뒤가가 미국에 HIV를 가져왔다는 증거는 전혀 찾지 못했다. 뒤가는 훨씬 더 넓게 퍼진 전염병의 또 다른 사례에 불과했던 것이다.[65]

그러면 어떻게 0번 환자라는 별칭이 붙었을까? 원래 아웃브레이크 조사 때 뒤가는 사실 0번 환자가 아닌 환자 O라고 불렸다. O는 Outside California(캘리포니아 밖)의 약자였다. 1984년 미국 질병통제예방센터CDC 연구원 윌리엄 대로우는 로스앤젤레스에서 일어난 동성애 남성 집단 사망 사건을 조사하는 임무를 맡았다.[66] CDC는 보통 각 사례에 보고받은 순서에 따른 번호를 붙였다. 그러나 로스앤젤레스 사건을 분석하기 위해 사례 번호를 다시 붙였다. 로스앤젤레스 사건과 연관되기 전 뒤가는 단순히 '057번 환자'였다.

각 사례가 어떻게 이어졌는지 추적하는 조사가 진행되자 아직 알려지지 않은 성병이 죽음의 원인일 가능성이 나타났다. 뉴욕과 로스앤젤레스의 여러 사례와 이어지는 뒤가는 네트워크 안에서 눈에 띄는 존재였다. 그건 뒤가가 앞선 3년 동안 조사를 도우며 파트너 일흔두 명의 이름을 밝혔기 때문이기도 했다. 대로우는 아웃브레이크를 시작한 사람을 찾기보다는 각 사례가 어떻게 이어졌는지 이해하는 것이 항상 조사 목적이었다고 지적했다. "나는 그 사람이 미국의 첫 번째 사례라고 말한 적이 한 번도 없다." 훗날 대로우는 이렇게 밝혔다.

아웃브레이크를 조사할 때 우리는 알고 싶은 것과 측정할 수 있는 것의 차이를 마주한다. 이상적으로는 사람들이 서로 이어지는 온갖 방식과 이런 연결고리를 거쳐 감염병이 퍼지는 과정에 대한 데이터가 있어야 한다. 그런데 실제로 우리가 측정할 수 있는 건 아주 다르다. 전형적인 아웃브레이크 조사는 감염된 사람들 사이의 연결고리 중 일부를 재구성하는 것이다. 어떤 사례와 연결고리를 보고받느냐에 따라 그 결과로 나오는 네트워크는 실제 전파 경로와 똑같지 않을 수도 있다. 어떤 사람은 실제보다 더 두드러질 수도 있고, 반대로 어떤 전파 사건은 놓칠 수도 있다.

책을 쓰려고 조사하던 랜디 실츠는 CDC가 그린 다이어그램을 접한 뒤 뒤가에게 관심이 갔다. "그 한가운데 동그라미가 하나 있고 그 옆에 O라고 적혀 있었다. 나는 계속 그게 환자 O라고 생각했다." 실츠는 훗날 이렇게 회상했다. "CDC에 가니 그곳 사람들이 0번 환자에 대해 이야기하기 시작했다. 나는 '오, 이거 어감이 좋은데'라고 생각했다."**67**

분명한 악당이 있으면 이야기가 더 쉬워진다. 역사학자 필 타이마이어에 따르면 책에서 뒤가를 악당으로 만들어 홍보 수단으로 활용하자고 제안한 건 편집자 마이클 데네니였다. "실츠는 그 아이디어를 싫어했어요." 데네니 는 타이마이어에게 이렇게 말했다. "설득하는 데 거의 일주일이나 걸렸죠." 훗날 데네니는 그렇게 결정한 일을 후회한다고 말했지만 그렇게 하지 않으면 언론에서 에이즈에 관심을 두지 않을 것 같았다. "레이건 정부와 의료기구를 고발하는 내용이었다면 서평이 실리지 않았을 겁니다."**68**

슈퍼 전파 사건이 일어난 아웃브레이크에 대해 논의할 때는 그 중심에 있음이 분명한 사람들에게 관심을 두는 경향이 있다. 이들 '슈퍼 전파자' 는 누구인가? 이 사람들은 왜 다른 이들과 다를까? 그러나 그런 관심은 잘못된 것일 수도 있다. 천연두에 걸려 병원에 온 베오그라드의 교사 이야기를 생각해보자. 그 사람이나 그가 한 행동에는 이상한 것이 전혀 없었다. 우연한 접촉으로 병에 걸렸고 적절한 장소인 병원에서 치료받으려 했다. 그리고 아웃브레이크가 퍼져나간 것은 초기에 아무도 원인이 천연두라는 사실을 의심하지 않았기 때문이다. 다른 많은 아웃브레이크도 이와 마찬가지다. 어떤 사람이 어떤 역할을 할지 예측하기 어려울 때가 많다.

질병이 퍼질 수 있는 상황을 확인하는 일이 가능하다 해도 그것이 반드시 우리가 예상했던 결과로 이어지지는 않는다. 2014년 10월 21일, 서아프리카에서 에볼라 바이러스 유행이 절정에 달했을 때 말리의 케스주에서 두 살짜리 여자아이가 병원을 찾았다. 그 아이는 보건 계통에서 일하던 아버지가 죽은 뒤 할머니와 삼촌, 자매와 함께 이웃 나라인 기니에서 1,200킬로미터가 넘는 거리를 이동해온 것이다. 그 아이는 케스의 병원에서 에볼라 양성 판정을 받았고 다음 날 세상을 떠났다. 아이는 말리의 첫 번째 에볼라 감염 사례였다. 보건기관에서는 그 아이와 접촉했을 가능성이 있는 사람들을 찾았다. 이동하는 동안 아이는 버스를 한 번, 택시를 세 번 이용했고 수백 명까지는 아니더라도 수십 명과 접촉했을 수 있었다. 아이가 병원에 도착했을 때는 이미 증상이 나타났다. 에볼라 전파의 성질로 판단할 때 아이가 바이러스를 전파했을 가능성은 충분했다. 결국 조사관들은 아이와 접촉한 100여 명을 찾아내 예방 차원에서 격리했다. 그러나 그중 누구도 에볼라에 걸리지 않았다. 그 아이는 긴 시간 여행했지만 아무도 감염시키지 않은 것이다.[69]

2014~2015년 에볼라 슈퍼 전파 사건이 일어났을 때 우리 연구진은 크게 도움이 되는 건 아니지만 한 가지 특징이 두드러지게 나타난다는 사실을 알아차렸다. 슈퍼 전파 사건과 관련이 있을 가능성이 큰 사례는 기존의 전파 사슬과 이어질 수 없는 사례라는 점이었다. 간단히 말하면 전염병을 퍼뜨리는 사람은 보통 보건기관이 모르는 사람이다. 이들은 아무도 모르는 상황에서 새로운 감염을 일으켜 슈퍼 전파 사건을 예측하는 것을 거의 불가능하게 만든다.[70]

우리가 열심히 노력하면 아웃브레이크 때 감염 경로를 일부 추적해 누가 누구에게 옮겼는지 재구성하는 사례도 있다. 왜 어떤 사람은 다른 사람보다 더 많이 전파하는지 추측해보는 서사까지 구성하고 싶다는 생각이 들기도 한다. 그러나 어떤 감염자가 슈퍼 전파자가 될 수 있다고 해서 그 사람이 항상 슈퍼 전파자가 된다는 뜻은 아니다. 두 사람이 거의 똑같은 방식으로 행동한다 해도 우연히 어떤 사람은 병을 퍼뜨리고 다른 사람은 그러지 않을 수 있다. 역사를 기록할 때 한 사람은 비난을 받고 다른 사람은 잊히는 것이다. 철학에서는 이를 '도덕적 행운'이라고 한다. 불운한 결과가 따르는 행동을 아무 영향이 없는 똑같은 행동보다 나쁜 것으로 보는 경향이 있다는 것이다.[71]

때로는 아웃브레이크와 관련된 사람이 다르게 행동하며 늘 우리가 추측한 대로 움직이지는 않는다. 말콤 글래드웰은 《티핑 포인트The Tipping Point》에서 1981년 콜로라도 스프링스에서 일어난 임질 아웃브레이크를 다루었다. 아웃브레이크 조사의 하나로 역학자 존 포터랫과 동료 연구자들은 769명을 만나 최근 누구와 성적 접촉을 했는지 물었다. 이 중 168명이 적어도 두 명 이상의 다른 감염자와 접촉했다. 이것은 이들이 이 아웃브레이크에서 더욱더 중요하다는 사실을 암시했다. "그 168명은 누구인가?" 글래드웰은 질문을 던졌다. "그 사람들은 여러분이나 나와 같지 않다. 그들은 매일 밤 외출하고 성관계 파트너가 평균보다 훨씬 더 많으며 생활과 행동이 평범함의 범주에서 완전히 벗어나 있다."

이 사람들이 정말 그렇게 문란하고 비정상적이었을까? 내가 보기에는 별로 그렇지 않다. 연구자들은 이들이 평균적으로 다른 감염자 2.3명과 성관계를 했다는 사실을 알아냈다. 그건 이들이 한 명에게서 병이 옮은 뒤 보통 다른 사람 한 명 또는 두 명에게 옮겼음을 암시한다. 감염 사례는 흑인 또는 히스패닉인에 젊었으며 군대와 연관되는 경향이 있었다. 거의 절반이 성관계 파트너와 두 달 이상 알고 지내는 사이였다.[72] 1970년대에 포터랫은 문란함이 콜로라도 스프링스의 임질 아웃브레이크를 제대로 설명하지 못한다는 사실을 눈치챘다. "특히 놀라웠던 건 현지의 중상위권 대학교에 다니며 성적으로 활발한 백인 여성과 소박한 성적 경험과 교육 배경을 지닌 또래 흑인 여성 사이에서 나타난 임질 검사 결과였다.

후자와 달리 전자는 임질 진단을 받는 일이 드물었다.”[73] 콜로라도 스프링스의 데이터를 더 면밀하게 검토하자 성적 활동이 비정상적으로 활발해서라기보다 특정 사회 집단에서 치료받는 게 늦어져 병을 옮길 확률이 높다는 결과가 나왔다.

감염 위험이 높은 사람을 특별하거나 다르게 보는 관점은 '너와 나'를 가르는 태도를 부추겨 차별과 낙인찍기로 이어질 수 있다. 그 결과 전염병 관리를 더 어렵게 만들 수도 있다. HIV/에이즈에서 에볼라에 이르기까지 비난 또는 비난에 대한 두려움은 많은 아웃브레이크를 보이지 않는 곳으로 밀어냈다. 질병을 둘러싼 의심은 많은 환자와 가족이 동네에서 냉대를 받는 결과를 만들 수 있다.[74] 그러면 사람들은 병에 걸렸다고 밝히기를 꺼리며, 가장 중요한 사람들을 찾기가 더 어려워져 병이 퍼지게 된다.

아웃브레이크를 일으켰다며 특정 집단을 비난하는 것은 새로운 현상이 아니다. 16세기에 영국인은 매독이 프랑스에서 왔다고 생각해서 '프랑스 천연두'라고 불렀다. 프랑스인은 나폴리에서 왔다고 생각해서 '나폴리병'이라고 했다. 러시아에서는 폴란드 병이었고, 폴란드에서는 터키 병이었으며, 터키에서는 기독교 병이었다.[75]

그런 '누구 탓'은 쉽게 끝나지 않는다. 우리는 세계적으로 수천만 명의 목숨을 앗아간 1918년 인플루엔자 팬데믹을 아직도 '스페인 독감'이라고 한다. 아웃브레이크가 일어났을 때 언론에서 스페인이 유럽에서 가장 큰 피해를 본 것처럼 묘사했기 때문에 붙은 이름이다. 그러나 그런 언론 보도는 사실과 상당히 다르다. 당시 스페인에는 전시 언론 검열이 없었다. 그와 달리 독일, 영국, 프랑스는 사기에 악영향을 줄지도 모른다며 언론 보도를 뭉갰다. 이들 국가에서는 보도되지 않았기 때문에 스페인의 감염 사례가 다른 곳보다 훨씬 더 많은 것처럼 보였을 뿐이다(스페인 언론은 그 병을 프랑스 탓으로 돌렸다[76]).

질병 이름에 특정 국가가 들어가는 것을 원치 않는다면 그 대안을 제시하는 게 도움이 된다. 2003년 3월의 어느 토요일 아침, 아시아에서 새로 발견된 감염병에 대해 논의하려고 제네바 WHO 본부에 전문가들이 모였다.[77] 홍콩과 중국, 베트남에서 이미 감염 사례가 나타났고 그날 아침 프랑크푸르트에서도 사례가 나왔다. WHO는 그 위협을 세상에 발표할 참이었는데 그러려면 이름이 필요했다. WHO는 기억하기 쉽지만 어떤 국가에 낙인을 찍지 않을 이름을 원했다. 마침내 합의한 이름은 '중증급성호흡기증후군Severe Acute Respiratory Syndrome', 줄여서 사스SARS였다.

━━━

사스는 여러 대륙에서 8,000건 이상의 감염 사례와 수백 건의 죽음을 가져왔다. 2003년 6월에는 관리 아래에 놓였지만 세계적으로 400억 달러가 비용으로 들었다.[78] 병을 치료하는 데만 돈이 든 게 아니라 문을 닫은 일터와 텅 빈 호텔, 취소된 거래에 따른 경제적 충격 때문이었다.

영국은행의 수석 경제학자 앤디 홀데인에 따르면 사스 유행의 광범위한 영향은 2008년 금융 위기의 여파와 비교할 만하다. "이런 유사성은 놀라울 정도다." 홀데인은 2009년 한 강연에서 이렇게 말했다.[79] "외부에서 사건이 터지고 공포가 시스템을 움켜쥐면 그 결과가 경제를 장악한다. 그에 따른 부수적 피해는 광범위하고 심각하다."

홀데인은 대중이 보통 아웃브레이크에 도망치거나 숨거나 둘 중 한 가지 방식으로 대응한다고 주장했다. 감염성 질병에서 도망친다는 것은 감염을 피하려고 발생 지역을 떠나는 것이다. 사스 유행 때는 여행 제한과 다른 관리 대책 때문에 대개 이 선택을 할 수 없었다.[80] 감염된 사람이 보건기관에서 확인해 격리하지 못한 상태에서 여행했다가는 더 많은 곳에 바이러스를 전파할 수 있다. 도망치는 반응은 금융 위기에서도 나타난다. 폭락을 마주한 투자자들은 손실을 줄이려고 자산을 팔아치워 주가를 더 떨어뜨린다.

그게 아니면 사람들은 아웃브레이크 기간에 '숨어서' 감염된 사람과 접촉할 수 있는 상황을 피한다. 만약 전염병 아웃브레이크라면 손을 더 자주 씻거나 사회적 접촉을 줄일 수 있다. 금융 위기라면 은행이 위험을 무릅쓰고 다른 기관에 돈을 빌려주는 대신 쌓아놓는 방식으로 숨을 수 있다. 홀데인은 전염병 아웃브레이크와 금융 위기의 숨는 반응 사이에는 결정적 차이가 있다고 지적했다. 숨는 행위는 그 과정에서 손해를 볼 수는 있어도 질병 전파를 줄이는 데 도움이 된다. 하지만 은행이 돈을 쌓아놓으면 문제는 더 커질 수 있다. 2008년 위기 직전 경제를 강타한 '신용 경색'이 그 때문에 일어났다.

신용 경색이라는 개념은 2007~2008년 언론을 장식했지만 경제학자들은 이 용어를 1966년에 처음 썼다. 그해 여름, 미국의 은행은 돌연히 대출을 중단했다. 지난 몇 년 동안 대출 수요가 많았고 은행은 그 추세에 맞추기 위해 가용 자금을 점점 더 많이 확보했다. 마침내 대출을 계속할 만큼 예금이 남지 않게 되자 은행에서는 대출을 중단했다. 그건 단순히 은행이 대출 이율을 높이고 말고의 문제가 아니었다. 아예 빌려주지를 않았다. 전에도 은행의 자금 가용성이 줄어든 적은 있다. 1950년대에 미국은 몇 차례 '신용 긴축'을 겪었다. 그러나 '긴축'이 1966년의 갑작스러운 충격을 묘사하기에는 너무 무른 단어라는 의견이 있었다. "'경색'은 다르다." 당시 경제학자 시드니 호머는 이렇게 썼다. "그건 당연히 아프다. 그리고 뼈를 부러뜨릴 수도 있다."[81]

홀데인이 금융 시스템 내부의 전염을 생각한 것은 2008년 위기가 처음이 아니었다.[82] "2004~2005년에 그런 전염의 결과로 '초시스템적 위험' 시대에 들어섰다는 기록을 남겼다." 홀데인의 기록은 금융 네트워크가 어떤 상황에서는 아주 튼튼하지만 어떤 상황에서는 대단히 취약할 수 있다는 사실을 나타낸다. 생태학에서는 그런 생각이 확고하다. 네트워크 구조가 생태계를 작은 충격에서 쉽게 회복하게 만들지 모르지만, 바로 그 구조 때문에 스트레스를 심하게 받으면 쉽사리 완전히 무너질 수도 있었다. 업무 중인 팀이 있다고 해보자. 대부분이 일을 잘하면 못하는 팀원이 실수를 저질러도 묻어갈 수 있다. 일을 잘하는 팀원과 이어져 있기 때문이다. 그러나 팀원 대부분이 일에 서툴다면 바로 그런 연결고리가 일을 잘하는 팀원까지 끌고 내려온다. 홀데인은 이렇게 말했다. "요점은 이와 같은 통합이 소소한 폭락이 일어날 확률은 낮춰주지만 대폭락이 일어날 확률은 높였다는 것이다."

선견지명이 있는 생각이었을지도 모르지만 당시에는 널리 알려지지 않았다. 홀데인은 "안타깝게도 큰 폭락이 오기 전까지는 사실상 거의 아는 사람이 없었다"라고 말했다. 왜 그 생각은 인기가 없었을까? "당시에는 그런 시스템의 위험을 보여주는 사례를 찾기 힘들었다. 그 시점에는 아주 잔잔한 바다처럼 보였다." 2008년 8월이 되자 상황은 바뀐다. 리먼브라더스가 파산한 이후 은행업계 사람들은 전염이라는 관점에서 생각하기 시작했다. 홀데인에 따르면 그건 일어난 일을 설명하는 유일한 방법이었다. "전염 이야기를 하지 않고는 리먼이 금융 시스템을 무너뜨린 이유를 설명할 수 없었다."

———

전염을 증폭할 수 있는 네트워크의 특징은 대부분 2008년 이전 은행 시스템 안에서 찾을 수 있다. 은행 사이의 연결고리 분포로 시작해보자. 이곳저곳이 골고루 연결됐다기보다는 몇 기업이 네트워크를 지배하며 대규모 슈퍼 전파가 일어날 가능성을 키웠다. 2006년 뉴욕연방준비은행과 함께 일하던 연구자들은 미국의 연방전신이체 네트워크를 낱낱이 분석했다. 어느 평범한 날 미국의 은행 수천 곳에서 이루어진 1조 3,000억 달러어치의 이체 결과를 살펴보자 거래의 75%가 고작 66개 기관 사이에서 이루어졌음을 알 수 있었다.[83]

연결고리의 변동성이 유일한 문제는 아니었다. 대형 은행이 나머지 네트워크와 어떻게 어울리는지도 문제였다. 1989년 역학자 수네트라 굽타는 전염의 동역학이 수학자들이 일컫는 '동류성 네트워크'인지 '비동류성 네트워크'인지에 따라 달라질 수 있다는 연구를 이끌었다. 동류성 네트워크에서는 다른 사람과 아주 많이 이어진 사람들끼리 연결고리가 생긴다. 그 결과 아웃브레이크가 이런 고위험군을 통해서는 빠르게 퍼지지만 네트워크의 다른 부분, 잘 이어지지 않은 곳으로는 쉽게 퍼지지 못한다. 반

동류성 네트워크와 비동류성 네트워크

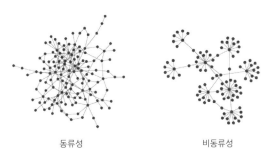

동류성   비동류성

자료: Hao et al. (2011)

대로 비동류성 네트워크에서는 고위험군이 대부분 저위험군과 이어져 있다. 그래서 처음에는 전염 속도가 느리지만 전체적으로 더 큰 유행을 일으킨다.[84]

물론 은행 네트워크는 비동류성으로 드러났다. 따라서 리먼브라더스 같은 주요 은행 하나가 폭넓은 전염을 일으킬 수 있었다. 파산 당시 리먼은 100만 곳이 넘는 상대와 거래 관계를 맺고 있었다.[85] "파생상품과 현금이라는 위험 노출액의 올가미와 뒤엉켜 있었다. 그리고 누가 누구에게 얼마나 빚을 졌는지 제대로 아는 사람은 아무도 없었다." 홀데인은 말했다. 그보다 더 넓은 네트워크 안에 수많은, 때로는 보이지 않는 순환고리가 리먼과 다른 기업 및 시장을 이어주는 여러 경로를 만들어냈다는 사실도 도움이 되지 않았다. 게다가 이런 경로가 아주 짧을 수도 있었다. 국제 금융 네트워크는 1990년대와 2000년대를 거치며 더 좁은 세상이 됐다. 2008년쯤이면 어떤 나라든 다른 나라의 위기에서 한두 단계밖에 떨어져 있지 않았다.[86]

2009년 2월, 투자가 워런 버핏은 주주에게 보내는 연례 서한에서 "대형 은행들이 그물처럼 얽혀 서로 의존하는 현상의 두려움"에 대해 경고했다.[87] "문제를 회피하려는 사람은 성병을 회피하려는 사람과 똑같은 문제를 겪는다." 버핏은 이렇게 썼다. "여러분이 누구와 자는지만이 아니라 다른 사람들이 누구와 자는지도 중요하다." 버핏은 네트워크 구조가 조심스러워야 할 금융기관을 위험에 처하게 할 뿐만 아니라 나쁜 행동을 장려할 수도 있다고 주장했다. 위기가 닥쳤을 때 정부가 개입해서 도와야 한다면 가장 먼저 도와야 할 곳은 다른 여러 곳을 전염시킬 수 있는 기업이다. "계속 비유하면 아무나와 자고 돌아다니는 건 실제로 대형 파생상품 거래자에게 유용할 수 있다. 왜냐하면 문제가 생겼을 때 정부의 도움을 보장해주기 때문이다."

금융 네트워크의 명백한 취약성을 감안하면 중앙은행과 규제기관은 2008년 위기를 이해해야 할 필요가 있었다. 또 무엇이 전파를 촉진했을까? 영국은행은 이미 위기 전에 금융 전염의 모형을 연구했다. 하지만 2008년 위기는 그 연구에 새롭고 현실적인 절박함을 안겨주었다. "우리는 위기가 터졌을 때 그 모형을 실제로 사용하기 시작했다." 홀데인은 말했다. "무슨 일이 벌어지는지 이해하기 위해서만이 아니었다. 더 중요한 건 그런 일이 다시는 일어나지 않도록 우리가 무슨 일을 할 수 있을지 아는 것이었다."

한 은행이 다른 은행에 돈을 빌려주면 둘 사이에는 실질적인 연결고리가 생긴다. 만약 돈을 빌린 은행이 파산하면 빌려준 은행은 돈을 잃는다. 이론적으로 우리는 성병과 마찬가지로 이 네트워크를 추적해 아웃브레이크가 일어날 위험을 이해할 수 있다. 그러나 그것만으로 끝이 아니다. 아리나민파티는 대출 네트워크가 2008년의 여러 문제 중 하나에 불과하다고 지적했다. "그건 마치 HIV 같다." 아리나민파티는 말했다. "성적 접촉으로 퍼질 수도 있고, 주삿바늘이나 수혈로 퍼질 수도 있다. 전파 경로가 여러 개다." 금융에서 전염은 원천이 여러 곳일 수도 있다. "돈을 빌려주고 받는 관계만 문제가 아니다. 공유 자산과 기타 위험노출액 문제이기도 하다."

금융계에서는 오래전부터 은행이 전체적 위험도를 낮추기 위해 분산투자를 이용할 수 있다고 생각해왔다. 다양한 곳에 투자하면 개별 위험은 상쇄되어 없어지고, 은행의 안정성은 높아지는 것이다. 2008년까지 대부분 은행은 이런 투자 방법을 택했다. 방법도 다 똑같아서 같은 유형의 자산과 투자 아이디어를 추구했다. 비록 은행마다 제각기 투자를 분산했지만 종합적으로 보면 방식에 다양성은 거의 없었다.

왜 은행의 행동이 비슷했을까? 1929년 월스트리트 붕괴에 이은 대공황 시기에 경제학자 존 케인스John Maynard Keynes(1883~1946)는 군중을 따라야 할 강력한 동기가 있다는 사실에 주목했다. "안타깝게도 훌륭한 은행가는 위험을 예견하고 회피하는 사람이 아니다." 케인스는 이런 기록을 남겼다. "파산할 때 남들과 함께 전통적인 방식으로 파산해서 누구도 자신을 탓하지 못하게 하는 사람이다."[88] 동기는 다른 방향으로도 작동했다. 2008년 이전 많은 기업은 부채담보부증권처럼 유행하는 금융 상품에 투자했는데, 이는 자신들의 전문 영역을 한참 벗어난 것이었다. 재닛 타바콜리는 은행이 기꺼이 이들 기업에 지급유예를 허가하며 거품을 더욱 키웠다고 지적했다. "포커에서 흔히 하는 말과 같다. 테이블에 둘러앉은 사람 중 누가 호구인지 잘 모르겠다면 그건 바로 당신이다."[89]

여러 은행이 똑같은 자산에 투자하면 그 은행들 사이에 잠재적인 전파 경로가 생긴다. 만약 위기가 닥치고 한 은행이 자산을 팔기 시작하면, 그건 여기에 투자한 다른 모든 회사에 영향을 미친다. 대형 은행이 투자를 분산할수록 감염을 공유할 가능성은 더 커진다. 몇몇 연구에 따르면 금융 위기 때 분산 투자는 더 광범위한 네트워크를 불안정하게 만들 수 있다.[90]

메이와 홀데인은 역사적으로 대형 은행이 더 작은 은행보다 자본의 총합이 더 적다는 사실에 주목했다. 그 이유로는 대형 은행은 더 분산된 투자를 하기 때문에 덜 위험하다는 게 널리 받아들여졌다. 대형 은행은 예상치 못한 손실에 대비해 예비금을 많이 갖고 있을 필요가 없다는 것이다. 2008년 위기는 이 생각에 결함이 있음을 드러냈다. 대형 은행은 망할 가능성이 결코 규모가 작은 은행보다 작지 않았다. 게다가 이런 큰 기업은 금융 네트워크의 안정성에 더욱 중요했다. "은행이 절벽에 얼마나 가까운지가 중요한 게 아니다." 2011년 메이와 홀데인은 이렇게 썼다. "중요한 건 추락하는 높이다."[91]

리먼브라더스가 파산하고 이틀 뒤 〈파이낸셜타임스〉 기자 존 오서즈는 점심시간에 씨티은행 맨해튼 지점을 찾아갔다. 계좌에서 현금을 찾아놓고 싶었다. 오서즈의 돈 일부는 정부의 예금보험으로 보장받을 수 있었지만 제한이 있었다. 만약 씨티은행가 무너진다면 나머지 돈은 잃게 된다. 그런 생각은 오서즈만 한 것은 아니었다. "은행에 가자 줄이 길게 늘어서 있었다. 전부 잘 차려입은 월스트리트 사람들이었다." 훗날 오서즈는 이렇게 썼다.[92] "그 사람들도 나와 똑같은 일을 했다." 은행 직원은 오서즈가 아내와 아이들 이름으로 추가 계좌를 열어 위험을 줄일 수 있게 해주었다. 오서즈는 은행에서 오전 내내 이런 일을 했다는 사실을 알고 충격을 받았다. "숨이 가빠졌다. 뉴욕의 금융 지구에서 뱅크런(불안한 예금자들이 예금을 찾기 위해 은행에 몰려드는 현상_옮긴이)이 일어났다. 공황에 빠진 이들은 현재 상황을 가장 잘 아는 월스트리트 사람들이었다." 지금 벌어지는 일을 기사로 써야 했을까? 오서즈는 위기의 심각성으로 보아 기사가 상황을 더 나쁘게 만들 뿐이라고 생각했다. "〈파이낸셜타임스〉 1면에 실린 그런 기사는 시스템을 절벽 너머로 밀어버리기에 충분했을 수도 있다." 다른 신문사 기자들도 똑같은 결론을 내렸다. 그렇게 아무 기사도 나오지 않았다.

금융 전염과 생물학 전염의 유사성은 유용한 출발점이지만 해당하지 않는 상황이 하나 있다. 전염병 아웃브레이크 때 감염되려면 사람이 병원체에 노출되어야 한다. 금융 전염도 은행끼리 대출이나 똑같은 자산에 대한 투자 같은 실질적 노출로 퍼질 수 있다. 금융이 다른 점은 기업이 직접 노출되지 않아도 병에 걸릴 수 있다는 것이다. "우리가 다루어온 어떤 네트워크와도 다른 점이 하나 있다." 아리나민파티는 말했다. "분명히 건강했던 기관이 파산할 수도 있다는 것이다." 만약 대중이 은행이 파산한다는 말을 믿는다면 즉시 돈을 전부 찾으려 할 수 있다. 그러면 아무리 건강한 은행이라도 무너진다. 마찬가지로 은행이 금융 시스템에 대한 확신을 잃으면 2007~2008년에 그랬듯이 돈을 빌려주지 않고 쌓아놓는다. 따라서 트레이더 사이에서 도는 소문과 추측은 위기를 극복하고 살아남았을 수도 있는 기업을 무너뜨릴 수 있다.

2011년에 아리나민파티와 메이는 영국은행의 수짓 카파디아와 함께 부실 대출이나 투자 공유를 통한 직접 전파뿐만 아니라 두려움과 공황의 간접적 효과까지 조사했다. 그리고 만약 은행이 시스템에 확신을 잃고 돈을 쌓아놓는다면 위기를 악화할 수 있다는 사실을 알아냈다. 위기를 이겨낼 만큼 자본을 충분히 갖고 있었을 은행이 무너지는 것이다. 보통 금융 네트워크의 중심에 있는 대형 은행이 관련되어 있으면 손해는 훨씬 더 커진다.[93] 이는 규제기관이 단순히 은행의 규모만 아니라 누가 시스템 심장부에 있는지도 고려해야 한다는 사실을 말한다. '너무 커서 파산하면 안 되는' 은행만 문제가 아니다. '너무 중심에 있어서 파산하면 안 되는' 은행이 더 큰 문제다.

역학 이론에서 얻은 이런 유형의 통찰력은 현재 실제로 쓰인다. 홀데인은 이를 가리켜 금융 전염에 대한 우리 생각에 '철학적 변동'이 일어났다고 표현했다. 한 가지 중요한 변화는 네트워크에 중요한 은행은 더 많은 자본을 보유해 감염에 대한 민감성을 낮춘다는 점이다. 그리고 초기에 감염을 전파하는 네트워크의 연결고리 문제가 있다. 규제기관이 이것들

역시 목표로 삼을 수 있을까? 홀데인은 이렇게 말했다. "여기서 가장 어려운 일은 '우리가 그물망의 구조 자체를 바꾸는 행동에 나서야 할까?'라는 질문을 맞닥뜨렸을 때 생긴다. 그때부터 사람들이 소란을 더 심하게 일으킨다. 그건 자신들의 비즈니스 모형에 좀 더 공격적으로 개입하는 것이기 때문이다."

2011년 존 비커스가 위원장을 맡은 한 위원회는 영국의 대형 은행이 위험성이 큰 거래 활동에 '울타리ring-fence'를 쳐야 한다고 권고했다.[94] 이는 부실 투자의 여파가 우리의 저축 계좌 같은 서비스를 담당하는 은행의 소매 부문으로 퍼지지 않도록 막는 데 도움이 될 터였다. "울타리는 영국의 소매은행을 외부 충격에서 차단하는 데 도움이 될 것이다." 위원회는 이렇게 제안했다. "금융 시스템의 상호 연결성, 그리고 전염 통로는 더 안전해질 것이다." 영국 정부는 마침내 권고를 실행에 옮겨 은행이 활동을 분리하게 강제했다. 통과시키기 아주 어려운 정책이었으므로 다른 나라에서는 따라 하지 못했다. 유럽의 다른 지역에서도 울타리 정책 제안이 있었지만 실행되지는 않았다.[95]

울타리는 전파를 줄이는 유일한 전략이 아니다. 금융 파생상품을 거래할 때 은행은 종종 중앙 거래소를 거치지 않고 '직접 매매'한다. 그런 거래 활동의 규모는 2018년 거의 600조 달러에 이르렀다.[96] 그러나 2009년 이후 대규모 파생상품 계약은 이제 더는 주요 은행끼리 직접 거래하지 않는다. 이제는 독립적으로 운영하는 중앙 허브를 거쳐야 하는데 이는 네트워크 구조를 단순화하는 효과가 있다.

물론 허브가 무너지면 허브 자체가 거대한 슈퍼 전파자가 될 수 있다. "위험이 중앙에 집중되어 있기 때문에 큰 충격을 받으면 상황이 더 나빠질 수 있다." 영국 시티대학교 산하 카스경영대학원 경제학자 바버라 카수는 이렇게 말했다.[97] "그것이 위험에 완충장치 역할을 해야 하지만 극단적인 경우 위험을 증폭할 수도 있다." 이런 문제를 막기 위해 허브는 허브 회원사로부터 비상 자본을 받을 권한이 있다. 이런 상호접근법은 각자도생하는 유형의 은행업을 선호하는 금융업자들의 비판을 받았다.[98] 그러나 허브는 네트워크의 보이지 않는 순환고리가 엉킨 부분을 제거함으로써 감염 가능성을 낮추고 누가 위험에 처했는지에 대한 불확실성을 줄여줄 것이다.

금융 전염을 더 잘 이해하게 됐지만 아직 해야 할 일이 많다. "마치 1970년대와 1980년대의 감염성 질병 모형 같다." 아리나민파티는 이렇게 말했다. "훌륭한 이론은 많았지만 데이터는 그에 미치지 못했다." 한 가지 커다란 장애물은 거래 정보를 얻는 것이다. 은행은 당연히 자신의 비즈니스 활동을 보호하려고 한다. 그래서 연구자가 정확히 어떤 기관이 연결됐는지, 특히 세계적으로는 그 그림을 그리기 어렵다. 네트워크 과학자들은 위기가 일어날 확률을 조사할 때 대출 네트워크에 대한 정보의 사소한 오류가 시스템 전체의 위험을 예측할 때 큰 오류로 이어질 수 있다는 사실을 알아냈다.[99]

그러나 거래 데이터 문제만은 아니다. 우리는 네트워크 구조를 연구할 뿐만 아니라 뉴턴이 말한 '인간의 광기'도 생각해야 한다. 우리는 믿음과 행동이 어떻게 생겨나는지, 어떻게 퍼지는지 고려해야 한다. 이건 병원체뿐 아니라 사람에 대해서도 생각해야 한다는 뜻이다. 혁신에서 전염병에 이르기까지 감염은 으레 사회적 과정이다.

3장

우정을 측정하다

내기 조건은 간단했다. 만약 다트 게임에서 존 엘리스가 지면 다음에 나올 과학 연구 논문에 '펭귄'이라는 단어를 넣어야 했다. 1977년, 엘리스와 동료 연구진은 제네바 외곽에 있는 유럽입자물리연구소^{CERN} 근처 한 술집에 있었다. 엘리스는 방문 학생인 멜리사 프랭클린과 게임을 했다. 프랭클린은 게임을 끝마치지 못하고 떠나야 했지만 다른 연구자 한 명이 대신 승리로 마무리지었다. "그래도 내기 조건을 지켜야 한다고 생각했다." 나중에 엘리스는 이렇게 말했다.[1]

이제 물리학 논문에 펭귄을 슬쩍 집어넣어야 하는 문제가 있었다. 당시 엘리스는 '바닥 쿼크^{bottom quark}'라는 특정 아원자 입자가 행동하는 방식을 설명하는 논문을 쓰고 있었다. 물리학에서는 흔히 그렇듯이 입자는 한 상태에서 다른 상태로 바뀐다. 리처드 파인만이 1948년 처음 도입한 이 '파인만 다이어그램'은 물리학계에서 널리 쓰이는 도구가 됐다. 이런 도식은 엘리스에게 필요한 영감을 주었다. "어느 날 저녁 CERN에서 연구하다 퇴근해서 집으로 돌아가다 말고 메이린에 사는 친구들을 찾아가 모종의 불법 약물을 피웠다." 엘리스는 이렇게 회상했다. "얼마 뒤 집으로 돌아가 논문 작업을 계속했는데 그때 문득 그 유명한 다이어그램이 펭귄처럼 보인다는 사실을 깨달았다."

엘리스의 아이디어는 인기를 끌었다. 논문이 나온 뒤 엘리스의 '펭귄 다이어그램'을 다른 물리학자들이 수천 번 인용했다. 그렇지만 펭귄의 바탕이 된 그 그림과 비교하면 턱도 없었다. 파인만 다이어그램은 1948년 등장한 뒤 급속히 퍼지며 물리학을 바꿔놓았다. 그 아이디어에 불이 붙은 이유 중 하나가 뉴저지에 있는 프린스턴고등연구소였다. 연구소는 과거 미국의 원자폭탄 개발을 이끌었던 로버트 오펜하이머가 소장으로 있었다. 오펜하이머는 이 연구소를 자신의 '지적 호텔'이라고 부르며, 2년짜리 자리에 신진 연구자들을 계속 불러들였다.[2] 전 세계에서 젊은 지성들이 찾아왔는데 오펜하이머는 아이디어가 세계적으로 흐르도록 만들고 싶었다. "정보를 보내는 가장 좋은 방법은 사람 속에 넣어 보내는 것이다." 오펜하이머는 이렇게 표현했다.

과학 개념의 전파는 아이디어 전달을 다룬 초창기 연구 일부에 영감을 주었다. 1960년대 초 미국의 수학자 윌리엄 고프만은 과학자 사이의 정보 이동이 전염병과 비슷하게 돌아간다고 주장했다.[3] 말라리아 같은 질병이 모기를 통해 사람에서 사람으로 퍼지는 것처럼 과학 연구도 흔히 논문을 통해 과학자에서 과학자에게 퍼진다는 것이다. 다윈의 진화론에서 뉴턴의 운동법칙, 프로이트의 정신분석학 운동에 이르기까지 새로운 개념은 그와 접촉하는 '감염 가능한' 과학자에게 퍼졌다.

그러나 모든 사람이 파인만 다이어그램에 감염되는 것은 아니었다. 모스크바물리문제연구소 레프 란다우는 회의적인 사람 가운데 하나였다. 물리학자로 명성이 아주 높았던 란다우는 자신이 다른 사람을 얼마나 존중하는지 분명히 알았다. 동료 연구자에게 점수를 매기는 사람으로 잘 알려져 있었던 것이다. 란다우는 0에서 5점까지 거꾸로 척도를 이용했다. 0점은 위대한 과학자로 뉴턴 한 사람뿐이었고 5점은 '따분하다'는 것을 뜻했다. 란다우는 자신에게 2.5점을 매겼다가 1962년 노벨상을 받은 뒤

2점으로 올렸다.[4]

란다우는 파인만에게 1점을 주었지만 파인만 다이어그램을 그다지 대단하게 여기지 않았다. 산만해져 중요한 문제를 보지 못하게 한다는 것이었다. 란다우는 모스크바연구소에서 인기리에 주간 세미나를 열었다. 강연자가 파인만 다이어그램을 소개하려고 한 적이 두 번 있는데 두 번 다강연을 마치기도 전에 연단에서 내려와야 했다. 한 박사과정 학생이 파인만의 방식을 따르겠다고 하자 란다우는 그 학생이 '유행을 좇는다'고 비난했다. 란다우도 결국 1954년 논문에서 파인만 다이어그램을 쓰기는 했다. 하지만 그 까다로운 분석을 자신이 가르치는 학생 두 명에게 시켰다. "이것은 나 스스로 계산할 수 없었던 첫 번째 연구다." 란다우는 한 동료에게 이렇게 인정했다.[5]

란다우 같은 사람은 파인만 다이어그램 전파에 어떤 영향을 주었을까? 2005년 물리학자 루이스 베텐커트와 역사학자 데이비드 카이저를 비롯한 연구진이 이를 알아내기로 했다.[6] 카이저는 파인만이 그 아이디어를 발표한 뒤 전 세계에서 나온 학술 논문을 수집했다. 그리고 각 논문을 한 쪽씩 확인하며 파인만 다이어그램을 언급한 부분을 찾아 얼마나 많은 저자가 그 아이디어를 채택했는지 기록했다. 연구진이 그 데이터를 그림으로 나타내자 다이어그램을 이용한 논문 저자 수는 계속 늘어나다 마침내 평탄해지며 익숙한 S자 곡선을 그렸다.

다음 단계는 그 아이디어가 얼마나 전염성이 있었는지 정량화하는 것이었다. 파인만 다이어그램은 미국에서 시작됐지만 일본에 도달했을 때는 빠르게 퍼졌다. 당시 소련에서는 더 굼떠서 다른 두 나라보다 천천히 받아들였다. 이건 역사적 맥락과도 맞아떨어졌다. 일본의 대학은 전후 강력한 입자물리학계와 함께 급속도로 팽창했다. 반면 곧 이어질 냉전은 란다우 같은 연구자들의 회의론과 함께 소련에서 파인만 다이어그램이 인용되는 것을 억눌렀다.

베텐커트와 그 동료들은 손에 넣은 데이터를 이용해 파인만 다이어그램의 감염재생산수, 즉 R도 추정했다. 그 아이디어를 채택한 물리학자 한 명이 각자 궁극적으로 다른 물리학자 몇 명에게 전파할 수 있었을까? 그 결과는 아이디어치고 전염성이 아주 높았다. 초기 미국에서는 R이 약 15였다. 일본에서는 거의 75까지 올라갔다. 이 연구는 R을 측정해 아이디어의 전염성이라는 모호한 개념에 수치를 매겨보려는 초창기 시도였다.

그러자 그 아이디어가 어째서 그렇게 인기가 있었는지 의문이 떠올랐다. 어쩌면 그 시기에 물리학자들이 서로 자주 소통했기 때문일까? 꼭 그렇지는 않았다. R이 높은 이유는 일단 그 아이디어를 받아들인 사람들이 오랜 기간 퍼뜨렸기 때문인 것 같았다. "파인만 다이어그램의 전파 속도는 질병을 아주 천천히 퍼뜨리는 것과 같아 보인다." 연구진은 이렇게 기록했다. "접촉률이 비정상적이라기보다는 그 아이디어의 수명이 아주 길다는 것이 주요한 원인"이었다.

인용 네트워크를 추적하면 새로운 아이디어가 어떻게 퍼지는지만 알아낼 수 있는 것이 아니다. 새로운 아이디어가 어떻게 나타나는지도 알 수 있다. 명성이 있는 과학자들이 어떤 분야를 지배한다면 경쟁 대상이 되는 아이디어가 성장하는 데 방해가 될 수 있다. 그 결과 새로운 이론은 지배적인 과학자들이 주목을 양보한 뒤에야 관심을 받는다. 물리학자 막스 플랑크는 이와 같은 말을 했다. "과학은 장례식이 한 번 있을 때마다 발전한다." 그 뒤 매사추세츠공과대학교MIT 연구진은 엘리트 과학자의 이

수학자가 알려주는 전염의 원리

른 죽음 뒤에 어떤 일이 벌어지는지 분석해 이 유명한 발언을 검증했다.[7] 그 결과 경쟁하던 무리가 그 뒤 더 많은 논문을 발표하고 인용도 더 많이 되면서 그 '스타' 연구자의 공저자들이 빛을 잃는 경향이 있다는 사실을 알아냈다.

　과학 논문이 과학자에게만 의미가 있는 것은 아니다. 지금은 디즈니에 인수된, 애니메이션 제작사인 픽사 공동창립자인 에드 캣멀은 논문이 회사 밖의 전문가와 연결고리를 만드는 유용한 방법이라고 말했다.[8] "논문은 아이디어를 유출하는 것이기도 하지만 학계와 연결을 유지할 수 있게 해준다." 캣멀은 이렇게 썼다. "이 연결은 우리가 공개한 그 어떤 아이디어보다 훨씬 더 가치가 있다." 픽사는 네트워크의 서로 다른 부분 사이에서 '좁은 세상'식 만남이 일어나도록 장려하는 것으로 유명하다. 심지어 본사 설계에도 이를 반영해 커다란 중앙 아트리움에는 임의적 상호작용이 일어날 수 있는 우편함이나 카페 같은 잠재적 허브가 있다. "건물은 대부분 기능적 목적을 염두에 두지만 우리 건물은 뜻하지 않은 만남을 최대화할 수 있는 구조로 되어 있다." 캣멀은 이렇게 표현했다. 사회적 건축이라는 아이디어는 다른 곳에서도 인기를 끌었다. 2016년 런던에서 프랜시스크릭연구소가 문을 열었다. 유럽에서 가장 큰 생리의학연구소로, 1,200명이 넘는 과학자가 6억 5,000만 파운드짜리 건물을 터전으로 삼는다. 소장 폴 너스에 따르면 '약간의 무질서'를 조장해 사람들이 접촉할 수 있게 건물을 배치했다.[9]

　뜻하지 않은 만남은 혁신에 불을 붙이는 데 도움이 될 수 있다. 하지만 회사가 너무 많은 경계를 허물면 반대 효과가 나기도 한다. 디지털 추적기를 이용해 두 대기업의 직원들을 관찰한 하버드대학교 연구진은 개방형 사무실을 도입하면 얼굴을 맞대는 접촉이 약 70% 줄어든다는 사실을 알아냈다. 이메일 사용량이 50% 이상 늘어나는 등 오히려 온라인으로 소통하는 쪽을 택했다. 사무실의 개방성을 높였더니 의미 있는 접촉이 줄어들고 전체 생산성도 줄어든 것이다.[10]

뭔가 퍼지려면 감염 대상과 전염성 있는 사람이 직접적이든 간접적이든 접촉해야 한다. 혁신이든 감염병이든 전달 기회의 수는 접촉이 얼마나 자주 일어나는지에 달려 있다. 만약 전염을 이해하려 한다면 우리 스스로 다른 사람과 어떻게 접촉하는지 알아내야 한다. 하지만 그것은 알고 보면 놀라울 정도로 어려운 일이다.

———

"대처가 섹스 조사를 중단하다." 1989년 9월 〈선데이타임스〉 1면에 이런 기사가 실렸다. 영국 정부가 성적 활동에 대한 연구 제안을 막 차단한 뒤였다. 점점 커지는 HIV 유행을 마주한 연구자들은 갈수록 성적 접촉의 중요성을 인식했다. 문제는 그런 접촉이 얼마나 흔한 일인지 아무도 모른다는 것이었다. "우리는 HIV 유행을 일으키는 매개변수를 전혀 예측할 수 없었다." 연구를 제안했던 연구자 중 한 사람인 앤 존슨은 훗날 이렇게 말했다. "우리는 동성애 파트너가 있는 사람의 비율이 얼마인지, 사람마다 파트너가 몇 명씩인지 몰랐다."[11]

1980년대 중반, 일군의 보건 분야 연구자들이 국가 규모로 성적 활동을 파악할 수 있는 아이디어를 제시했다. 예비조사는 성공적이었지만 본격적인 조사를 시작하는 데는 어려움을 겪었다. 이 연구가 사람들의 사생활을 침해해 결국 '꼴사나운 억측'이 될 거라고 판단한 마거릿 대처가 연구비 지원을 거부했다는 보도가 나왔다. 하지만 다행히 다른 방법이 있었다. 〈선데이타임스〉에 기사가 나온 직후 연구진은 웰컴트러스트(웰컴 제약회사를 창립한 헨리 웰컴이 의학 연구를 지원하고 의학 발전에 공헌하기 위해 만든 재단_옮긴이)에서 독립적인 지원을 확보했다.

마침내 '성적 태도 및 생활 전국 조사NATSAL'가 1990년에 이루어졌다. 그리고 2000년과 2010년에도 있었다. 이 연구에 참여한 케이 웰링스에 따르면, 이 데이터를 성병뿐만 아니라 여러 분야에 활용할 수 있었다는 건 분명했다. "제안서를 쓰는 도중에도 이전까지는 관련 데이터가 없어서 답하지 못했던 공중보건 정책과 관련된 수많은 문제에 답할 수 있겠다는 생각이 들었다." 최근 NATSAL은 산아제한부터 파경에 이르기까지 온갖 종류의 사회적 문제를 들여다볼 수 있게 해준다.

그렇지만 사람들이 성생활에 대해 털어놓게 하는 일은 쉽지 않았다. 폭넓은 사회적 이익을 강조하며 도와달라고 설득해야 했고 인터뷰 대상자가 정직하게 대답할 수 있도록 충분히 신뢰를 쌓아야 했다. 그리고 용어 선정에 문제가 있었다. 웰링스는 "공중보건 분야에서 쓰는 용어와 완곡어법으로 가득한 일상생활 속 언어 사이에 불일치가 있었다"라고 기록했다. 몇몇 인터뷰 대상자가 '이성애'나 '음부' 같은 말을 알아듣지 못한 적도 있다. "라틴어처럼 들리는 이름이나 3음절이 넘어가는 단어는 완전히 이상하고 평소에 쓰지 않는 말로 여겼다."

그러나 NATSAL 연구진에게도 상대적으로 낮은 성접촉 빈도처럼 유리한 점이 있었다. 가장 최근의 NATSAL 연구 결과 영국의 평범한 20대는 한 달에 평균 약 다섯 번 성관계를 한다는 사실이 드러났다. 새로운 성관계 파트너의 수는 1년에 한 명이 채 되지 않았다.[12] 아무리 활발한 사람이라 해도 어떤 한 해에 수십 명과 자기는 힘들었다. 그건 인터뷰 대상자가 대부분 자기 파트너 수와 파트너와 한 행위를 기억할 수 있다는 뜻이다. 대화나 악수처럼 독감을 퍼뜨릴 수 있는 접촉과 대조된다. 이런 대면 접촉을 우리는 하루에도 수십 번씩 한다.

지난 10여 년 동안 독감 같은 호흡기 감염과 연관성이 있는 사회적 접촉을 계량하려는 연구가 점점 늘어났다. 그중 가장 널리 알려진 것이 유럽 8개국에서 참가자 7,000여 명을 대상으로 누구와 접촉했는지 조사한 폴리모드 연구다. 여기에는 악수 같은 물리적 접촉뿐만 아니라 대화도 포함된다. 그 뒤로 연구자들은 케냐에서 홍콩에 이르기까지 여러 나라에서 비슷한 연구를 수행했다. 연구 규모도 점점 대담해지고 있다. 최근 나는 케임브리지대학교의 공동연구자와 함께 영국에서 5만 명 이상의 자원자를 대상으로 사회적 행동 데이터를 수집하는 공공 과학 프로젝트를 수행했다.[13]

이런 연구 덕분에 우리는 특정 행동이 전 세계에서 매우 일정하게 나타난다는 사실을 알게 됐다. 사람들은 또래와 어울리는 경향이 있고, 어린이들의 접촉이 단연 가장 많다.[14] 학교와 가정에서 일어나는 접촉은 으레 육체적 접촉을 동반하며 일상적인 만남은 흔히 한 시간 이상 지속된다. 그렇지만 전체적인 접촉 횟수는 지역에 따라 많이 달라질 수 있다. 홍콩 주민은 보통 하루에 다섯 명 정도와 육체적으로 접촉한다. 영국도 이와 비슷하지만 이탈리아에서는 평균 열 명과 접촉한다.[15]

그런 행동은 계량할 수 있지만 이 정보가 전염병의 양상을 예측하는

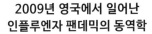

2009년 영국에서 일어난
인플루엔자 팬데믹의 동역학

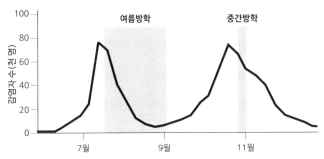

데도 도움이 될까? 이 책 첫머리에서 우리는 2009년 인플루엔자 팬데믹 당시 영국에서 아웃브레이크 정점이 봄에 한 번, 가을에 한 번 해서 두 번 있었다는 사실을 살펴보았다. 이 패턴을 일으킨 원인은 그저 학교를 보기만 해도 이해할 수 있다.

학교에 가는 아이들은 다 같이 강도 높은 사회적 환경에 놓이므로 학교가 감염의 온상이 될 수 있다. 방학에는 아이들의 일상적인 사회적 접촉이 평균 약 40% 감소한다. 위의 그래프에서 볼 수 있듯이, 2009년의 팬데믹 정점 둘 사이의 간격은 방학 기간과 일치한다. 이렇게 장기간 사회적 접촉이 줄었다는 사실은 팬데믹이 여름철에 진정된 이유를 설명하기에 충분하다.

그러나 방학만으로는 감염병의 두 번째 물결을 설명할 수 없다. 첫 번째 정점은 아마도 사회적 행동의 변화에 기인했겠지만, 두 번째 정점은 대개 집단면역 때문이다.[16] 등교 기간과 방학 기간에 일어난 감염병의 증가와 감소는 다른 보건 환경에도 영향을 줄 수 있다. 많은 나라에서 천식 발병은 등교와 함께 정점을 찍는다. 이렇게 일어난 아웃브레이크는 더 폭넓은 공동체까지 연쇄 효과를 일으키며 성인층의 천식을 악화할 수 있다.[17]

어떤 사람이 감염될 위험을 예측하고 싶다면, 접촉이 얼마나 많았는지 알아내는 것만으로는 충분하지 않다. 접촉자가 만난 사람들은 생각해야 하며, 그 접촉자의 접촉도 생각해야 한다. 겉으로는 접촉이 거의 없어 보이는 사람도 학교처럼 전파가 매우 쉬운 환경에서 몇 단계밖에 떨어지지 않았을 수 있다. 몇 년 전 나는 동료들과 홍콩에서 일어난 2009년 독감 팬데믹 기간의 사회적 접촉과 감염을 조사했다.[18] 그리고 팬데믹에 연료를 제공한 게 아이들 사이의 수많은 사회적 접촉이라는 사실을 알아냈다. 그보다 많은 나이에서는 접촉과 감염이 줄었다. 하지만 자녀를 기르는 사람들 사이에서는 다시 위험이 증가했다. 교사나 학부모라면 누구나 알겠지만, 아이들과 접촉하면 감염 위험이 커진다. 미국에서 집에 자녀가 없는 사람이 바이러스에 감염되어 지내는 시간은 보통 1년 중 몇 주다. 그러나 아이 한 명이 있는 사람은 1년의 약 1/3을 감염된 채 지낸다. 아이가 둘이면 대개 바이러스를 달고 산다.[19]

사회적 상호작용은 공동체 안에서 전파를 촉진할 뿐만 아니라 다른 지역으로 옮기기도 한다. 2009년 독감 팬데믹 초기에는 바이러스가 엎어지면 코 닿을 데 있는 나라로 퍼지지 않았다. 3월에 멕시코에서 아웃브레이크가 일어났을 때 바이러스는 중국처럼 먼 곳으로 금세 퍼졌다. 하지만 카리브해에 있는 바베이도스 같은 가까운 나라에서 나타나는 데는 시간이 더 오래 걸렸다. 그 이유는 무엇일까? 만약 '가까운'이나 '먼'을 지도상 위치로 정의한다면 우리는 잘못된 거리 개념을 사용하는 것이다. 전염병

수학자가 알려주는 전염의 원리

은 사람에 의해 퍼진다. 그리고 멕시코와 바베이도스 같은 곳보다는 멕시코와 중국을 잇고 런던을 경유하기도 하는 주요 항공 노선이 더 많다. 중국은 엎어지면 코 닿을 만한 거리는 아니지만 인간의 이동이라는 측면에서 보면 상대적으로 가깝다. 거리를 비행기 승객의 흐름으로 정의한다면 2009년 독감 전파를 설명하기가 훨씬 더 쉽다. 독감만이 아니라 2003년 중국에서 사스가 나타났을 때도 비슷한 항공 노선을 따라 흘러갔다. 태국과 한국보다 아일랜드나 캐나다 같은 나라에서 먼저 번진 것이다.[20]

2009년 독감이 일단 어느 한 나라에 도착하자 그때부터는 전파에 장거리 여행이 중요한 역할을 하지 않은 것처럼 보였다. 미국에서는 바이러스가 남동부에서 시작해 서서히 물결처럼 번졌다. 2,000킬로미터를 이동해 미국 동부에 도착하는 데는 약 3개월 걸렸다. 시속 1킬로미터가 채 안 되는 속도였으니 보통 사람이 걷는 것보다 느렸다.[21]

바이러스가 새로운 나라에 들어가는 데는 장거리 비행 연결이 중요하지만 미국 안에서 움직이는 것은 거의 전적으로 근거리 이동에 달려 있다. 다른 나라도 마찬가지다.[22] 이런 근거리 이동을 시뮬레이션하기 위해 연구자들은 흔히 '중력 모형'을 사용한다. 중력 모형은 우리가 얼마나 가깝고 번화한지에 따라 특정 장소에 이끌린다는 개념이다. 크고 밀도가 높은 행성의 중력이 더 큰 것과 같다. 시골에 사는 사람은 더 멀리 떨어진 도시보다는 근처 읍내를 찾아갈 일이 더 많다. 반대로 도시에 사는 사람은 아마도 외곽의 읍내에서 시간을 보낼 일이 거의 없을 것이다.

상호작용과 이동에 대해서는 이렇게 생각하는 것이 확실한 방법으로 보일지 모른다. 그러나 역사적으로 사람들은 다르게 생각했다. 1840년대 중반 영국의 철도 거품이 절정에 다다랐을 때 기술자들은 대도시 사이의 장거리 여행이 교통량 대부분을 차지할 거라고 예상했다. 이 가정에 의문을 제기한 사람은 불행히도 거의 없었다. 그러나 유럽 대륙에는 몇몇 연구가 있었다. 1846년 벨기에 기술자 앙리 기욤 디자르트는 사람들이 실제로 어떻게 여행하는지 알아내기 위해 최초로 중력 모형을 개발했다. 디자르트의 분석에 따르면, 근거리 여행의 수요가 대단히 많았는데 이는 해협 건너편 철도 운영자들이 무시하던 것이었다. 이 사실을 간과하지 않았다면 영국 철도 네트워크는 아마 훨씬 더 효율적이었을 것이다.[23]

사회적 매듭의 중요성을 과소평가하기는 쉽다. 20세기 초 '사건 이론'에 대한 논문을 쓴 로널드 로스와 힐다 허드슨은 이를 사고와 이혼, 만성 질병 같은 데도 사건 이론을 적용할 수 있다고 주장했다. 두 사람 생각에 이런 것들은 독립적인 사건이라서 한 사람에게 어떤 일이 일어나도 그것이 다른 사람에게도 일어날 가능성에 영향을 주지 않는다. 한 사람에게서 다른 사람에게 옮길 요소가 없었다. 21세기 초가 되자 연구자들은 정말로 그런지 의문을 제기했다. 2007년 의사 니콜라스 크리스타키스와 사회과학자 제임스 파울러는 〈대규모 사회적 네트워크 안의 32년에 걸친 비만 전파〉라는 제목의 논문을 발표했다. 이들은 매사추세츠주 프레이밍햄이라는 도시를 근거지로 장기간 연구한 프레이밍햄 심장 연구에서 나온 건강 데이터를 조사했다. 두 사람은 비만이 친구 사이에서 퍼질 수 있다면서 네트워크 안에서 더 깊이 연쇄 효과를 일으킬 수 있다는 설을 제시했다. 친구의 친구와 친구의 친구의 친구에게도 영향을 줄 수 있다는 것이다.

이어서 이들은 흡연과 행복, 이혼, 외로움 등 같은 네트워크 안에서 일어나는 다른 형태의 사회적 전염 몇 가지를 조사했다.[24] 외로움이 사회적 접촉으로 퍼질 수 있다는 말이 이상해 보일지 모르지만, 연구자들은 우정 네트워크 가장자리에서 일어날 수 있는 일을 지적했다. "주변부 사람들은 친구가 적어서 외로워하지만 오히려 그 때문에 얼마 남지 않은 매듭까지 끊어지는데, 그렇게 되기 전에 외로움이라는 똑같은 기분을 전파하는 경향이 있다. 그리고 또다시 이런 일이 반복된다."

이 논문들은 대단히 큰 영향을 미쳐서 발표된 후 10년 동안 비만 연구 하나만 4,000번 넘게 인용됐고, 많은 사람이 이 연구를 그런 특성이 퍼질 수 있는 증거로 여겼다. 그러나 한편으로는 포화를 얻어맞았다. 비만과 흡연 연구를 발표한 지 얼마 되지 않아 〈영국의학저널〉에 크리스타키스와 파울러의 분석이 실제로 있지도 않은 효과가 있는 것처럼 보여준다고 주장하는 논문이 실렸다.[25] 곧이어 수학자 러셀 라이언스는 두 사람이 '근본적인 오류'를 범했으며 '핵심 주장에 근거가 없다'는 내용의 논문을 썼다.[26] 그렇다면 우리는 어떻게 받아들여야 할까? 비만 같은 게 실제로 퍼질까? 행동에 전염성이 있는지는 어떻게 알아낼 수 있을까?

가장 익숙한 사회적 전염 사례로 하품을 꼽을 수 있다. 하품은 가장 쉽게 연구할 수 있는 전염 형태이기도 하다. 흔하고 눈에 잘 띄며, 한 사람의 하품이 다른 사람의 하품으로 이어질 때까지 걸리는 시간이 비교적 짧고 연구자들이 전파 과정을 자세히 들여다볼 수 있기 때문이다.

몇몇 연구에서는 실험으로 하품이 퍼지는 이유를 분석했다. 사회적 관계의 성질이 전파에 특별히 중요하게 작용하는 것처럼 보였다. 어떤 사람을 더 잘 알수록 그 사람의 하품을 따라 하게 될 확률이 높고 전파 과정도 더 빠르다.[27] 아는 사람 사이에서보다 가족 사이에서 하품과 하품의 시간 간격이 더 좁다. 모르는 사람 앞에서 한 하품은 퍼질 가능성이 10% 아래다. 가족 근처에서 하품할 때 그 가족이 따라 하는 경우는 절반 정도다. 좋아하는 대상의 하품을 더 많이 따라 하는 건 인간만이 아니다. 이런 사회적 하품은 원숭이에서 늑대에 이르는 동물 사이에서도 나타난다.[28] 그러나 우리가 하품에 감염되기까지는 시간이 좀 걸릴 수 있다. 영아와 유아도 이따금 하품을 하지만 부모의 하품을 따라 하는 것 같지는 않다. 실험 결과 아이들이 하품에서 전염성을 갖는 때는 네 살 정도 이후다.[29]

연구자들은 하품 외에도 간지러움이나 웃음, 감정적 반응 같은 짧막한 행동의 전파도 조사했다. 이런 사회적 반응은 아주 빠르게 나타날 수 있다. 팀워크를 조사한 실험에서 리더는 몇 분 안에 팀원들에게 긍정적이거나 부정적인 분위기를 퍼뜨릴 수 있었다.[30]

하품이나 분위기를 연구하고 싶다면 실험 상황을 설정해 사람들이 보는 것을 통제하고 결과를 왜곡할 수 있는 혼란스러운 요소를 피해야 한다. 이는 빠른 속도로 퍼지는 것을 연구할 때는 가능하다. 그럼 인구 집단 속으로 번지는 데 훨씬 더 오래 걸리는 행동이나 아이디어는 어떨까? 실험실 밖에서 사회적 전염에 대해 연구하기는 훨씬 더 힘들다. 참새목 박새과의 조류인 박새는 오래전부터 혁신적인 행동으로 유명했다. 1940년대 영국의 생태학자들은 박새가 우유병 뚜껑을 뚫고 크림을 먹는 방법을 알아냈다고 기록했다. 그 수법은 몇십 년 동안 이어졌지만 그런 혁신이

수학자가 알려주는 전염의 원리

새들 사이에서 어떻게 퍼지는지는 불확실했다.[31]

포획한 동물의 행동 전파 연구는 몇 건 있었지만 야생에서는 그렇게 하기 어렵다. 혁신으로 유명한 박새의 평판을 들은 동물학자 루시 애플린과 그 동료들은 이런 아이디어가 어떻게 퍼지는지 알아보려고 나섰다. 먼저 새로운 혁신이 필요했다. 연구진은 옥스퍼드 인근 와이담숲으로 나가 밀웜이 담긴 퍼즐 상자를 설치했다. 만약 새가 안에 있는 먹이를 먹고 싶다면, 특정 방향으로 문을 밀어 움직여야 했다. 새가 상호작용하는 양상을 보기 위해 연구진은 그 지역에 있는 거의 모든 박새에게 자동 추적 장치를 달았다. "우리는 각 개체가 언제 어떻게 지식을 습득하는지 실시간으로 정보를 파악할 수 있었다." 애플린은 말했다. "또 데이터는 자동으로 모이게 되어 우리는 방해를 받지 않고 그 과정을 진행할 수 있었다."[32]

새들은 몇 개 소집단으로 나뉘어 살았다. 연구진은 이 중 다섯 집단에 속한 새 몇 마리에게 퍼즐 푸는 방법을 가르쳤다. 그 기술은 금세 퍼졌다. 20일이 채 되지 않아 새 네 마리 중 세 마리가 그 방법을 배웠다. 연구진은 훈련을 받지 않은 대조군도 조사했다. 궁극적으로 몇 마리가 상자 안에 들어가는 방법을 알아냈지만 그 아이디어가 나타나고 퍼지는 데는 훨씬 더 긴 시간이 걸렸다.

훈련을 받은 집단에서는 아이디어 회복력도 뛰어났다. 계절이 바뀌면서 많은 새가 죽었지만 지식은 그렇지 않았다. "지난해부터 살아남아 그 지식을 아는 새가 아주 소수 있었지만 그 행동은 매 겨울 아주 빨리 재등장했다"라고 애플린은 말했다. 애플린은 새들 사이의 정보 전달에 익숙한 특징이 있다는 사실도 알아챘다. "일반적인 원리 몇 개는 질병이 사람들 사이로 퍼지는 과정과 비슷하다. 예를 들어 더 사회적인 개체일수록 더 많이 접촉하고 새로운 행동을 받아들일 가능성이 크다. 사회적으로 중심에 있는 개체는 정보를 퍼뜨리는 데 '중추' 또는 '슈퍼 전파자' 역할을 할 수 있다."

이 연구는 야생동물의 세계에도 사회 규범이 나타날 수 있다는 사실을 보였다. 사실 퍼즐 상자 안으로 들어가는 방법은 몇 가지 있었지만 인정받는 방법은 연구자들이 알려준 것이었다. 그런 순응성은 인간에게서 더 흔히 관찰할 수 있다. "우리는 사회적 학습의 전문가다." 애플린은 말했다. "우리가 인간 사회에서 볼 수 있는 사회적 학습과 문화는 다른 동물 세계에서 관찰할 수 있는 것보다 훨씬 더 많다."

─

우리는 흔히 건강과 생활 방식의 선택에서 정치적 관점이나 부에 이르기까지 아는 사람들과 같은 특징을 공유한다. 일반적으로 그런 유사함을 설명하는 방법은 세 가지다. 하나는 사회적 전염이다. 우리가 특정 방식으로 행동하는 건 친구들이 오랫동안 영향을 미쳤기 때문이다. 혹은 그 반대일 수도 있다. 이미 어떤 특징을 공유하기 때문에 친구가 되는 것이다. 유유상종이라고 '새들은 같은 색끼리 모인다'는 개념이다. 물론 우리 행동이 사회적 연결과 아무 상관이 없을 수도 있다. 어쩌다 보니 똑같은 환경을 공유하고 그 환경이 행동에 영향을 줄 수 있다. 사회학자 막스 베버Max Weber(1864~1920)는 비가 오기 시작할 때 우산을 펴는 군중의 사례를 들었다. 그 사람들이 꼭 옆 사람에게 반응하는 건 아니다. 머리 위의

구름에 반응할 뿐이다.[33]

사회적 전염, 유유상종, 환경 공유 세 가지 중 어떤 설명이 옳은지 알아내기는 어려울 수 있다. 친구가 좋아한다는 이유로 어떤 활동을 좋아할까, 아니면 둘 다 그 활동을 좋아하기 때문에 친구일까? 친구들을 따라 달리기를 빼먹었을까, 아니면 비가 와서 둘 다 달리기를 하지 않기로 했을까? 사회학자들은 그것을 '반사 문제'라고 한다. 한 설명이 다른 설명을 비추는 것일 수 있기 때문이다.[34] 흔히 우정과 행동에는 상관관계가 있다. 그러나 그게 전염 때문인지 밝히기는 매우 어려울 수 있다.

우리에게는 사회적 전염과 다른 가능한 설명을 분리하는 방법이 필요하다. 이렇게 하는 가장 확실한 방법은 아웃브레이크를 일으킨 뒤 어떤 일이 벌어지는지 관찰하는 것이다. 즉 애플린과 동료 연구진이 새를 가지고 실험한 것처럼 특정 행동을 도입한 뒤 그게 어떻게 퍼지는지 알아내야 한다. 이상적이라면 아웃브레이크에 노출되지 않은 대상에서 무작위로 선별한 '대조군'과 비교해 아웃브레이크가 얼마나 효과가 있었는지 알아볼 것이다. '무작위 대조 시험'이라는 이런 실험 유형은 의학 분야에서 일반적으로 쓰인다.

그런 접근법이 인간에게 어떻게 쓰일까? 친구들 사이에서 흡연이 퍼지는 과정을 조사하는 실험을 하고 싶다고 하자. 한 가지 방법은 우리가 관심을 가진 행동을 도입하는 것이다. 무작위로 몇몇 사람을 골라 그들이 담배를 피우게 한다. 그리고 그 행동이 그 친구 집단으로 퍼지는지 관찰한다. 이런 실험이 사회적 전염이 일어나는지 일어나지 않는지는 알려줄 수 있지만 윤리적으로 큰 문제가 된다는 사실은 어렵지 않게 알 수 있다. 사회적 행동을 이해하는 데 도움이 될지도 모른다고 해서 사람들에게 흡연처럼 해로운 행동을 하라고 요구할 수는 없다.

무작위로 담배를 피우게 하는 것이 아니라 기존 흡연자의 행동이 새로운 사회적 연결을 통해 어떻게 퍼지는지 살펴볼 수도 있다. 하지만 이는 사람들의 교우 관계와 지역을 무작위로 뒤바꾼 뒤 이들이 새로 사귄 친구의 행동을 따라 하는지 추적 관찰해야 한다. 이것 역시 쉽게 할 수 있는 일은 아니다. 연구에 참여하겠다고 우정 네트워크 전체를 뒤섞고 싶은 사람이 어디 있겠는가?

사회적 실험을 설계할 때 애플린의 새 연구가 인간을 대상으로 하는 연구보다 훨씬 유리한 점이 몇 가지 있다. 인간은 몇 년 혹은 수십 년 동안 비슷한 사회적 연결고리를 유지하는 데 비해 새는 수명이 상대적으로 짧아 해마다 소통 네트워크를 새로 만든다. 또 연구진은 해당 지역에 있는 거의 모든 새에 표식을 달아 실시간 네트워크를 추적했다. 이는 연구진이 새로운 아이디어, 즉 퍼즐 해결책을 소개하고 새로 이루어진 네트워크를 통해 어떻게 퍼지는지 관찰할 수 있었다는 뜻이다.

교우 관계가 무작위로 단번에 생기기도 한다. 신병이 부대에 배치되거나 학생이 반을 배정받았을 때 그렇다.[35] 연구진에게는 아쉽게도 이것이 흔한 사례는 아니다. 현실 세계에서 일어나는 상황은 대부분 과학자가 행동이나 교우 관계의 동역학을 헤집은 뒤 어떻게 되는지 볼 수 없다. 과학자는 자연스럽게 관찰할 수 있는 데서 통찰을 얻으려고 노력해야 한다. "많은 경우 무작위로 만들거나 모종의 무작위 대상을 찾는 것이 가장 좋은 전략이지만 사회과학자와 시민으로서 우리가 정말 관심 있는 상당수 문제는 무작위로 만들 수 없는 것이다." MIT의 사회과학자 딘 에클스는 이렇게 말했다.[36] "따라서 우리는 순전히 관찰 연구만으로 최선을 다해야 한다."

역학은 상당 부분 관찰 분석에 의존한다. 일반적으로 연구자가 과정을 이해하겠다며 일부러 아웃브레이크를 일으키거나 사람들이 심각한 질병에 걸리게 할 수는 없다. 그래서 역학은 과학이라기보다는 언론에 가깝다는 주장도 일부 있다. 실험도 하지 못하고 현재 일어나는 상황을 보고하기 때문이다.[37] 그러나 그것은 관찰 연구에서 나온 보건 분야의 커다란 발전을 무시하는 주장이다.

흡연을 예로 들어보자. 1950년대에 연구자들은 앞선 몇십 년 동안 폐암 사망자가 아주 많아진 현상을 조사했다.[38] 담배의 대중화와 명확한 연결고리가 있어 보였기 때문이다. 담배를 피우는 사람들은 폐암으로 죽을 확률이 비흡연자의 아홉 배였다. 문제는 흡연이 실제로 암을 일으킨다는 사실을 보여줄 방법이었다. 저명한 통계학자(그리고 파이프 담배 골초) 로널드 피셔는 둘 사이에 상관관계가 있다는 것만으로는 하나가 다른 하나를 일으킨다고 할 수 없다고 주장했다. 어쩌면 흡연자는 비흡연자와 생활 양식이 완전히 다를 수도 있었다. 그리고 흡연이 아닌 것이 폐암을 일으킨다면? 아니면 폐암에 걸릴 확률과 담배를 피울 확률을 동시에 높이지만 아직 확인하지 못한 어떤 유전적 특질이 있지 않을까? 이 문제는 과학계를 갈라놓았다. 어떤 이들은 피셔처럼 흡연과 암을 연결하는 패턴이 우연일 뿐이라고 주장했다. 어떤 이들은 역학자 오스틴 브래드포드 힐처럼 흡연이 폐암으로 인한 사망에 책임이 있다고 했다.

물론 실험으로 명확한 해답을 얻을 수도 있었다. 하지만 앞서 이야기했듯이 그런 실험은 윤리적이지 않았다. 현대 사회과학자가 흡연 습관이 퍼지는지 보려고 사람들이 담배를 피우게 할 수 없듯이 1950년대 연구자도 폐암을 일으키는지 확인하려고 담배를 피우라고 권할 수 없었다. 이 문제를 해결하기 위해 역학자들은 실험하지 않고도 하나가 다른 하나를 일으키는지 확인하는 방법을 찾아야 했다.

———

로스는 모기가 말라리아를 퍼뜨린다는 발견을 발표할 수 있게 되기를 기다리며 1898년 8월을 보냈다. 과학 학술지에 연구 결과를 게재할 수 있도록 정부의 허가를 받기 위해 싸우면서 다른 사람들이 자기 연구에 달려들어 공로를 가져갈까봐 걱정했다. "언제든 나를 공격할 수 있는 해적들이 가까이 있다." 로스는 이렇게 표현했다.[39]

로스가 가장 걱정한 해적은 로베르트 코흐라는 독일 생물학자였다. 코흐가 말라리아를 연구하러 이탈리아에 갔다는 이야기가 돌았다. 만약 코흐가 사람을 그 기생충에 감염시키는 데 성공한다면 새만 가지고 한 로스의 연구를 덮어버릴 수 있었다. 로스를 안심하게 해준 소식은 맨슨의 편지를 타고 날아왔다. "듣자 하니 코흐가 이탈리아에서 모기 연구에 실패했다더군요." 맨슨은 이렇게 썼다. "그러니까 당신이 영국에 그 발견을 안겨줄 시간은 있습니다."

마침내 코흐는 일련의 말라리아 연구 논문을 발표했는데, 전적으로 로스의 연구에 공을 돌렸다. 특히 코흐는 말라리아 유행 지역에 사는 어린이들이 감염의 저수지 역할을 한다고 주장했다. 나이가 많은 성인은 흔히 말라리아 기생충에 면역이 있었기 때문이다. 코흐에게 말라리아는 가장 최근에 새로 발견한 병원체였다. 1870년대와 1880년대에 코흐는 소의 탄저병과 인간의 결핵 같은 질병의 배후에 세균이 있다는 사실을 보였다. 그 과정에서 어떤 특정 병원균이 질병을 일으키는지 확인하려고 몇 가지 법칙 혹은 '공준(공리처럼 자명하지는 않으나 증명이 불가능한 명제_옮긴이)'을 찾아냈다. 먼저 코흐는 병에 걸린 사람의 몸 안에서 언제나 병원균을 찾아낼 수 있어야 한다고 생각했다. 그리고 실험동물 같은 건강한 숙주가 이 병원균에 노출되면 병에 걸려야 했다. 마지막으로 아프게 된 뒤에는 새로운 숙주에게서 병원균 표본을 추출할 수 있어야 했다. 이 병원균은 새로운 숙주가 원래 노출됐던 것과 똑같아야 했다.[40]

코흐의 공준은 막 등장한 '세균 이론'에 유용했지만 곧 한계가 있음을 깨달았다. 가장 큰 문제는 어떤 병원체는 항상 병을 일으키지는 않는다는 사실이었다. 때로는 감염되어도 눈에 띄는 증상을 보이지 않았다. 따라서 연구자들은 질병의 배후에 무엇이 있는지 알아내려면 좀 더 일반적인 원리를 찾아야 했다.

힐이 흥미를 느낀 질병은 폐암이었다. 힐과 동료들은 흡연이 폐암의 원인이라는 사실을 보이기 위해 마침내 몇 가지 유형의 증거를 수집했다. 훗날 힐은 이들 증거를 여러 가지 '주안점'으로 요약해 연구자들이 어느 하나가 다른 하나를 일으키는지 확인하는 데 도움이 되기를 바랐다. 여기서는 추정 원인과 결과 사이의 상관관계가 얼마나 강력한지가 가장 중요했다. 예를 들어 흡연자는 비흡연자보다 폐암에 걸릴 확률이 훨씬 더높다. 힐은 이 패턴이 일정하게 서로 다른 지역에서 시행한 여러 연구에서 나타나야 한다고 했다. 그리고 타이밍이 있었다. 원인이 결과보다 앞에 오는가? 또 다른 지표는 그 질병이 특정 행동과만 관련되어 있느냐는 것이었다(하지만 비흡연자도 폐암에 걸리므로 항상 유용한 건 아니다). 이상적이라면 담배를 끊을 경우 암에 걸릴 확률이 낮아져야 하는 것처럼 실험으로 얻는 증거도 있어야 했다.

힐은 어떤 경우에는 병을 일으키는 위험에 노출되는 수준을 관련짓는 것이 가능하다고 말했다. 예를 들어 사람이 담배를 더 많이 피울수록 그 때문에 죽을 확률도 더 높아진다. 게다가 암을 일으키는 다른 화학물질처럼 비슷한 인과관계를 이용해 유사성을 밝히는 일이 가능할 수 있다. 마지막으로, 힐은 그 원인이 생물학적으로 근거가 있는지 그리고 이미 과학자들이 알아낸 사실과 맞아떨어지는지 확인할 필요가 있다고 제안했다.

힐은 이런 주안점이 논쟁할 여지 없이 무언가를 '입증'하는 점검 목록이 아니라고 강조했다. 그보다는 '간단한 인과관계 대신 지금 우리가 보는 현상을 더 잘 설명할 방법이 있을까?'라는 결정적 질문에 대답하는 데 도움이 되는 게 목표라고 했다. 이런 방법은 흡연이 암을 일으키는 증거를 제시했을 뿐만 아니라 연구자들이 다른 질병의 원인을 밝히는 데도 도움이 됐다. 1950년대와 1960년대에 역학자 앨리스 스튜어트는 저선량 방사선이 백혈병을 일으킬 수 있다는 증거를 수집했다.[41] 당시 신기술이었던 엑스선은 임신한 여성에게도 일상적으로 쓰였다. 심지어 고객이 신발을 신었을 때 발을 볼 수 있도록 신발 가게에도 엑스선이 있었다. 스튜어트가 벌인 오랜 싸움 끝에 이런 해악은 사라졌다. 좀 더 최근에는 CDC 연구자들이 힐의 주안점을 이용해 지카 바이러스 감염이 기형아 출산을 일으킨다고 주장했다.[42]

그와 같은 인과관계를 확실히 밝히기는 근본적으로 어렵다. 무엇이 원인이고 어떻게 해야 하는지를 둘러싼 격렬한 논쟁은 흔히 일어난다. 그래도 스튜어트는 골치 아픈 증거를 마주하면 어쩔 수 없이 불확실한 면이 있어도 행동에 나서야 한다고 생각했다. "호수를 건널 때 얼음이 얼마나 두껍게 얼었는지 가능한 한 정확히 예상하는 게 중요하다." 스튜어트는 이렇게 말했다. "핵심은 자기 판단력이 새로운 관찰 결과에 눌려 변할 수 있다는 사실을 인지하면서도 증거의 무게를 정확하게 판단하는 것이다."[43]

사회적 전염을 처음 연구하려고 할 때 크리스타키스와 파울러는 맨땅에서 시작할 계획이었다. 먼저 1,000명을 모아 각자에게서 접촉자 다섯 명씩을 받아낸다. 그리고 그 사람들 각각에게서 접촉자 다섯 명씩을 받아낸다. 이런 식으로 합하면 몇 년에 걸쳐 3만 1,000명의 행동을 자세히 추적할 수 있게 된다. 이 정도로 거대한 연구에는 3,000만 달러쯤 들 것이다.[44]

선택할 수 있는 여러 방법을 검토하던 두 사람은 프레이밍햄 심장 연구를 수행하던 연구진에게 연락했다. 처음 1,000명을 기존 실험에서 구하는 게 더 쉬울 것 같아서였다. 크리스타키스가 찾아가자 연구 관리자 마리안 벨우드는 각 참가자에 대한 세부 사항이 담긴 서류를 지하에 보관한다고 말했다. 참가자와 연락이 끊이지 않도록 서류에 친척과 친구, 직장 동료를 기록해둔 것이다. 알고 보니 이런 지인 가운데 상당수도 연구에 참여했는데, 그 사람들의 건강 정보 역시 기록되어 있었다.

크리스타키스는 깜짝 놀랐다. 사회적 접촉을 처음부터 새로 구하는 대신 프레이밍햄 연구 참가자 사이의 사회적 네트워크를 종합해 짜맞출 수 있었기 때문이다. "나는 주차장에서 제임스에게 전화를 걸어 말했다. '엄청난 소식이 있어!'" 크리스타키스는 이렇게 회고했다. 함정이 딱 하나 있긴 했다. 이름 1만 2,000개와 주소 5만 개를 하나하나 살펴보며 기존의 연결고리를 확인해야 했다. "우리는 모든 사람의 손글씨를 해독해야 했다. 그걸 전산화하는 데 2년이 걸렸다."

처음에 두 사람은 흡연이 퍼지는 과정을 분석할지를 생각했지만 출발점으로는 비만이 더 낫겠다고 결정했다. 흡연은 참가자가 알려주는 정보에 의존해야 하지만 비만은 직접 관찰할 수 있었다. "우리 일이 워낙 특이하다 보니 우리는 객관적으로 계량할 수 있는 것부터 하기를 원했다"라고 크리스타키스는 말했다.

다음 단계는 비만이 네트워크를 통해 전달되는지 알아내는 것이었다. 이는 반사 문제에 맞서 진짜 감염일 수 있는 것을 유유상종 현상이나 환경 요인과 분리해야 한다는 뜻이었다. 새들은 같은 색끼리 모인다는 유유상종 현상을 배제하기 위해 두 사람은 분석에 시차를 도입했다. 만약 어떤 사람의 비만이 정말로 친구에게 퍼진다면, 그 친구가 먼저 뚱뚱해질 수는 없었다. 환경 요소는 배제하기가 더 까다로웠다. 그러나 크리스타키스와 파울러는 우정의 방향을 관찰하는 방식으로 이 문제에 덤벼들었다.

조사에서 내가 여러분을 친구라고 썼지만 여러분은 나를 친구라고 적지 않았다고 하자. 이는 여러분이 내게 영향을 받는 것보다 내가 여러분에게서 더 영향을 받는다는 뜻이다. 그러나 현실에서 우리 둘 다 공통의

수학자가 알려주는 전염의 원리

환경 요인, 가령 새로운 패스트푸드점 같은 것에 영향을 받는다면 우리 우정의 방향은 누가 비만이 되는지에 영향을 미치지 않을 것이다. 크리스타키스와 파울러는 정말로 그게 중요하다는 증거를 찾아냈는데, 이것이 비만이 전염될 수 있다는 사실을 암시했다.

분석 결과가 논문으로 나오자 몇몇 연구자는 날카로운 비판을 가했다. 논쟁은 대부분 두 가지 핵심 쟁점으로 요약할 수 있었다. 첫째는 통계 증거가 더 강했어야 한다는 것이었다. 비만에 전염성이 있다는 결과는 예를 들어 신약이 효과가 있는지 없는지를 보여주는 임상시험 정도로 결정적이지 않았다. 둘째는 크리스타키스와 파울러가 사용한 방법과 데이터를 감안할 때 다른 설명을 완전히 배제할 수 없다는 것이었다. 이론적으로는 유유상종 현상과 환경이 똑같은 패턴을 만들어낼 수 있었던 상황을 상상할 수 있었다.

내가 보기에 둘 다 그 연구를 합리적으로 비판한 것이다. 그러나 그렇다고 해서 그 연구가 유용하지 않았다는 것은 아니다. 통계학자 톰 스나이더스는 크리스타키스와 파울러의 초기 논문을 둘러싼 논쟁을 언급하면서 그 연구에는 한계가 있지만 과학자들이 혁신적인 방법으로 연구해야 할 대상에 사회적 전염을 올려놓았다는 점에서 여전히 중요하다고 주장했다. "크리스타키스와 파울러의 상상력과 용감함에 경의를!"[45]

크리스타키스와 파울러가 프레이밍햄 심장 연구 데이터를 분석한 초기 연구가 나온 뒤 사회적 전염에 대한 증거가 쌓였다. 다른 몇몇 연구진도 비만과 흡연, 행복 같은 것이 전염될 수 있다는 사실을 보였다. 우리가 이미 보았듯이, 사회적 전염을 연구하는 일은 악명 높을 정도로 어렵다. 하지만 이제 우리는 무엇이 퍼질 수 있는지 더 잘 알게 됐다.

다음 단계는 단순히 전염이 있다고 말하는 데 그치지 않고 더 나아가는 것이다. 행동이 번질 수 있다는 사실을 보인 것은 R이 0보다 크다는 말과 같다. 평균적으로 어느 정도는 전파되지만 얼마나 퍼지는지는 모르겠다는 말이다. 물론 여전히 유용한 정보인 건 맞다. 전염이 우리가 생각해보아야 할 요소임을 알려주기 때문이다. 비록 아웃브레이크가 얼마나 클지 예측할 수는 없어도 행동이 퍼질 수 있다는 사실을 알려준다. 그러나 정부나 다른 기관이 전염성이 있는 보건 문제를 중점적으로 다루려 한다면, 사회적 전염의 실제 규모와 서로 다른 정책이 미칠 영향력에 대해 더 많이 알아야 한다.

만약 어떤 친구 집단에 속한 한 사람이 과체중이 된다면 다른 사람들에게 정확히 얼마나 큰 영향을 미칠까? 만약 여러분이 더욱 행복해진다면 여러분이 속한 공동체의 행복은 얼마나 커질까? 크리스타키스와 파울러는 사회적 전염의 정확한 규모를 측정하기가 어렵다는 사실을 알았다. 더구나 그런 문제를 중점적으로 다룬다는 건 으레 불완전한 데이터와 방법을 사용해야 한다는 것을 뜻한다. 그러나 두 사람은 새로운 데이터세트 사용이 가능해지면서 다른 연구자들이 자신들의 분석을 발판 삼아 전염을 점점 더 정확히 계량하게 될 거라고 지적했다.

잠재적으로 전염성이 있는 행동을 연구하는 과정에서 연구자들은 생물학적·사회적 아웃브레이크 사이의 결정적 차이도 몇 가지 밝혔다. 1970년대에 사회학자 마크 그래노베터는 정보가 친한 친구보다 그냥 지인을 통해 더 멀리 퍼질 수 있다고 주장했다. 친구들은 연결고리가 겹쳐서 전달이 중복되는 경우가 많기 때문이다. "만약 어떤 사람이 가까운 친구 모두에게 소문을 이야기하고 친구들도 똑같이 한다면 많은 사람이 그

수학자가 알려주는 전염의 원리

소문을 두세 번씩 듣게 될 것이다." 그래노베터는 지인의 중요성을 가리켜 '약한 고리의 강함'이라고 표현했다. 새로운 정보가 있다면 가까운 친구보다는 가벼운 접촉으로 접할 가능성이 더 클 수도 있다.[46]

이런 장거리 연결고리는 네트워크 과학의 중심이 됐다. 우리가 이미 보았듯이 '좁은 세상' 연결은 생물계와 금융계에서 감염이 네트워크의 한쪽 부분에서 다른 쪽으로 뛰어넘게 해준다. 어떤 경우에는 이런 연결고리가 생명을 구할 수도 있다. 의학계에는 오래된 역설이 있다. 친척들에게 둘러싸인 채 심장마비나 뇌졸중을 일으킨 사람은 의학적 처치를 받기까지 시간이 더 걸린다. 이는 사회적 네트워크의 구조 때문일 수 있는데, 긴밀한 관계인 친척들은 약한 뇌졸중에 '좀 더 두고 보자'는 반응을 보이지만 아무도 다수 의견에 반대하지 않는다는 증거가 있다. 반대로 직장 동료나 친척이 아닌 사람처럼 '약한 고리'는 좀 더 다양한 관점을 내놓아 증상을 더 빨리 지적하고 도움을 요청한다.[47]

그렇지만 질병 전파를 증폭하는 유형의 네트워크 구조가 사회적 전염에도 언제나 똑같은 효과가 있는 것은 아니다. 사회학자 데이먼 센톨라는 성관계 파트너를 통해 폭넓게 퍼진 HIV를 사례로 들었다. 만약 생물학적 전염과 사회적 전염이 똑같은 방식으로 작동한다면 에이즈를 예방하는 지식 역시 이 네트워크를 통해 폭넓게 퍼져야 했는데 그렇게 되지 않았다. 뭔가가 정보 전파를 늦춘 게 분명했다.

감염성 질병 아웃브레이크가 일어날 때 감염병은 보통 일련의 단독 접촉으로 퍼진다. 만약 누군가가 감염됐다면 보통 특정인에게서 옮은 것이다.[48] 사회적 전염은 언제나 그렇게 단순하지 않다. 다수가 그 행동을 하는 것을 목격한 뒤에야 시작할 수 있다. 이 경우에는 한 가지 확실한 전파 경로가 없다. 이는 '복합 전염'이라고 하는데, 여러 차례 노출되어야 전달되기 때문이다. 예를 들어, 크리스타키스와 파울러의 흡연 분석에서 사람들은 접촉자 여러 명이 함께 담배를 끊어야 자신도 끊을 가능성이 컸다. 연구자들은 운동과 건강 습관부터 혁신과 정치 행동 수용에 이르는 행동에서도 복합 전염을 확인했다. HIV 같은 병원체가 한 번의 장거리 접촉으로 퍼질 수 있는 반면 복합 전염은 다수가 전달해야 하며 연결고리 하나는 통과하지 못한다. 좁은 세상 네트워크가 질병을 퍼뜨리는 데는 일조할지 모르지만 바로 그 네트워크가 복합 전염 전파는 제한할 수 있다.

그럼 복합 전염은 왜 일어날까? 센톨라와 동료 마이클 메이시는 상황을 설명할 네 가지 과정을 제시했다. 첫째, 기존 참가자가 존재하는 뭔가에 합류하는 것이 이익이 될 수 있다. 사회 네트워크에서 시위에 이르기까지 새로운 아이디어는 흔히 이미 그것을 받아들인 사람이 많을 때 더 매력적이다. 둘째, 여러 번 노출되면 신뢰가 쌓일 수 있다. 사람들은 몇 군데 출처에서 확인받으면 더 잘 믿는 경향이 있다. 셋째, 아이디어는 사회적 정통성에 의존하기도 한다. 뭔가에 대해 아는 것과 다른 사람들이 그에 대해 행동하거나 행동하지 않는 모습을 보는 것은 똑같지 않다. 화재 경보를 생각해보자. 경보는 불이 났을지도 모른다는 신호를 보내는 동시에 모든 사람이 건물 밖으로 나가도 괜찮은 상황을 만든다. 1968년 있었던 한 고전적 실험에서는 학생들이 앉아서 공부하는 방 안에 천천히 가짜 연기를 흘려 넣었다.[49] 학생들만 있을 때는 보통 연기에 반응했다. 그런데 열심히 공부하는 척하는 배우들과 함께 있을 때는 학생들도 다른 사람이 반응하기만 기다리며 계속 공부했다. 마지막으로 감정적 증폭이라는 과정이 있다. 사람들이 모임에 집중할 때 특정 아이디어나 행동을 받아들일 가능성이 더 클 수 있다. 결혼식이나 콘서트 같은 모임에 따르는 집단 감정을 생각해보자.

복합 전염이라는 존재는 혁신이 퍼지는 원인을 우리가 재평가해야 할지도 모른다는 것을 뜻한다. 센톨라는 사람들이 여러 차례 자극을 받아야만 어떤 아이디어를 받아들인다면 직관적 접근법으로는 뭔가 유행하게 만들기가 어려울 수 있다고 주장했다. 예를 들어 혁신이 회사 안에 퍼지게 하려면 단순히 조직 안에서 소통을 늘리라고 권장하는 것만으로는 충분하지 않다. 복합 전염이 퍼지려면 아이디어를 사회적으로 강화하는 방식으로 소통이 다발적으로 이루어져야 한다. 팀원이 모두 새로운 행동을 하는 모습을 여러 차례 목격한다면 그걸 받아들일 가능성이 더 커질 수 있다. 이때 조직이 너무 폐쇄적이면 안 된다. 그러면 새로운 아이디어가 작은 집단 밖으로 퍼지지 않는다. 소통의 네트워크에는 균형이 필요하다. 작은 집단이 아이디어의 인큐베이터 역할을 하되 픽사처럼 여러 집단이 서로 겹치게 만들면 혁신이 좀 더 널리 퍼지는 데 유리하다.[50]

지난 10여 년 동안 사회적 전염이라는 과학에는 진전이 많았다. 하지만 아직도 알아내야 할 게 너무 많다. 특히 처음에 어떤 것이 전염성인지 알아내기가 힘들 때가 많기 때문이다. 우리는 사람들 행동을 대부분 일부러 바꿀 수 없으므로 크리스타키스와 파울러가 프레이밍햄 연구를 바탕으로 한 것처럼 관찰 데이터에 의존해야 한다. 그러나 다른 접근법이 떠오르고 있다. 연구자들은 사회적 전염을 조사하기 위해 점차 '자연스러운 실험'으로 눈을 돌리고 있다.[51] 행동의 변화를 일으키는 대신 자연스럽게 일어나기를 기다리는 것이다. 예를 들어 날씨가 나쁘면 오리건주에서 달리기를 하는 사람이 경로를 바꿀 수 있다고 하자. 만약 캘리포니아주에 있는 친구도 행동을 바꾼다면 사회적 전염 때문일 가능성이 있다. 사용자들을 서로 이어주는 사회 네트워크가 포함된 디지털 피트니스 트래커의 데이터를 분석한 MIT 연구진은 날씨가 정말로 전염 패턴을 드러낼 수 있다는 사실을 알아냈다. 어떤 사람은 다른 사람보다 달리기에 꽂힐 가능성이 더 크다. 5년 동안의 데이터를 분석한 결과 달리기를 별로 활발하게 하지 않는 사람이 더 활발하게 하는 사람에게 영향을 미치는 경향이 있었다. 그 반대는 그렇지 않았다. 이는 열심히 달리는 사람들이 자기보다 덜 활동적인 사람에게 따라잡히고 싶어 하지 않는다는 사실을 암시한다.

날씨처럼 행동에 슬쩍 영향을 주는 요소는 전염을 연구하는 데 유용한 도구다. 하지만 거기에도 한계가 있다. 비 오는 날은 누군가의 달리기 패턴을 바꿀 수 있지만 다른 행동, 즉 배우자 선택이나 정치적 관점 같은 좀 더 근본적인 행동에 영향을 줄 가능성은 작다. 에클스는 쉽게 변하는 것과 우리가 이상적으로 연구하고 싶은 것 사이에는 큰 틈새가 있다고 지적했다. "우리가 많은 관심을 보이는 수많은 행동은 사람들을 슬쩍 자극해 일으키기가 쉽지 않다."

———

2008년 11월, 캘리포니아 주민들은 투표로 동성결혼을 금지했다. 사전 여론조사에서는 찬성 쪽으로 기울었기 때문에 그 결과는 평등한 결혼을 주장하던 사람들에게 특히 충격으로 다가왔다. 그에 따른 설명과 해명이

수학자가 알려주는 전염의 원리

곧 나왔다. 데이브 플라이셔 로스앤젤레스 LGBT센터 소장은 그 결과에 대한 몇 가지 오해가 널리 퍼진다는 사실을 알아챘다. 하나는 금지에 투표한 사람들이 LGBT 공동체를 혐오해서 그랬다는 것이다. 플라이셔는 이 생각에 동의하지 않았다. "사전적 정의에 따르면 '혐오'는 극단적 반감이나 적의를 말한다." 플라이셔는 투표가 끝난 뒤 이렇게 썼다. "이는 우리에게 반대표를 던진 사람들 대부분을 설명하지 못한다."[52]

왜 그렇게 많은 사람이 동성결혼에 반대했는지 알아내기 위해 LGBT센터는 몇 년 동안 대면 인터뷰를 수천 건 진행했다. 이번에는 투표한 사람들 이야기를 듣는 데 주로 집중했다. 이른바 '심층 활동'이라는 방법이다.[53] 조사원들은 사람들에게 자기 삶을 이야기하라고 권하며 스스로 편견을 겪은 경험을 생각해보게 했다. 이 인터뷰를 진행하면서 LGBT센터는 심층 활동이 단순히 정보를 제공하는 데 그치지 않는다는 사실을 깨달았다. 유권자들의 태도가 바뀌는 것 같았다. 그렇다면 이것은 강력한 운동 방법이 될 터였다. 하지만 정말 겉보기만큼 효과가 있었을까?

사람들이 이성적이라면 새로운 정보를 접한 사람이 자기 신념을 바꿀 거라고 기대할 수 있다. 과학 연구에서는 이런 접근법을 '베이지안 추론'이라고 한다. 18세기 통계학자 토머스 베이즈의 이름을 딴 이 방법은 지식을 우리가 어느 정도 수준의 확신을 가진 믿음으로 취급한다. 예를 들어 여러분이 두 사람 관계를 심사숙고한 뒤 누군가와 결혼하기로 굳게 마음먹었다고 하자. 이런 상황에서 마음을 바꾸려면 아주 그럴듯한 이유가 있어야 한다. 그러나 그 관계에 완벽한 확신이 없다면 더 쉽게 결혼하지 않는 쪽으로 설득될 수 있다. 푹 빠진 사람에게는 사소해 보이는 문제여도 마음이 흔들리는 사람을 파경 쪽으로 기울어지게 하기에는 충분할 수 있다. 똑같은 논리를 다른 상황에도 적용할 수 있다. 믿음이 확고하다면 그 믿음을 넘어서는 데는 보통 강력한 증거가 필요하다. 처음부터 확신이 없다면 그다지 어렵지 않게 의견을 바꿀 수 있다. 그러므로 새로운 정보에 노출된 뒤 믿음은 두 가지에 따라 달라진다. 초기 믿음의 강력함과 새로운 증거의 강력함이다.[54] 이 개념이 베이지안 추론의 핵심이다. 이는 현대 통계학의 대부분을 이룬다.

사람들이 이런 식으로 정보를 흡수하지 않는다는 주장이 있다. 기존 견해와 어긋날 때 특히 더 그렇다. 2008년 정치과학자 브렌던 니한과 제이슨 라이플러는 설득이 '역화 효과backfire effect'를 겪을 수도 있다고 했다. 두 사람은 2003년 이전에는 이라크에 대량살상 무기가 없었다거나 조지 W. 부시 대통령의 감세 정책 이후 세수가 줄어들었다는 등 사람들에게 정치적 이데올로기와 충돌하는 정보를 제공했다. 그러나 설득되는 사람은 많지 않아 보였으며 심지어 어떤 사람들은 새로운 정보를 접한 뒤 기존의 믿음을 더욱 강화했다.[55] 심리학 연구에서는 오래전부터 비슷한 효과를 볼 수 있었다. 사람들이 어떤 것을 믿도록 설득하는 실험을 하면 그 사람들이 끝내 다른 것을 믿는 것이다.[56]

만약 역화 효과가 흔하다면 동성결혼 같은 문제에 대해 사람들이 생각을 바꾸도록 설득하려는 활동가들에게는 좋은 일이 아니다. 로스앤젤레스 LGBT센터는 효과가 있는 방법을 손에 넣었다고 판단했지만 제대로 평가할 필요가 있었다. 2013년 초 플라이셔는 컬럼비아대학교 정치과학자 도널드 그린과 점심식사를 같이했다. 그린은 플라이셔에게 마이클 라코어를 소개했다. UCLA 대학원생 라코어는 심층 활동의 효과를 시험하는 과학연구를 수행하는 데 동의했다. 목표는 무작위 대조 시험이었다.

라코어는 일련의 설문조사에 참가할 유권자들을 모집한 뒤 무작위로 집단을 나누었다. 일부는 활동가의 방문을 받았고 대조군 역할을 하는 다른 이들은 재활용에 대해 대화를 나누었다.

그 뒤 일어난 일은 믿음이 바뀌는 과정에 대해 많은 사실을 밝히게 된다. 다만 우리가 예상했던 방식과 사뭇 달랐다. 그것은 라코어가 몇몇 놀라운 발견을 알려왔을 때 시작됐다. 라코어의 시도는 인터뷰를 진행한 사람이 심층 활동 방법을 사용했을 때 동성결혼에 대한 인터뷰 대상자의 평균 지지도가 크게 높아졌다는 사실을 보였다. 더 좋은 점은 몇 달이 지난 뒤에도 그 새로운 믿음이 그대로인 경우가 많았다는 것이다. 이 믿음은 전염성도 있어서 인터뷰 대상자의 동거인에게까지 퍼졌다. 2014년 12월, 라코어와 그린은 학술지 〈사이언스〉에 결과를 발표해 언론의 큰 관심을 받았다. 작은 행동의 영향력이 클 수 있음을 보여주는 놀라운 연구처럼 보였다.[57]

얼마 뒤 버클리대학교 대학원생 두 사람이 이상한 점을 눈치챘다. 데이비드 브룩먼과 조슈아 칼라는 라코어의 인상적인 분석을 바탕으로 직접 연구를 수행하고 싶었다. "단연코 올해에 가장 중요한 논문이다." 〈사이언스〉의 논문이 나온 뒤 브룩먼은 한 기자에게 이렇게 말했다. 그러나 두 사람이 라코어의 데이터세트를 살펴보니 너무 깔끔해 보였다. 마치 데이터를 모았다기보다는 꾸며낸 것 같았다.[58] 2015년 5월, 둘은 그린에게 이 이야기를 했다. 의심을 받은 라코어는 데이터 조작을 부정했다. 며칠 뒤 그때까지 이 문제를 몰랐던 그린은 〈사이언스〉에 논문 철회를 요청했다. 정확히 어떻게 된 일인지는 확실하지 않았다. 하지만 라코어가 그 연구를 하지 않은 것은 분명했다.

이 추문은 로스앤젤레스 LGBT센터에 크나큰 실망을 주었다. "우리 모두 배에 세게 한 방 맞은 것 같았다." 문제가 터진 뒤 LGBT센터를 조직한 사람 중 하나인 로라 가디너는 이렇게 말했다.[59]

언론은 재빨리 초기 보도에 정정 기사를 덧붙였지만, 어쩌면 기자들은 물론 학술지도 처음에 좀 더 의심했어야 했다. "내가 흥미롭게 느끼는 것은 이 결과가 얼마나 뜻밖이고 전례가 없었는지 반복해서 강조했다는 사실이다." 논문이 철회된 뒤 통계학자 앤드루 겔먼은 이렇게 썼다. 겔먼은 심리학에서는 이런 일이 흔히 일어나는 듯이 보인다고 지적했다. "사람들은 어떤 결과가 정말로 놀라우면서도 완벽하게 말이 된다고 주장한다."[60] 역화 효과가 설득에 커다란 장애물이라는 점이 널리 알려졌는데도 연구 하나를 놓고 짧은 대화 한 번으로 그게 깨끗이 사라질 수 있다고 주장하는 것이다.

언론은 간결하면서도 직관에 반하는 통찰을 대단히 좋아한다. 그래서 연구자들은 '한 가지 간단한 아이디어'가 모든 것을 설명하는 결과를 홍보한다. 때로는 놀랍지만 간단한 결론에 대한 욕망 때문에 분명한 전문가가 자기 전문성에 반하는 일을 저지르기도 한다. 페이스북 광고팀에서 2년을 보낸 안토니오 가르시아 마르티네즈는 《카오스 멍키Chaos Monkeys》에서 그와 같은 상황을 회고했다. 사회적 영향에 대한 의미 있고 유념할 만한 통찰로 명성을 쌓은 선임급 매니저 이야기였는데, 안타깝게도 그의 주장은 바로 소속회사 데이터과학팀의 연구로 무너졌다. 엄밀히 분석하니 다른 결과가 나온 것이다.

현실에서 모든 상황에 적용되는 간단한 법칙을 찾기는 대단히 어렵다. 따라서 만약 유망한 이론이 있다면 거기에 맞지 않는 사례를 찾아야 한

수학자가 알려주는 전염의 원리

다. 한계가 어디이고 예외가 무엇인지 알아내야 한다. 아무리 널리 알려진 이론이라 해도 생각만큼 결정적이지 않을 수 있기 때문이다. 역화 효과를 생각해보자. 이 아이디어와 관련한 글을 읽은 시카고대학교 대학원생 토머스 우드와 에단 포터는 실제로 역화 효과가 얼마나 흔한지 알아보기로 했다. "역화 효과가 누구에게서나 관찰된다면 이것이 민주주의에서 지니는 의미는 무서울 것이다." 두 사람은 이렇게 썼다.[61] 니한과 라이플러가 세 가지 주요 오해에 초점을 맞추었다면, 우드와 포터는 참가자 8,100명을 대상으로 서른여섯 가지 믿음을 시험했다. 두 사람은 상대가 틀렸다고 설득하기는 어려워도 잘못된 점을 정정하려는 시도가 반드시 기존 믿음을 강하게 만드는 건 아니라는 사실을 알아냈다. 둘의 연구에서는 이라크에 대량살상 무기가 있다는 잘못된 주장 단 한 건만 정정이 역화 효과를 냈다. "대체로 시민들은 사실에 입각한 정보에 귀를 기울인다. 그런 정보가 자기 자신이 몰입한 당파와 이념에 도전할 때도 그렇다." 두 사람은 이렇게 결론지었다.

니한과 라이플러의 원래 연구에서도 역화 효과가 항상 일어나지는 않았다. 2004년 미국 대통령선거 유세 때 민주당은 당시 공화당 후보였던 조지 W. 부시가 줄기세포 연구를 금지했다고 주장했다. 그러나 실제로는 연구의 특정 측면에만 연구비 지원을 제한했다.[62] 니한과 라이플러가 진보주의자들을 대상으로 정확히 알려주었을 때 그 정보는 으레 무시당했지만 역화 효과는 생기지 않았다. "역화 효과를 발견한 것은 아주 놀라운 일이었기 때문에 주목을 많이 받았다." 훗날 니한은 이렇게 말했다.[63] "고무적이게도 그건 꽤 드물어 보였다."

니한과 라이플러, 우드와 포터는 그 뒤 함께 그 주제를 더 탐구했다. 예를 들어 그들은 2019년에 도널드 트럼프가 유세 연설 도중에 사실 확인 정보를 제공하자 트럼프의 특정 주장에 대한 사람들의 믿음이 바뀌었지만, 후보에 대한 전반적 의견은 바뀌지 않았다고 발표했다.[64] 사람들의 정치적 믿음에서 어떤 측면은 다른 것보다 더 바꾸기가 어려운 듯하다. "연구해야 할 게 참 많다." 니한은 말했다.

믿음을 연구할 때는 역화가 무엇인지도 신중히 접근할 필요가 있다. 니한은 역화 효과와 이른바 '불인정 편향disconfirmation bias'이라는 비슷한 심리적 기행을 혼동할 수 있다고 지적했다.[65] 불인정 편향은 기존 믿음과 일치하는 주장보다는 반대되는 주장을 더 면밀하게 확인하는 것을 말한다. 역화 효과가 사람들이 반대되는 주장을 무시하고 기존 믿음을 강화한다는 것을 의미한다면, 불인정 편향은 단순히 근거가 약한 주장으로 보고 무시하는 경향을 뜻한다.

이 차이는 미묘해 보일 수 있지만 사실 결정적이다. 역화 효과가 흔하다면 의견이 충돌하는 사람을 설득해서 태도를 바꾸게 할 수 없다는 것을 의미한다. 우리 주장이 아무리 설득력이 있다 해도 상대는 자기 믿음 속으로 더 깊이 파고들어갈 뿐이다. 토론은 의미가 없고 증거는 가치가 없다. 이와 달리 불인정 편향을 보인다면 충분히 설득력 있는 주장을 접할 경우 견해를 바꿀 수 있다는 뜻이다. 이쪽의 전망이 더 낙관적이다. 사람들을 설득하기는 여전히 어렵겠지만 해볼 만한 일이다.

우리가 주장을 어떻게 구성하고 제시하느냐에 많은 것이 달렸다. 2013년 영국은 동성결혼을 합법화했다. 당시 반대표를 던진 보수당 의원 존 랜달John Randall은 훗날 그 일을 후회한다고 밝혔다. 랜달은 사전에 의회에 있는 한 친구와 이야기를 나누었다면 좋았을 거라고 했다. 그 친구는 많

수학자가 알려주는 전염의 원리

은 사람을 놀라게 하면서 평등한 결혼에 찬성표를 던졌다. "그 친구가 내게 그건 자신에게는 아무런 영향을 미치지 않겠지만 많은 사람에게 엄청난 행복을 안겨준다고 말했다." 2017년 랜달은 이렇게 회고했다. "이는 내가 흠을 찾기 어려운 주장이다."[66]

안타깝게도 설득력 있게 주장하는 데는 중대한 장애물이 있다. 만약 우리 의견이 강하다면, 베이지안 추론은 우리가 그 의견을 지지하는 주장의 효과를 구별하려 애를 쓰게 된다. 여러분이 뭔가를 강력하게 믿는다고 하자. 정치적 태도나 영화와 관련한 의견 등 아무것이나 좋다. 만약 누군가가 여러분 믿음과 일치하는 증거를 제시한다면 이것이 설득력이 있든 약하든 상관없이 여러분은 그 뒤로 비슷한 의견을 믿는다. 이제 누가 여러분 믿음에 반하는 주장을 했다고 하자. 그 주장의 근거가 약하다면 여러분은 견해를 바꾸지 않을 것이다. 하지만 근거가 탄탄하다면 여러분은 생각을 바꿀지도 모른다. 베이지안 추론의 관점에서 보면 우리는 우리가 동의하지 않는 주장의 효과를 판단하는 데 서서히 나아지는 것이다.[67]

우리가 다른 주장을 생각해보기는 할 때 그렇다는 소리다. 몇 년 전 사회심리학자 매튜 파인버그와 롭 윌러는 사람들에게 정치적 견해가 다른 사람을 설득하는 주장을 생각해보라고 요청했다. 두 사람은 사람들이 설득하고자 하는 상대 입장보다는 자신의 도덕적 입장과 맞아떨어지는 주장을 사용한다는 사실을 알아냈다. 진보주의자는 평등과 사회정의 같은 가치를 호소했고, 보수주의자는 충성심과 권위 존중 같은 것에 근거해 주장했다. 익숙함에 근거를 두고 주장하는 것은 흔한 전략일 수 있지만 효과적이지는 않았다. 주장은 상대방의 도덕적 가치에 맞추었을 때 훨씬 더 설득력이 있었다. 이는 보수주의자를 설득하려면 애국심이나 공동체

주의 같은 사상에 집중하는 게 더 낫고, 진보주의자는 공정함을 증진하는 메시지에 더 잘 설득된다는 점을 시사한다.[68]

자기 입장을 뒷받침할 효과적인 주장을 찾아냈다 해도 설득 가능성을 높이기 위해 해야 할 일이 있다. 먼저 전달 방법이 중요하다. 예를 들어 이메일보다는 직접 만나 요청했을 때 설문조사에 응할 가능성이 훨씬 더 크다는 증거가 있다.[69] 다른 실험도 비슷한 결과에 도달했다. 전화나 우편, 온라인보다는 직접 대면했을 때 더 설득력이 있다는 것이다.[70]

메시지의 타이밍도 차이를 만들 수 있다. 노스이스턴대학교 심리학자 브리오니 스와이어 톰슨에 따르면, 아이디어가 시들어가는 과정을 생각하는 연구자가 많아지고 있다. "다른 사람 생각을 바꿔놓았다 해도 그것이 영구적이지는 않다는 개념이다." 2017년 스와이어 톰슨은 사람들에게 당근이 시력에 좋다거나 거짓말쟁이는 특정 방향으로 눈을 움직인다는 것 같은 몇몇 신화를 믿는지 묻는 실험을 했다.[71] 그 결과 잘못된 믿음을 고쳐주는 일은 가끔 가능하지만 그 효과가 반드시 지속되지는 않는다는 사실을 알아냈다. "정정을 받으면 처음에는 믿음이 약해질 수 있다. 하지만 시간이 지나면 초기 오해를 다시 믿게 된다." 스와이어 톰슨이 한 말이다. 한 번만 정정해주고 마는 것이 아니라 여러 차례 들으면 새로운 믿음이 더 오래 살아남으니 반복이 중요한 듯하다.[72]

다른 사람의 도덕적 입장에 대해 생각하고 얼굴을 맞대고 소통하며 바뀐 생각을 오래 유지하는 방법을 찾는 모든 것이 설득을 더 잘하는 데 도움이 될 수 있다. 마침 로스앤젤레스 LGBT센터가 주장했던 심층활동 접근법에도 이런 내용이 들어 있다. 여기서 다시 라코어와 그린의 의심스러운 논문 이야기가 나온다. 연구 논문은 2015년 철회됐지만 이야기는 거기서 끝나지 않았다. 그다음 해 원래 논문의 문제를 찾아낸 버클리 연구자 브룩먼과 칼라는 새로운 연구 결과를 발표했다.[73] 이 연구에서는 트랜스젠더의 권리를 다루었는데, 이번에는 데이터를 확실히 수집했다.

대조군의 결과와 심층 활동을 비교한 두 사람은 트랜스젠더의 권리에 대해 나눈 10분짜리 대화가 눈에 띌 정도로 선입견을 줄였다는 사실을 알아냈다. 활동가가 트랜스젠더인지 아닌지는 상관없었다. 유권자의 의견 변화는 그와 상관없이 이어졌다. 공격을 받아도 변한 믿음은 굳건해 보였다. 몇 주 뒤 연구자들은 사람들에게 근래의 정치 운동에서 나온 반(反)트랜스젠더 광고를 보여주었다. 처음에는 광고가 사람들 의견을 부정적으로 바꾸었지만 이 반전 효과는 곧 사라졌다.

연구가 완전히 투명하다는 사실을 보증하기 위해 브룩먼과 칼라는 분석에 쓰인 데이터와 코드를 전부 공개했다. 그 덕분에 학계의 꼴사나웠던 지난 몇 년은 낙관적으로 끝맺을 수 있었다. 올바른 접근법이 있다면 많은 사람이 깊이 물들었다고 생각했던 태도를 바꾸는 게 가능했다. 이 연구는 견해가 반드시 우리가 추측한 방식으로 퍼지지 않는다는 사실과 사람들이 우리 생각만큼 꽉 막히지 않았다는 사실을 보여주었다. 뚜렷한 적개심에 직면한다면 뭔가 새로운 것을 시도해서 얻을 게 많은 듯하다.

4장

폭력에 놓은 예방접종

"우리는 진짜 깡패 소굴 같은 곳에 있었다." 10년 동안 중앙과 동부 아
프리카에서 전염병에 대해 연구한 뒤 미국으로 돌아온 게리 슬럿킨은 나
이 든 부모님과 함께 있기 위해 시카고를 주거지로 선택했다. 하지만 시카
고의 넘치는 폭력 사건들을 보고 깜짝 놀랐다. 슬럿킨은 이렇게 말했다.
"온 사방이 폭력이었다. 빠져나갈 수 없었다. 그래서 사람들에게 무슨 대
책이 있느냐고 묻기 시작했다. 그런데 그 누가 어떤 일을 한다 해도 내게
는 말이 되어 보이지 않았다."[1]

　그때가 1994년이었다. 그 전해 시카고에서는 살인 사건이 800건 있었
는데 그중 62명은 집단 폭력 사건으로 목숨을 잃은 어린이였다. 20년이
지난 뒤에도 일리노이주에서 살인은 여전히 청소년의 주요 사망 원인이었
다.[2] 슬럿킨은 이런 위기가 닥친 이유를 영양과 직업에서 가족과 빈곤에
이르기까지 여러 가지로 들었다. 하지만 대책은 으레 처벌이 포함되는 몇
가지 방법으로 귀결되곤 했다. 슬럿킨이 보기에 폭력은 자신이 해결할 수
없는 문제였다. 슬럿킨은 훈련받은 의사로서 HIV/에이즈나 콜레라 같은
감염성 질병을 연구하며 비슷한 상황을 본 적이 있다. 때로는 어떤 상황
에 대한 생각이 몇 년씩 지지부진했다. 별로 효과도 없는 전략인데도 바
뀌지 않는 것이다.

　만약 폭력이 막힌 문제라면 새로운 생각이 필요했다. "처음부터 다시
생각해야 한다." 슬럿킨은 말했다. 그래서 공중보건 연구자라면 마땅히

해야 할 일을 했다. 지도와 그래프를 보고 질문을 던지며 폭력이 어떻게 일어나는지 이해하려 했다. 그러자 슬슬 익숙한 패턴이 눈에 들어왔다. "미국 도시의 살인 사건 지도에 나타난 군집화가 방글라데시의 콜레라 지도에서 본 것과 닮았다." 슬럿킨은 나중에 이렇게 기록했다.[3] "르완다에서 일어난 살인 아웃브레이크를 역사적으로 보여주는 그래프는 소말리아의 콜레라 그래프와 닮았다."

───

수산나 엘리는 물을 매일 배달받고 싶었다. 남편이 죽은 뒤 북적거리는 런던의 소호를 떠나 숲이 우거진 햄스테드로 이사 왔지만 여전히 도시의 펌프에서 퍼낸 물을 선호했다. 그 물이 더 맛이 좋다고 생각했다.

1854년 8월 어느 날, 이슬링턴이라는 이웃 동네에서 조카가 찾아왔다. 그로부터 일주일도 되지 않아 두 사람은 모두 죽었는데 범인은 설사와 구토를 유발하는 공격적 질병인 콜레라였다. 콜레라는 치료받지 않으면 증상이 심각한 사람 중 절반까지 목숨을 잃을 수 있다. 엘리가 콜레라로 죽은 그날 같은 병으로 127명이 더 죽었다. 대부분 소호에 사는 사람들이었다. 9월이 끝날 무렵 런던에서 이 아웃브레이크로 죽은 사람은 600명이 넘었다. 코흐의 세균 이론 연구가 있기 전인 이 시대에는 콜레라의 생리가 아직 수수께끼였다. "우리는 아무것도 모른다. 우리는 온갖 추측이 소용돌이치는 바다에 있다." 의학 저널 〈랜싯〉 창립자 토머스 웰클리는 아웃브레이크가 시작되기 한 해 전 이렇게 썼다. 사람들은

수학자가 알려주는 전염의 원리

슬슬 천연두나 홍역 같은 질병이 어떤 이유로 사람과 사람 사이에 퍼지며 전염된다는 사실을 깨달았지만 콜레라는 뭔가 달라 보였다. 대부분은 콜레라가 공기 중의 나쁜 냄새를 타고 퍼진다는 '독기설miasma theory'을 믿었다.[4]

그러나 존 스노는 그렇지 않았다. 18세 때 의료 견습생이었던 뉴캐슬 출신의 스노는 1831년 처음으로 콜레라 아웃브레이크를 조사했는데 그 당시에도 뭔가 이상한 패턴을 눈치챘다. 나쁜 공기 때문에 위험에 처해야 할 사람들은 병에 걸리지 않고 그렇지 않은 사람들이 병에 걸렸다. 스노는 런던으로 자리를 옮겨 유능한 마취의로 명성을 쌓았다. 스노의 환자 중에는 빅토리아여왕도 있었다. 1848년 런던에 콜레라 아웃브레이크가 일어나자 스노는 예전에 한 조사를 되살렸다. 누가 콜레라에 걸리고 언제부터 아팠을까? 발병 사례와 무엇이 관련되어 있을까? 다음 해 스노는 새로운 이론을 담은 논문을 발표했다. 콜레라는 오염된 물을 통해 한 사람에게서 다른 사람으로 퍼진다는 것이다.

스노는 환자들이 똑같은 수도회사의 물을 마셨다는 사실을 알아챘을 때 비로소 그런 깨달음을 얻었다. 정말 놀라운 통찰력이었다. 특히 스노는 콜레라라는 거대한 그림자를 드리운 것이 실제로 아주 작은 세균이라는 사실을 전혀 몰랐다. 1854년 소호 아웃브레이크는 스노의 이론과 잘 맞아떨어졌다. 그 지역 양조장에는 에일과 다른 데서 가져온 물을 마시는 일꾼들이 있었는데, 이들은 병에 걸리지 않았다. 그리고 소호에서 햄스테드로 물을 배달시켜 먹은 엘리와 그 조카는 병에 걸렸다. 아웃브레이크가 커지자 스노는 자신이 개입해야 할 때가 왔다고 생각했다. 소호 지역 공중보건은 현지 수호자위원회가 책임을 맡고 있었다. 스노는 초대받지도 않은 대책 회의에 나타나 자신의 주장을 제시했다. 위원회는 스노의 설명을 완전히 믿지는 않았지만 그래도 펌프 손잡이를 제거하기로 결정했다. 아웃브레이크는 얼마 뒤 끝났다.

3개월 뒤 스노는 이 이론을 좀 더 자세히 기술했는데 이 보고서에는 훗날 자신이 그린 그림 중 가장 유명해질 소호의 지도가 담겼다. 까만 사각형은 각각의 콜레라 감염 사례를 나타낸다. 사례는 펌프 근처 브로드가 주위에 모여 있었다. 그건 불필요한 부분과 혼동을 일으키는 내용을 생략한 추상화의 선구적 업적이었다. 말레비치와 몬드리안 같은 추상화

스노가 만든 업데이트된 소호의 콜레라 지도

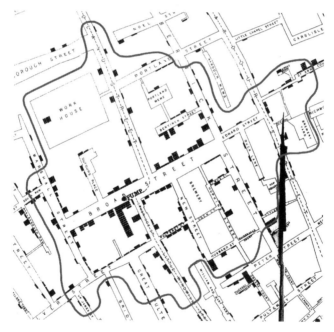

자료: 존 스노 아카이브 & 리서치 컴패니언. 오른쪽의 검은 표시는 원래 페이지에서 찢어진 부분이다.

수학자가 알려주는 전염의 원리

가가 현실성을 피하려고 네모 칸을 색색으로 칠한 반면 스노가 그린 형태는 콜레라에 초점을 맞추었다.[5] 스노의 사각형은 이전까지 보이지 않던 감염의 원천을 명확하게 드러냈다.

그러나 지도 하나만으로는 물이 원인이라는 분명한 증거가 되지 않았다. 콜레라 아웃브레이크가 브로드가 주변의 나쁜 공기 때문에 유행했다고 해도 패턴은 비슷했을 것이다. 그래서 스노는 결정적인 내용을 추가한 두 번째 지도를 만들었다. 사례를 표시하면서 각 펌프까지 걸어가는 데 얼마나 걸리는지 조사해 가장 가까운 펌프가 브로드가 펌프라는 것을 보여주는 선을 그렸다. 이 지도는 만약 펌프가 문제라면 어떤 지역이 가장 위험할지 보여주었다. 스노 이론이 예측한 대로 바로 그곳은 감염 사례가 가장 많이 나타난 지역이었다.

스노는 자신의 아이디어가 인정받는 모습을 보지 못하고 1858년 세상을 떠났다. 〈랜싯〉은 두 문장으로 된 부고를 실었지만 아웃브레이크 연구에 대한 언급은 없었다. 마치 지적인 독기처럼 나쁜 공기라는 개념은 의료계에서 계속 살아남았다.

마침내 콜레라가 전염병이라는 생각이 받아들여지기 시작했다. 1890년대 초까지 세균이 질병을 퍼뜨린다는 코흐의 의견을 받아들이게 됐다. 코흐는 1895년 실험동물에 콜레라를 감염시키는 데 성공했다.[6] 코흐의 공준이 옳았던 것이다. 그것은 세균이 콜레라를 일으키며 콜레라가 나쁜 공기 때문이 아니라 감염된 물을 통해 퍼진다는 설득력 있는 증거였다. 스노가 옳았다.

이제 우리는 감염성 질병을 볼 때 독기가 아닌 병원균을 생각한다. 그러나 슬럿킨은 폭력을 분석하는 데는 똑같은 진보를 하지 못했다고 주장했다. "우리는 너무 도덕주의에 빠져 있다. 누가 착한지, 누가 못됐는지." 슬럿킨은 많은 사회가 아주 징벌적이라고 지적했다. 수 세기 동안 폭력에 대한 태도는 별로 바뀌지 않았다는 것이다. "나는 정말로 과거에서 사는 것 같은 기분이 든다."

비록 생물학은 나쁜 공기라는 생각에서 벗어났지만 범죄를 둘러싼 논쟁은 여전히 나쁜 사람에게 초점을 맞춘다. 슬럿킨은 폭력에 전염성이 제한적으로 있다고 봤는데, 폭력이 질병보다 덜 직관적이라 생각했기 때문이다. "폭력과 관련해서는 현미경으로 다른 사람에게 보여줄 수 있는 보이지 않는 미생물도 없다." 그러나 슬럿킨에게 전염병과 폭력의 유사성은 명백해 보인다. "누군가에게 '폭력을 가장 크게 결정짓는 요소가 뭔가요? 폭력을 가장 잘 예측하는 게 뭔가요?'라고 물었을 때 깨달음을 얻은 기억이 있다. 답은 '과거의 폭력 사건'이었다." 슬럿킨이 생각하기에 그건 명백한 전염의 징후였다. 그래서 슬럿킨은 어쩌면 감염성 질병을 관리하는 데 쓰는 방법을 폭력에도 적용할 수 있지 않을까 하는 궁금증이 생겼다.

질병과 폭력의 아웃브레이크 사이에는 몇 가지 비슷한 점이 있다. 하나는 노출된 뒤 증상이 나타날 때까지 시간 지연이다. 감염과 마찬가지로 폭력도 잠복기가 있을 수 있다. 곧바로 증상이 나타나지는 않는다는 말이다. 때로는 폭력 사건이 곧바로 다른 폭력 사건으로 이어진다. 예를 들어 한 폭력단체가 다른 단체에 보복하기까지는 시간이 얼마 걸리지 않을

지도 모른다. 다른 경우에는 연쇄 효과가 나타나기까지 훨씬 더 오래 걸릴 수 있다. 1990년대 중반 역학자 샬롯 와츠는 WHO와 함께 여성을 향한 가정 폭력에 대해 대규모 연구를 시작했다.[7] 수학을 공부하다가 질병 연구로 바꿔 HIV에 집중하던 와츠는 여성을 향한 폭력이 질병 전파에 영향을 미친다는 사실을 알아챘다. 여성이 안전한 섹스를 하기 어렵게 만들었기 때문이다. 하지만 이는 그런 폭력이 얼마나 흔한지 아무도 모른다는 훨씬 더 큰 문제를 드러냈다. 와츠는 이렇게 말했다. "인구 집단 데이터가 필요하다는 데 모두 동의했다."[8]

WHO의 연구는 와츠와 동료들이 공중보건 분야의 아이디어를 가정 폭력 문제에 적용한 결과였다. "많은 기존 연구는 그걸 정치적 문제로 취급하거나 심리학적 폭력 충동에 초점을 맞추었다. 공중보건 분야 사람들은 이렇게 묻는다. '어떤 큰 그림을 그릴 수 있나? 그 증거가 개인과 인간관계, 공동체의 위험 요소에 대해 무엇을 알려주는가?'" 어떤 이들은 가정 폭력이 전적으로 맥락이나 문화에 따라 다르다고 주장하지만 반드시 그렇지는 않다. 와츠는 이렇게 말했다. "어린 시절 폭력에 노출된 경험처럼 시종일관 나타나는 정말 보편적인 요소가 몇몇 있다."

WHO의 연구에서 다룬 지역에서는 대개 여성 네 명 중 한 명이 과거에 파트너에게서 육체적으로 학대를 당한 경험이 있었다. 와츠는 폭력이 의학계에서 흔히 말하는 '용량-반응 효과dose-response effect'를 따른다는 사실을 알아챘다. 어떤 질병은 병에 걸릴 위험이 어떤 사람이 노출된 병원체의 용량에 따라 달라진다. 용량이 작으면 심각한 병에 걸릴 가능성이 작다. 인간관계에도 비슷한 효과가 있다는 증거가 있다. 만약 어떤 남자나 여자에게 폭력 행위와 관련된 이력이 있다면 앞으로 이 두 사람 관계에서 가정 폭력이 일어날 가능성이 커진다. 그리고 두 사람 모두 폭력 행위와 관련된 이력이 있다면 위험은 더욱 커진다. 폭력 행위와 관련된 이력이 있는 사람이 항상 미래에 폭력을 저지른다는 것은 아니다. 여러 감염병과 마찬가지로 폭력에 노출되는 경험이 항상 나중에 증상으로 나타나지는 않는다. 그러나 감염성 질병처럼 아웃브레이크 위험을 높일 수 있는 요인이 우리의 성장 배경에, 생활 습관에, 사회적 소통에 많이 있다.[9]

전염병 아웃브레이크의 눈에 띄는 다른 특징은 감염 사례가 짧은 기간에 특정 지역에서 집중적으로 발생하는 경향이 있다는 점이다. 발병 사례가 펌프 주변에 집중되어 있는 브로드가의 콜레라 아웃브레이크를 생각해보자. 폭력 행위를 관찰할 때도 비슷한 패턴을 찾을 수 있다. 수 세기 동안 사람들은 학교와 감옥, 공동체 같은 곳에서 국지적으로 군집을 이루어 발생하는 자해와 자살에 대해 이야기해왔다.[10] 그러나 자살의 군집화가 반드시 전염이 일어난다는 것을 뜻하지는 않는다.[11] 사회적 전염에서 보았듯이 사람들은 서로 달라도 똑같은 방식으로 행동할 수 있다. 가령 사람들의 환경에 공통적 특징이 있을 수도 있다. 이런 가능성을 배제하는 한 가지 방법은 주목할 만한 죽음의 여파를 관찰하는 것이다. 대중에 속한 개인은 유명한 사람의 자살 소식을 듣는 경우가 많지만 그 반대는 그렇게 많지 않다.

1974년, 데이비드 필립스는 자살의 언론 보도를 조사한 기념비적인 논문을 발표했다. 영국과 미국의 신문이 자살 기사를 1면에 다루었을 때 각 지역에서 그런 식으로 죽은 사람의 수가 곧바로 늘어난다는 내용이었다.[12] 이어진 연구도 언론 보도와 관련해 비슷한 패턴을 발견함으로써 자살이 번질 수 있다는 사실을 암시했다.[13] 이에 대응해 WHO는 책임 있는 자살 보도 준칙을 발표했다. 언론은 도움을 받을 수 있는 곳에 대한 정보를 제공하는 한편 선정적인 제목과 구체적인 자살 방법, 자살이 문제를 해결하는 방법이라는 암시를 담지 말아야 한다.

안타깝게도 언론은 종종 이런 준칙을 지키지 않는다. 컬럼비아대학교 연구진은 배우 로빈 윌리엄스가 극단적 선택을 한 이후 몇 달 동안 자살이 10% 늘어났다고 밝혔다.[14] 이들은 윌리엄스의 죽음을 보도한 많은 언론이 WHO 지침을 따르지 않았고 윌리엄스와 같은 방법으로 자살한 중년 남성이 가장 많이 늘어났다는 사실을 감안할 때 전염 효과가 있었을 수 있다고 지적했다. 총기 난사 사건에도 비슷한 효과가 있을 수 있다. 한 연구는 미국에서 총기 난사 사건이 열 건 일어날 때마다 사회적 전염의 결과로 총기 사건 두 건이 추가로 일어난다고 추정했다.[15]

그런 언론 보도 직후에는 종종 자살과 총기 난사 사건이 늘어나기 때문에 역학에서 '세대 기간generation time'이라고 하는 전염성 있는 한 사건과 다른 사건 사이의 지연이 비교적 짧다. 어떤 자살 군집은 몇 주 사이에 여러 명의 죽음을 초래했다. 1989년 펜실베이니아주의 한 고등학교에서 자살 아웃브레이크가 발생해 18일 만에 아홉 명이 자살을 시도했다. 만약 이런 사건이 전염의 결과였다면 몇몇 경우에는 세대 기간이 며칠에 불과했다.[16]

군집화는 다른 유형의 폭력에도 흔히 나타난다. 2015년 미국에서 일어난 총기 살인 사건의 1/4은 미국 전체 인구의 2%도 되지 않는 사람들이 사는 지역에 집중됐다.[17] 슬럿킨과 동료 연구자들이 폭력을 아웃브레이크로 보고 대처하기로 했을 때 목표로 삼은 곳도 이런 지역이었다. 이들은 초기 프로그램을 '발사 중지'라고 불렀다. 이는 훗날 '폭력 구제Cure

Violence'라는 이름의 더 큰 조직으로 발전한다. 초창기에는 정확히 어떤 접근법을 적용해야 할지 알아내는 데 시간이 한참 걸렸다. "우리는 단 하나라도 길거리로 가지고 나가기 전에 5년을 들여 전략을 개발했다." 슬럿킨은 말했다.

그 결과 '폭력을 치료하자'는 방식은 세 부분으로 나뉘었다. 첫째, 잠재적 갈등을 포착하면 개입해 폭력 전파를 멈출 '폭력 방지단'을 고용한다. 예를 들어 누군가 총을 맞고 입원한다면 방지단이 끼어들어 그 사람의 친구가 보복 공격을 하지 않도록 설득한다. 둘째, '폭력을 치료하자'는 폭력에 가장 많이 노출된 사람을 확인하고 사회활동가들을 활용해 그에게 태도와 행동을 바꾸도록 권유한다. 구직이나 약물 중독 치료 등을 돕는 일이 여기에 해당할 수 있다. 마지막으로 더욱 폭넓은 공동체 안에서 총기에 대한 사회 규범을 바꾸려 노력한다. 폭력 문화에 반대하는 다양한 목소리를 들려주자는 것이다.

방지단과 사회활동가는 폭력에 노출된 공동체 안에서 직접 영입한다. 일부는 전과자나 폭력조직 구성원이다. "우리는 그 인구집단에서 신뢰받는 사람을 활동가로 고용한다." '폭력 구제'의 과학 및 정책국장 찰리 랜스포드가 한 말이다. "사람들의 행동을 바꾸고 어떤 일을 하지 못하게 설득할 때는 그 사람들이 어디 출신인지 이해하면 도움이 된다. 그리고 그 사람들은 여러분을 이해한다고 느끼며 어쩌면 여러분을 알거나 여러분을 아는 사람을 알 수도 있다."[18] 이것은 감염성 질병 세계에서도 익숙한 아이디어다. HIV 예방 프로그램은 종종 전직 성노동자를 고용해 아직 고위험군에 있는 성노동자들이 행동을 바꾸도록 돕는다.[19]

최초의 '폭력 구제' 프로그램은 2000년 시카고의 웨스트가필드파크에서 출범했다. 왜 그곳으로 골랐을까? "그곳은 당시 미국에서 가장 폭력적인 순찰 구역이었다." 슬럿킨이 말했다. "많은 역학자가 그렇듯이 나도 언제나 이런 선입관이 있었다. 바로 전염병의 한가운데로 들어가야 한다는 것이다. 왜냐하면 시험하기에 가장 좋은 장소이고 가장 큰 영향력을 미칠 수 있기 때문이다." 프로그램을 시작하고 1년 뒤 웨스트가필드파크의 총격 사건은 약 2/3가 줄어들었다. 방지단이 한 사람에게서 다른 사람으로 이어지는 폭력의 사슬을 끊자 변화는 빨리 일어났다. 그러면 이 전파 사슬에는 어떤 특징이 있기에 그걸 방지할 수 있었을까?

───

2017년 5월의 어느 일요일 늦은 오후, 시카고 브라이튼파크 지역의 한 골목길에 폭력조직 구성원 두 명이 모습을 드러냈다. 이 둘은 공격용 소총을 가지고 있었다. 이들은 결국 열 명을 쏘았는데, 그중 두 명이 죽었다. 그날 오전에 있었던 폭력조직 관련 살인 사건에 대한 보복이었다.[20]

시카고의 총격 사건은 흔히 이런 식으로 이어진다. 예일대학교 사회학자 앤드루 파파크리스토스는 몇 년 동안 시카고의 총기 폭력 패턴을 연구했다. 시카고 토박이인 그는 총격 사건이 사회적 접촉과 엮인 경우가 빈번하다는 사실을 알아챘다. 희생자들은 으레 서로 아는 사이였고, 전에 함께 체포된 적이 있었다. 물론 단지 두 사람이 서로 알고 있고 총격 사건에 휘말렸다거나 하는 어떤 특징을 공유한다고 해서 전염이 일어났다는 뜻은 아닐 수 있다. 두 사람이 공유하는 환경 때문일 수도 있었고

사람들이 자기와 비슷한 사람과 엮이는(유유상종) 경향이 있기 때문일 수도 있었다.[21]

파파크리스토스와 동료 연구진은 사건을 더 깊이 조사하기 위해 시카고경찰국에서 2006년과 2014년 사이에 체포된 모든 사람의 데이터를 얻었다.[22] 모두 합하면 46만 2,000명이 넘는 사람의 데이터세트였다. 이 정보를 이용해 과거 동시에 체포된 사람들의 '공범 네트워크'를 그렸다. 상당수는 다른 사람과 함께 체포된 적이 없었지만 일련의 공범 사건으로 함께 이어질 수 있는 큰 집단이 있었다. 이 집단의 전체 규모는 13만 8,000명으로 그 데이터세트의 약 1/3에 달했다.

파파크리스토스의 연구진은 유유상종이나 환경 요인이 총격 사건에서 보이는 패턴을 설명할 수 있는지 확인하는 일부터 했다. 그 결과 그럴 가능성은 작았다. 많은 총격 사건은 유유상종이나 환경으로 설명할 수 없는 방식으로 이어져 전염 때문일 가능성을 암시했다. 연구진은 전염이 원인일 가능성이 큰 총격 사건을 확인하며 조심스럽게 한 총격 사건과 다음 총격 사건 사이의 전파 사슬을 재구성했다. 추정 결과 100명이 총에 맞을 때마다 전염으로 후속 공격이 63건 일어났다. 즉, 시카고의 총격 사건은 감염재생산수, 즉 R이 약 0.63이라는 말이다.

만약 R이 1보다 아래라면 설령 아웃브레이크가 일어나도 오래 지속되는 경우가 드물다는 뜻이다. 예일대학교 연구진은 시카고에서 일어난 총기 폭력 사건 아웃브레이크를 4,000건 이상 확인했지만 대부분 규모가 작았다. 대다수는 총격 한 번으로 끝났고 추가 전염은 없었다. 그러나 가끔 아웃브레이크가 훨씬 커질 때가 있었다. 한 아웃브레이크는 거의 500건이나 되는 서로 연관된 총격 사건으로 이루어져 있었다. 이렇게 아주

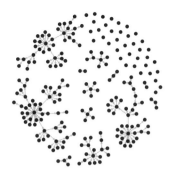

시카고의 폭력 전염 동역학을 바탕으로 만든 50건의 총격 아웃브레이크 시뮬레이션. 점은 총격 사건을, 회색 화살표는 후속 공격을 나타낸다. 몇몇 슈퍼 전파 사건이 있었지만 대부분 아웃브레이크는 총격 사건 한 건으로 끝나고 더 전파되지 않는다.

다양한 아웃브레이크의 규모를 보면 전파를 이끄는 것이 슈퍼 전파 사건이라는 생각이 든다. 나는 시카고에서 나온 아웃브레이크 데이터를 좀 더 면밀하게 분석한 뒤 총격 사건의 전파가 고도로 집중되어 있다고 추정했다. 총격 사건의 10% 미만이 최고 80%의 후속 공격으로 이어졌을 개연성이 있다.[23] 슈퍼 전파자에게서 비슷한 영향을 받을 수 있는 전염병 전파와 마찬가지로 총격 사건은 대부분 추가 전염으로 이어지지 않았다.

시카고의 전파 사슬은 전파 속도도 드러냈다. 한 총격과 다른 총격 사이의 세대 시간(살아있는 세균이 분열한 뒤 다시 분열할 때까지 걸리는 시간)은 평균 125일이었다. 2017년 5월에 있었던 브라이튼파크 공격처럼 극적인 보복 사건이 큰 주목을 받기는 해도 역사적으로는 느리게 타오르는 불화가 눈에 띄지 않고 지나가는 경우가 아주 많은 듯했다.

이런 총격 사건 네트워크는 '폭력 구제' 접근법이 가능한 이유를 설명하는 데 도움이 된다. 우리가 여하튼 그 네트워크를 연구할 수 있다는 사실부터 시작하자. 만약 아웃브레이크를 관리하고 싶다면 잠재적 전파 경로를 확인하는 것이 도움이 된다. 슬럿킨은 폭력 방지를 천연두 아웃브레이크를 관리하기 위해 사용한 방법과 비교했다. 1970년대에 천연두 박멸이 가까워질 때 역학자들은 감염의 마지막 불꽃 몇 개를 근절하려고 '포위 접종'이라는 방법을 썼다. 새로운 감염 사례가 나타나면 감염된 사람이 접촉했을 가능성이 있는 사람들, 예를 들어 가족 구성원이나 이웃 그리고 이들과 접촉한 사람들을 찾아냈다. 그리고 이 '포위망' 안에 있는 사람들에게 백신을 접종해 천연두 바이러스가 더 퍼지지 못하게 막았다.[24]

천연두에는 의료진에게 유리하게 작용했던 특징이 두 가지 있었다. 한 사람에게서 다른 사람에게 옮기려면 보통 상당히 긴 대면 접촉이 있어야 한다. 이는 의료진이 가장 위험에 처한 사람을 확인할 수 있었다는 뜻이다. 게다가 천연두의 세대 시간은 몇 주였다. 그래서 새로운 감염 사례가 나타나도 의료진이 더 많은 사례가 나타나기 전에 찾아가 백신을 접종할 시간이 충분했다. 총기 폭력 사건의 전파도 이런 특징을 공유한다. 폭력은 흔히 이미 알고 있는 사회적 고리를 통해 퍼진다. 그리고 한 사건과 다음 사건 사이의 간격이 방지단이 개입할 수 있을 정도로 충분히 넓다. 만약 총격 사건이 더 무작위로 일어났다면 혹은 그사이 간격이 항상 훨씬 더 좁았다면 폭력 방지는 그렇게 효과적이지 않았을 것이다.

미국국립사법연구소가 독자적으로 '폭력 구제'를 평가한 결과 프로그램을 도입한 지역에서 총격 사건이 상당히 많이 줄어들었다는 사실이 드러났다. 어떤 이유로 폭력이 이미 줄어들고 있었을 수도 있으므로 반폭력 프로그램의 정확한 영향을 평가하기는 쉽지 않다. 그러나 비교 대상인 시카고의 다른 지역에서는 폭력이 줄어들지 않아 '폭력 구제'가 실제로 여러 지역의 총격 사건을 줄이는 데 이바지했다고 할 수 있다. 2007년

'폭력 구제'는 볼티모어에서 활동을 시작했다. 훗날 존스홉킨스대학교 연구진은 결과를 평가하며 그 프로그램이 첫 2년 동안 총격 사건 35건과 살인 사건 5건 정도를 예방했을 것으로 추정했다. 다른 연구에서도 '폭력 구제' 방법을 도입한 뒤 비슷하게 줄어드는 것으로 나타났다.[25]

그럼에도 '폭력 구제' 접근법이 비판에서 자유로웠던 것은 아니다. 회의론은 대부분 기존의 접근법을 관장하는 측에서 흘러나왔다. 예전에는 시카고 경찰이 방지단의 협력이 부족하다고 불평한 적이 있다. 폭력 방지단이 다른 범죄로 기소된 사례도 있었다. 그건 프로그램이 경찰의 하위 분과가 아닌 위험에 처한 공동체에서 뽑은 방지단에 의존하는 한 피할 수 없는 과제였다.[26] 그리고 사회 변화에 걸리는 시간의 문제도 있었다. 보복 공격을 막는 것은 폭력에 즉각적 효과가 있지만 밑바닥에 깔린 사회문제를 해결하는 데는 몇 년이 걸릴 수 있었다.[27] 감염성 질병도 마찬가지여서 아웃브레이크를 막을 수는 있지만 애초에 아웃브레이크가 일어나게 만든 보건 시스템의 근본적 약점도 생각해야 한다.

'폭력 구제'는 시카고에서 한 초기 활동을 바탕으로 로스앤젤레스와 뉴욕을 포함한 미국의 다른 도시로 활동 범위를 넓혔을 뿐 아니라 이라크와 온두라스 같은 나라에서도 실시됐다. 공중보건식 접근은 스코틀랜드 글래스고의 '폭력축소단Violence Reduction Unit'에도 영감을 주었다. 2005년 글래스고는 유럽의 살인 수도라는 별명을 얻었다. 일주일에 칼부림 사건이 수십 건 일어났는데, 그중에는 사람들의 입을 귀까지 찢는, 일명 '글래스고 스마일'이라는 사건도 다수 있었다. 게다가 폭력은 경찰 통계보다 훨씬 더 넓게 퍼져 있었다. 스트라스클라이드 경찰의 정보분석과장 카린 맥클러스키는 경찰 기록을 살펴본 뒤 사건 대부분이 신고조차 되지 않

았음을 확인했다.[28]

맥클러스키의 권고에 따라 폭력축소단이 만들어졌고, 그가 10년 동안 수장을 맡았다. 그들은 폭력 확산과 맞서기 위해 '폭력 구제', '발사 중지 작전' 같은 미국의 프로젝트에 다양한 공중보건 아이디어를 더했다.[29] 여기에는 응급실을 감시하며 폭력 피해자의 혹시 모를 보복을 단념하게 하는 것 같은 방지 활동이 포함된다. 폭력조직 구성원이 교육을 받고 직장을 구하도록 돕는 한편 계속 조직에 남기를 원하는 사람들에게는 강경한 태도를 보이는 것도 있다. 더 장기적으로는 폭력이 다음 세대로 번지지 않도록 취약한 아동을 후원하는 방법도 있다. 폭력축소단이 해야 할 일은 훨씬 더 많지만 폭력 범죄가 크게 줄어들었으니 초반 결과는 희망적이라고 할 수 있다.[30]

2018년 이후 런던은 칼부림 범죄 '병'이라고 하는 현상과 맞서기 위해 비슷한 계획을 연구했다. 글래스고 사례처럼 성공하려면 경찰과 지역 공동체, 교사, 보건기관, 사회활동가, 언론 사이의 긴밀한 연결고리가 필요했다. 또 그 문제의 복잡하고 뿌리 깊은 특성을 생각하면 꾸준한 투자가 필요했다. 맥클러스키는 런던에서 프로젝트를 출범하기 직전에 〈인디펜던트〉에 이렇게 말했다.[31] "예방이라는 관점에서는 말보다 행동이 우선이고 그에 따른 대가가 금세 돌아오지 않을 수도 있다는 점을 이해하는 게 중요하다."

공중보건식 접근에 지속 가능한 투자를 하기는 어려울 수 있다. 다른 지역에서도 점점 인정받고 있지만 시카고의 원래 폭력 구제 프로그램도 지원금이 드문드문 들어왔고 몇 년에 걸쳐 깎인 적도 여러 번 있다. 슬럿킨은 여러 곳에서 폭력에 대한 태도가 바뀌었지만 기대한 만큼 되기는 쉽지 않다고 말했다. "절망스러울 정도로 느리다."

공중보건 분야에서 손꼽을 정도로 큰 과제는 사람들을 설득하는 것이다. 그건 단순히 기존 방법보다 새로운 접근법이 낫다는 점을 보여주느냐 아니냐는 문제가 아니다. 통계적 증거를 행동으로 옮기는 데 도움이 될 설득력 있는 주장을 제시하며 그 접근법을 옹호하는 게 중요하다.

공중보건에서 어떤 주장을 할 때 플로렌스 나이팅게일Florence Nightingale (1820~1910)처럼 효율적이었던 혹은 선구적이었던 사람은 없다. 스노가 소호에서 콜레라를 분석하는 동안 나이팅게일은 크림전쟁에서 싸우던 영국군을 습격한 질병을 조사했다. 1854년 후반 일군의 간호사를 이끌고 군병원에 도착한 나이팅게일은 병사들이 너무 빠른 속도로 죽어 나가는 현장을 목격했다. 병사들을 죽이는 건 전투만이 아니라 콜레라, 타이포이드, 발진티푸스, 이질 같은 감염병이었다. 1854년 한 해 동안 전투에서 죽은 병사보다 질병으로 죽은 병사가 8배나 더 많았을 정도로 감염병이 죽음을 일으키는 주요 원인이었다.[32]

나이팅게일은 형편없는 위생이 원인이라고 확신했다. 매일 밤 손에 등불을 들고 병동 벽도를 따라 6킬로미터 이상을 걸었다. 환자들은 더러운 매트리스에 누워 있었다. 밑으로 쥐가 숨어들고 사방의 벽은 흙먼지로 덮여 있었다. 나이팅게일은 "저들의 옷에는 종이 위에 있는 글자만큼이나 많은 이가 들끓고 있다"고 기록했다. 나이팅게일은 간호사들과 함께 병동을 깨끗하게 만드는 일에 착수했다. 침구와 환자복을 세탁하고 환자를 목욕시켰으며 벽을 닦아냈다. 1855년 3월, 영국 정부는 병원의 환경 문제를 다룰 위원회를 파견했다. 나이팅게일은 위생 문제에 집중하고 위원회는 건물을 수리해 환기와 하수 시스템을 개선했다.

이런 노력으로 나이팅게일은 고향에서 명성을 얻었다. 1856년 여름 영국으로 돌아온 직후 빅토리아여왕은 나이팅게일을 밸모럴성으로 초대해 크림전쟁에 대해 논의했다. 나이팅게일은 이 만남을 왕립위원회가 높은 사망률을 조사하도록 종용하는 기회로 활용했다. 그곳에서는 실제로 어떤 일이 일어났을까?

나이팅게일은 왕립위원회 활동에 이바지하는 한편 병원에서 얻은 데이터로 연구를 계속했다. 이 연구는 그해 가을 한 만찬에서 통계학자 윌리엄 파를 만나면서 속도가 붙었다. 상류층 출신인 나이팅게일의 이름에는 그가 어린 시절 토스카나에서 살았다는 의미가 담겨 있었다. 반면 시골 지역인 슈롭셔에서 가난하게 자란 파는 의학을 공부하다가 의료 통계 분야로 넘어왔다.[33]

1850년대의 인구 데이터에 대해서라면 파가 적임자였다. 그는 천연두 같은 아웃브레이크에 대한 연구 외에 출생과 죽음 같은 것들에 대한 데이터를 수집하는 최초의 국가 시스템을 만들었다. 그러나 이런 원본 통계 자료가 오해를 불러일으킬 수 있다는 점을 알아챘다. 특정 지역의 총사망자 수는 그곳 주민이 몇 명이냐에 따라 달라진다. 나이와 같은 요인도 있었다. 노인이 많은 마을에서는 젊은이가 많은 마을보다 해마다 사망자가 더 많이 나오게 마련이다. 파는 이 문제를 해결하기 위해 새로운 측정 방법을 개발했다. 총사망자 수를 연구하는 대신 나이와 같은 정보를 기록하며 1,000명당 사망률을 관찰했다. 이는 서로 다른 인구 집단을 공평하게 비교할 수 있다는 뜻이었다. "사망률은 사실이다. 그 이상의 것은 추측이다." 파는 이렇게 표현했다.[34]

나이팅게일은 파와 함께 이런 새로운 방법을 크림전쟁에서 얻은 데이터에 적용했다. 그리고 육군병원의 사망률이 영국 병원의 사망률보다 훨씬 더 높다는 사실을 보였다. 또한 1855년 보건위원회가 방문한 뒤 질병이 얼마나 줄어들었는지도 파악했다. 나이팅게일은 데이터를 표로 만들면서 빅토리아 시대 과학의 새로운 유행인 데이터 시각화를 충분히 활용했다. 경제학자, 지리학자, 공학자 등은 자기 연구를 더 이해하기 쉽도록 점차 결과를 그래프와 수치로 나타냈다. 나이팅게일은 이 기법을 받아들여 자신이 이끌어낸 핵심 결과를 막대그래프와 원그래프와 비슷한 수치로 나타냈다. 스노가 그린 지도처럼 이 시각화 자료는 불필요한 내용을 빼고 가장 중요한 패턴에만 초점을 맞추었다. 그 모습이 명확하고 기억하기 좋아 나이팅게일의 메시지가 퍼지는 데 도움이 됐다.

1858년 나이팅게일은 영국 육군의 보건 실태 분석 결과를 860쪽짜리 책으로 출간했다. 빅토리아여왕과 수상을 비롯해 신문사 편집장과 유럽 각국 수장들이 이 책을 받아보았다. 나이팅게일은 병원을 보든 공동체를 보든 질병에 대해 자연은 예측 가능한 법칙을 따른다고 생각했다. 그리고 크림전쟁 초기의 재앙 같았던 몇 달은 사람들이 이런 법칙을 무시했기 때문에 일어났다고 말했다. "자연은 어디서나 똑같다. 그리고 절대로 자신의 법칙을 무시하고도 무사하게 놓아두지 않는다." 나이팅게일은 그 문제를 일으킨 원인에 대해서도 생각이 확고했다. "크림전쟁에서 군대를 거의 무너뜨린 세 가지는 무지와 무능 그리고 쓸모없는 규칙이었다."[35]

파는 나이팅게일의 주장에 때때로 걱정스러워했다. 그래서 데이터가 아니라 메시지에 너무 과하게 집중하지 말라고 경고했다. "우리가 원하는 건 감상이 아닙니다." 파는 이렇게 말했다. "우리가 원하는 건 사실입니다."[36] 나이팅게일은 죽음의 원인을 설명하려고 했지만 파는 통계학자가 할 일은 이유를 추측하는 것이 아니라 단순히 일어난 일을 그대로 전하는 것이라고 생각했다. "당신은 보고서가 건조해질 거라고 불평하지요." 파는 나이팅게일에게 이렇게 말했다. "건조할수록 좋습니다. 통계학은 세상의 모든 글 중 가장 건조해야 합니다."

나이팅게일은 글을 이용해 변화를 추구했다. 하지만 단순한 작가가 될 생각은 결코 없었다. 1840년대에 나이팅게일이 간호사가 되기 위한 교육을 받겠다고 결심하자 부유하고 인맥이 풍부했던 가족은 깜짝 놀랐다. 가족은 나이팅게일이 좀 더 전통적인 아내와 엄마 역할에 따르기를 기대했다. 한 친구는 그렇게 살면서 계속 작가 경력을 추구할 수 있다고 말했지만 나이팅게일은 흥미를 보이지 않았다. "왜 내가 뭔가 쓰지 않느냐고 물었지? 나는 사람의 감정이 단어 속에서 낭비된다고 생각해. 감정은 모두 정수만 남아서 행동이, 결과를 가져올 행동이 되어야 해."[37] 나이팅게일은 이렇게 대답했다.

보건에 관해 행동은 좋은 증거에 근거를 두어야 한다. 오늘날 우리는 보건 상태가 얼마나 다양하게 변하는지, 왜 그런지, 그러면 어떻게 해야 하는지 보여주기 위해 일상적으로 데이터 분석을 이용한다. 이런 증거 기반 접근법은 대부분 파와 나이팅게일 같은 통계학자까지 거슬러 올라갈 수 있다. 나이팅게일이 보기에 사람들은 보통 무엇이 감염병을 억제하고 무엇이 그렇게 하지 못하는지 거의 이해하지 못했다. 어떤 경우에는 병원이 병에 걸릴 위험을 높일 수도 있었다. "인간의 고통을 줄이기 위해 생긴 이런 기관은 정말로 고통을 줄이는지 줄이지 못하는지 제대로 알지 못한다." 나이팅게일은 이렇게 표현했다.[38]

수학자가 알려주는 전염의 원리

나이팅게일의 연구는 통계학자 칼 피어슨을 포함한 당대 학자들에게서 높은 평가를 받았다. 대중의 마음속에서 나이팅게일은 '등불을 든 여인', 병사들을 돌보는 간호사였고 그 덕분에 사람들은 나이팅게일의 명분에 공감했다. 그러나 피어슨은 단순한 공감은 변화로 이어지지 않는다고 주장했다. 변화에는 관리와 행정에 대한 지식과 정보를 해석할 능력이 필요했다. 피어슨은 나이팅게일이 이 분야에서 월등하게 뛰어나다고 말했다. "나이팅게일은 통계적인 지식의 안내를 받을 때만 행정가가 성공할 수 있다고 생각했다. 그리고 평생 그런 믿음을 바탕으로 그 모든 활동을 해냈다."[39]

시카고대학교 공중보건 전문가 칼 벨에 따르면, 전염병을 막는 데는 세 가지가 필요하다. 바탕이 되는 근거, 수행 방법 그리고 정치적 의지다.[40] 그러나 총기 폭력에 대한 첫째 단계부터 힘들어 했다. 공중보건 문제에 대해서는 보통 앞장서는 CDC도 지난 20년 동안 그 문제는 거의 연구하지 않았다.

미국이 총기 문제에 대해서는 아주 유별난 곳이라는 데는 의심할 여지가 없다. 2010년에 미국의 젊은이는 다른 고소득 국가의 동년배와 비교할 때 총격을 받아 죽을 확률이 거의 50배 높았다. 언론은 공격 화기가 종종 등장하는 총기 난사 사건에 관심을 집중하는 경향이 있지만 총기로 생기는 사망 문제는 이보다 훨씬 더 널리 퍼져 있다. 2016년 4명 이상이 총에 맞은 것으로 정의한 총기 난사 사건은 미국의 총기 살인 사건에서

불과 3%였다.[41]

그런데 왜 CDC는 총격 사건에 대해 더 연구하지 않을까? 주요 이유는 1996년 디키 개정안(Dickey Amendment)에서 "CDC의 상해 예방 및 대책을 위한 예산은 총기 규제를 옹호하거나 권장하는 데 쓰여서는 안 된다"고 규정했기 때문이다. 공화당 의원 제이 디키의 이름을 딴 이 개정안은 미국의 총기 연구에 대한 일련의 논쟁에 이어 나왔다. 투표에 앞서 디키와 동료 의원들은 CDC의 국립상해예방및대책센터 소장 마크 로젠버그와 충돌했다. 이들은 한 화기위원회 공동 의장인 로젠버그가 총기를 '공중보건에 대한 위협'으로 보여주려 한다고 주장했다(이 문구는 총기 폭력에 대해 로젠버그를 인터뷰한 〈롤링스톤〉의 기자에게서 나왔다).[42]

로젠버그는 총기 연구와 교통사고 사망률 감소 분야에서 이룬 진전을 대조해 보였다. 이 비유는 훗날 버락 오바마가 대통령 재임 시절에 활용했다. "지난 30여 년 동안 많은 연구로 교통사고 사망률을 엄청나게 줄인 것처럼 총기 안전 문제도 더 많은 연구로 개선할 수 있습니다." 2016년 오바마는 이렇게 말했다. "우리는 자동차, 식품, 의약품, 심지어 장난감이라 해도 사람에게 해가 되면 더 안전하게 만들기 위해 연구합니다. 그런데 이거 아십니까? 연구, 과학, 이런 건 좋은 겁니다. 효과가 있거든요."[43]

자동차는 훨씬 더 안전해졌다. 그러나 산업계도 처음에는 자동차에 개선이 필요하다는 제안을 받아들이기를 꺼렸다. 1965년 랠프 네이더가 위험한 설계 결함의 증거를 제시한 저서 《아무리 느려도 안전하지 않다 Unsafe at Any Speed》를 내놓았을 때 자동차 회사들은 네이더의 평판을 깎아내리려고 했다. 사설탐정을 고용해 움직임을 추적했고 매춘부를 고용해 유혹하게 했다.[44] 발행인 리처드 그로스만조차 책의 메시지에는 회의적이었다.

그로스만은 판촉이 어려울 테고 아마도 별로 잘 팔리지 않을 거라고 생각했다. "그 책 내용이 전부 사실이고 저자 말처럼 모든 게 터무니없다 해도 사람들이 그걸 읽고 싶어 할까요?" 그로스만은 훗날 이렇게 회상했다.[45]

그렇지만 그로스만은 틀렸다. 이 책은 베스트셀러가 됐고, 도로 안전을 개선하라는 목소리가 커지더니 안전벨트, 급기야는 에어백과 잠김 방지 브레이크 같은 기능 추가로 이어졌다. 그렇지만 네이더의 책이 나오기에 앞서 증거가 쌓이는 데는 시간이 오래 걸렸다. 1930년대에 많은 전문가는 사고가 났을 때 안에 머무는 것보다 밖으로 튀어나오는 게 더 안전하다고 생각했다.[46] 수십 년 동안 자동차 제조사와 정치가들은 자동차 안전 연구에 그다지 관심이 없었지만 이 책 출간 이후 상황이 바뀌었다. 1965년에는 자동차로 160만 9,344킬로미터를 갈 때마다 죽을 확률이 5%였지만 2014년에는 이 수치가 1%로 떨어졌다.

2017년 세상을 떠나기 전 디키는 총기 연구에 대한 견해가 바뀌었음을 시사했다. CDC가 총기 폭력을 살펴볼 필요가 있다는 것이다. "우리는 이 문제를 정치에서 가져와 과학에 넘겨주어야 한다." 2015년 디키는 〈워싱턴포스트〉에 이렇게 말했다.[47] 충돌이 있었던 1996년 이듬해에 디키와 로젠버그는 여유를 갖고 상대 이야기를 듣고 총기 연구의 필요성에 대한 공통의 근거를 찾으며 친구가 됐다. "알아보기 전까지는 총기 폭력의 원인을 알 수 없다." 나중에 두 사람은 함께 의견을 적은 글에 이렇게 남겼다.

예산에 제한이 있었음에도 총기 폭력과 관련한 몇 가지 증거는 남았다. 디키 개정안이 나오기 전인 1990년대 초 CDC 예산을 받아 진행한 연구 결과 집 안에 총이 있으면 살인과 자살 위험이 크다는 사실이 드러났다. 미국 총기 사망 사건의 약 2/3가 자살이라는 점을 생각하면 후자가 특히 더 눈에 띄었다. 이 연구에 반대하는 이들은 설령 총이 없었다 해도 자살했을 거라고 주장했다.[48] 그러나 치명적인 무기를 쉽게 손에 넣을 수 있다면 이른바 충동적 결정을 내리는 데 차이가 있을 수 있다. 1998년 영국은 병으로 팔던 파라세타몰(타이레놀의 주성분으로 해열, 진통 작용을 한다_옮긴이)을 최대 32개까지 들어가는 플라스틱 포장으로 바꾸었다. 하나씩 꺼내 먹어야 하는 플라스틱 포장으로 바꾼 노력이 사람들을 억제한 듯이 보였다. 플라스틱 포장을 도입한 뒤 10년 동안 파라세타몰 남용으로 인한 사망은 약 40% 줄어들었다.[49]

위험이 어디 있는지 이해하지 못하면 대책을 마련하기도 무척 어렵다. 그래서 폭력에 대한 연구가 필요하다. 확실해 보이는 방법이 실제로는 효과가 거의 없을 때도 있다. 마찬가지로 폭력 구제처럼 기존 접근법과 다르지만 총기 관련 사망을 줄이는 정책이 있을 수도 있다. "자동차 사고와 마찬가지로 폭력도 인과관계의 세상에 있다." 2012년 디키와 로젠버그는 이렇게 썼다.[50] "비극적이지만 의미가 없지는 않은 사건의 원인을 연구함으로써 다른 사건을 예방할 수 있다."

우리가 이해해야 하는 건 총기 폭력만이 아니다. 지금까지 우리는 총격이나 가정 폭력처럼 빈번하게 일어나는 사건을 살펴보았다. 그건 연구할 데이터가 적어도 이론적으로는 아주 많다는 뜻이다. 그러나 때로는 일회성 사건으로 일어난 범죄와 폭력이 인구 집단 속으로 빠르게 퍼지면서 끔찍한 결과를 가져온다.

수학자가 알려주는 전염의 원리

2011년 8월 6일 토요일 저녁, 런던은 약탈과 방화, 폭력으로 얼룩진 5일 밤 이후 첫 번째 밤을 맞이했다. 이틀 전, 경찰은 북런던 토트넘에서 폭력조직의 일원으로 추정되는 자를 쏘아 죽였다. 이 사건이 촉발한 시위가 폭동으로 발전해 도시 전체로 퍼져나갔다. 버밍엄에서 맨체스터에 이르는 다른 영국 도시에서도 폭동이 일어났다.

범죄연구자 토비 데이비스는 그때 런던 브릭스턴 지구에서 살았다.[51] 폭동 첫날밤에는 폭력이 브릭스턴을 비켜갔지만 결국 가장 심한 피해를 받고 말았다. 폭동 이후 몇 달 동안 데이비스와 유니버시티칼리지런던 UCL 동료 연구진은 그런 무질서가 어떻게 커져나갔는지 조목조목 살펴보기로 했다.[52] 폭동이 시작된 과정과 이유를 설명하는 대신 일단 폭동이 시작된 뒤 어떤 일이 벌어졌는지에 초점을 맞춘 것이다. 연구진은 폭동을 세 가지 기본적 의사결정으로 나누어 분석했다. 첫 번째는 어떤 사람이 폭동에 참여할지 말지 결정하는 것이다. 연구진은 이것이 지역의 사회경제적 요인뿐만 아니라 근처에서 일어나는 일에 전염병과 아주 비슷한 영향을 받는다고 추측했다. 누군가 참여하기로 했다면 두 번째 결정은 폭동을 일으킬 장소와 관련이 있었다. 폭동과 약탈은 상당수가 상가 지역에서 집중적으로 일어나기 때문에 연구진은 쇼핑객이 그런 지역으로 흘러 들어가는 과정을 나타내는 기존 모형을 활용했다(몇몇 언론은 런던 폭동을 '과격한 쇼핑'이라고 묘사했다).[53] 마지막에는 어떤 사람이 폭동 지역에 도착한 뒤 체포될 가능성이 담겨 있다. 이는 데이비스가 '우세성outnumberedness'이라고 부르는 값, 즉 폭도와 경찰의 상대적인 수에 따라 다르다.

그 모형은 2011년 폭동 기간에 보였던, 브릭스턴에 집중된 것 같은 광범위한 패턴 몇 가지를 재현할 수 있었다. 하지만 이런 유형의 사건이 복잡하다는 사실 역시 보여주었다. 데이비스는 그 모형이 첫 번째 단계에 불과하다고 지적했다. 이 분야에서는 훨씬 더 많은 연구를 해야 한다는 것이다. UCL 연구진은 폭동 관련 불법 행위로 체포된 사람의 수에 대한 정보만 분석에 이용할 수 있었다. "알다시피 그건 아주 작고 편향된 부표본이다." 데이비스의 말이다. "누가 폭동에 관여할 수 있었는지 잡아내지 못한다." 2011년에는 폭도들이 예상보다 더 다양하기도 했고 오랜 지역 경쟁 구도를 넘어 집단을 이루었다. 그럼에도 모형의 장점 중 하나는 비정상적인 상황과 잠재적인 대응을 탐구할 수 있다는 것이다. 강도와 같은 빈번한 범죄는 경찰이 관리 대책을 도입하고 상황을 관찰하며 전략을 가다듬을 수 있다. 그러나 간간이 불꽃이 튀기는 드문 사건에는 이런 접근법이 가능하지 않다. 데이비스는 "경찰이 매일 훈련할 수 있을 정도로 폭동이 많이 일어나지는 않는다"라고 말했다.

폭동이 일어나려면 적어도 몇몇 사람이 가담할 의사를 밝혀야 한다. "혼자서는 폭동을 일으킬 수 없다." 범죄연구자 존 피츠의 표현처럼 "1인 폭동은 분풀이에 불과"하다.[54] 그러면 폭동이 한 명에서부터 커질 수 있을까? 1978년 마크 그래노베터는 이제는 고전이 됐지만 골칫거리가 생기는 과정을 다룬 연구 결과를 발표했다. 사람마다 폭동에 대해 서로 다른 역치를 가질 수 있다는 것이다. 과격한 사람은 다른 사람이 어떻게 하든 상관없이 폭동을 일으킬 수 있다. 반면, 보수적인 사람은 많은 사람이 폭동에 참여해야만 그럴 수 있다. 그래노베터는 한 예시로 광장에서 100명이 돌아다니는 상황을 제시했다. 한 사람은 역치가 0이다. 다른 사람들이 모두 가만히 있어도 그 사람은 폭동을(혹은 분풀이 하기) 일으킨다. 그다음 사람은 역치가 1이다. 따라서 적어도 다른 사람 한 명이 폭동을 일으켜야 함께한다. 그다음 사람은 역치가 2다. 이런 식으로 매번 역치가 1씩 늘어난다. 그래노베터는 이 상황이 필연적으로 도미노 현상으로 이어진다고 지적했다. 역치가 0인 사람이 폭동을 시작해 역치가 1인 사람을 자극하고, 이어서 역치가 2인 사람을 자극하는 식이다. 이 상황은 군중 모두가 폭동을 일으킬 때까지 이어진다.

하지만 상황이 살짝 다르다면 어떻게 될까? 역치가 1인 사람의 역치를 2로 바꾼다고 해보자. 이번에는 첫 번째 사람이 폭동을 일으켜도 자극을 받을 정도로 역치가 낮은 사람이 없다. 두 상황에서 군중은 거의 같지만 한 사람의 행동이 폭동과 분풀이의 차이를 만들어낸다. 그래노베터는 개인의 역치를 파업은 물론 함께 놀다 집에 가기 등 다른 형태의 집단행동에도 적용할 수 있다고 주장했다.[55]

집단행동은 대테러 활동과도 관련이 있을 수 있다. 잠재적 테러리스트는 기존의 위계질서 속으로 편입될까, 아니면 유기적으로 단체를 형성할까? 2016년 물리학자 닐 존슨은 이른바 이슬람국가[SIL]의 지지 세력이 온라인에서 어떻게 성장했는지 분석하는 연구를 이끌었다. 사회 네트워크에서 이루어진 논의를 꼼꼼히 살펴본 연구진은 지지자들이 점차 더 큰 집단으로 모여들다가 당국이 폐쇄하면 작은 집단으로 쪼개진다는 사실을 알아냈다. 존슨은 그 과정을 물고기 떼가 포식자 주위에서 쪼개졌다가 다시 모여드는 현상에 비유했다. 뚜렷한 집단으로 뭉쳤어도 이슬람국가 지지자들에게는 일관된 위계가 없어 보였다.[56] 세계적 폭동에 대한 이 연구에서 존슨과 동료 연구진은 테러 단체 내부의 이런 집단적 동역학이 소규모 공격보다 대규모 공격이 훨씬 더 적은 이유를 설명한다고 주장했다.[57]

이슬람국가의 활동에 대한 존슨의 연구는 극단주의의 생태계, 즉 집단이 어떻게 형성되고, 커지고, 흩어지는지 이해하려는 것이었지만 언론은 공격을 정확하게 예측할 수 있는지에 집중했다. 안타깝게도 그런 방법으로는 지금도 아마 예측할 수 없을 것이다. 하지만 적어도 밑바닥에 어떤 방법이 깔렸는지는 확인할 수 있었다. 극단주의를 연구하는 조지워싱턴대학교 연구원 J. M. 버거에 따르면 테러리즘을 이렇게 투명하게 분석한 결과는 보기 드물다. 그 연구 결과가 발표된 뒤 버거는 〈뉴욕타임스〉에 이렇게 말했다. "이 연구가 주장하는 바를 해낼 수 있다고 주장하는 기업은 많다. 그리고 내가 보기에 그런 기업의 상당수는 뱀기름을 파는 것 같다."[58](19세기 말~20세기 초 미국에서는 뱀기름이 약으로 팔렸다_옮긴이)

―――

예측하기는 어려운 일이다. 단순히 테러 공격 시기를 예측하는 데 그치는 것도 아니다. 정부는 테러에 쓰일 방법이 불러올 잠재적 충격도 고려해야 한다. 2001년 9·11공격 이후 몇 주 동안 미국 언론과 의회의 몇몇 사람은 독성을 띤 탄저균이 들어 있는 편지를 받았다. 그 결과 다섯 명이 목숨을 잃었으며 다른 바이오테러가 이어질지 모른다는 우려가 일었다.[59] 가장 큰 위협은 천연두였다. 자연에서는 박멸됐지만 미국과 러시아의 정부 실험실은 바이러스 샘플을 보관하고 있다. 만약 어딘가에 있는

수학자가 알려주는 전염의 원리

천연두 바이러스가 나쁜 사람 손에 들어간다면 어떻게 될까?

몇몇 연구진은 수학 모형을 이용해 테러리스트가 사람들 사이에 바이러스를 퍼뜨리면 어떻게 될지 예측하려고 시도했다. 대부분 사전 관리 대책이 없는 상황에서는 아웃브레이크가 빠르게 번진다는 결론을 내렸다. 얼마 뒤 미국 정부는 보건의료 종사자 50만 명에게 천연두 바이러스 백신을 접종하기로 했다. 이 계획에 다들 환영하지는 않았다. 2003년 말까지 백신 접종을 택한 종사자는 4만 명이 되지 않았다.

2006년 영국 보건예방국의 수학 모형 담당자 벤 쿠퍼는 천연두 위험을 평가하는 데 사용하는 접근법을 비판하는 내용의 주목할 만한 글을 썼다. 제목은 〈우둔한 모형과 급발진 결정〉이었다(제목인 'Poxy Models and Rash Decisions'에는 언어유희가 담겨 있다. pox는 천연두를 뜻하고 poxy는 하찮다는 뜻이다. rash는 성급하다는 뜻이지만 발진이라는 뜻도 있어 천연두에 걸렸을 때 나타나는 발진을 떠오르게 한다_옮긴이). 쿠퍼에 따르면 몇몇 모형은 의심스러운 가정을 포함했다. 그중에는 탁월한 사례가 하나 있다. 쿠퍼는 "CDC 모형이 접촉자 추적을 완전히 무시한 채 전염병이 억제되지 않고 계속 퍼진다면 감염 사례가 77조 건 생긴다고 예측했을 때 다들 눈썹을 치켜올렸다"라고 썼다. 당시 세계 인구가 70억 명이 채 되지 않았음에도 이 모형은 감염될 수 있는 사람 수가 무한하다고 가정한 것이었다. 즉, 전파가 무한정 이어진다는 뜻이었다. CDC 연구자들은 그것이 크게 단순화한 것이라고 인정했지만 아웃브레이크 연구에서 현실과 그렇게 크게 동떨어진 가정을 사용했다는 것은 괴상할 수밖에 없다.[60]

그렇지만 단순한 모형의 장점 가운데 하나는 틀렸을 때 그 이유를 알아채기 쉽다는 것이다. 그 모형의 유용성을 검토하기도 더 쉽다. 수학을 잘 모르는 사람이라도 그 가정이 결과에 어떤 영향을 미쳤는지 알 수 있다. 만약 연구자가 천연두 전파력이 높은 수준이고 감염 대상군의 수가 무제한이라고 가정하면 전염병이 비현실적으로 커질 수 있다는 것은 미적분을 몰라도 누구나 알아챌 수 있다.

서로 다른 수많은 특징과 가정이 끼어들어 모형이 점점 더 복잡해질수록 결함을 찾아내기는 어려워진다. 여기서 문제가 생기는데, 아무리 정교한 수학 모형이라도 난잡하고 복잡한 현실을 단순화했기 때문이다. 어린이용 기차 모형을 만드는 것과 비슷하다. 미니어처 신호기, 객차 수, 툭하면 연착하는 시간표 등 아무리 많은 특징을 추가한다고 해도 모형은 모형일 뿐이다. 진짜의 어떤 측면을 이해하는 데 이용할 수는 있지만, 모형이 실제 상황과 차이를 보이는 면은 언제나 있다. 게다가 특징을 추가한다 해도 반드시 우리에게 필요한 것을 나타내는 데 더 유리하다고는 할수 없다. 모형을 만들 때는 언제나 상세함과 정확함을 혼동할 위험이 있다. 기차 모형에서 정교하게 조각하고 색칠한 동물원 동물이 기차를 끌고 다닌다고 하자. 모형이 아주 상세할 수는 있지만 실물은 아니다.[61]

그 비평문에서 쿠퍼는 좀 더 상세한 다른 천연두 모형이 잠재적인 대규모 아웃브레이크에 대해 별다르지 않은 비관적 결론에 도달했다고 지적했다. 더 상세해지긴 했지만 다른 모형도 여전히 비현실적인 특징을 담고 있었다. 예를 들어 천연두 발진이 뚜렷하게 일어나기 전에 대부분 병이 전파된다고 가정했다. 실제 데이터에 따르면 전파는 대부분 발진이 나타난 뒤 일어난다. 그러면 감염된 사람을 찾아내기가 훨씬 더 쉬워진다. 그리고 광범위한 예방접종 대신 격리 조치로 전염병을 관리할 수 있다.

전염병에서 테러, 범죄에 이르기까지 예상은 당국이 계획을 세우고 자

수학자가 알려주는 전염의 원리

원을 배분하는 데 도움이 될 수 있다. 어떤 문제에 관심을 끌어모아 애초에 자원을 분배할 필요가 있다고 사람들을 설득하는 데도 도움이 된다. 그와 같은 분석 사례 중 눈에 띄는 것이 2014년 9월에 발표됐다. 서아프리카 몇몇 지역을 휩쓴 에볼라 유행이 한창일 때 CDC는 아무 변화가 없다면 다음 해 1월까지 감염 사례가 140만 건 발생할 거라고 발표했다.[62] 나이팅게일류의 홍보 활동으로 보면 아주 효율적인 메시지였다. 이 발표는 세계인의 주목을 받았고 광범위한 언론 보도를 이끌어냈다. 비슷한 시기 다른 몇몇 연구처럼 이 연구에서도 서아프리카의 전염병을 관리하기 위해 빠른 대응이 필요하다고 주장했다. 그러나 CDC의 예측은 곧 더 폭넓은 질병 연구 공동체의 비판을 받았다.

한 가지 문제는 분석 자체였다. 그런 수치를 도출해낸 CDC 연구진은 천연두를 예측했던 바로 그 사람들이었다. 이들은 비슷한 모형을 사용했고 감염 대상군 수에도 한계가 없었다. 만약 에볼라 모형을 1월이 아니라 2015년 4월까지 돌렸다면 향후 감염 사례가 3,000만 건 나오게 되어 있었다. 영향을 받은 나라의 인구를 모두 합한 것보다 훨씬 많은 수치였다.[63] 많은 연구자는 아주 단순한 모형으로 5개월 뒤 에볼라가 어떻게 퍼질지 예측하는 것이 적절한지 의문을 제기했다. 나도 그중 하나였다. 당시 나는 언론에 이렇게 말했다. "모형은 다음 달 정도에 에볼라가 퍼지는 양상에 대해 유용한 정보를 제공할 수 있습니다. 하지만 장기간 예상을 정확하게 하기는 거의 불가능합니다."[64]

분명히 밝혀두는데, 넓게 보면 CDC에도 아주 뛰어난 연구자가 있다. 그리고 에볼라 모형은 그곳에 있는 커다란 연구 공동체에서 나온 한 가지 결과물에 불과하다. 하지만 그건 주목할 만한 아웃브레이크 분석의 도출과 소통이라는 과제를 잘 보여준다. 잘못된 예측에서 생기는 문제 중 하나는 모형이 별로 유용하지 않다는 관념을 강화한다는 것이다. 만약 모형의 예상이 부정확하다면 논쟁은 계속된다. 그러면 사람들이 거기에 주목할 이유가 어디 있겠는가?

아웃브레이크를 예상할 때면 우리는 역설을 마주한다. 비관적인 일기예보는 폭풍 규모에 영향을 미치지 않지만 아웃브레이크 예측은 최종 감염 건수에 영향을 미칠 수 있다. 만약 어떤 모형에 따라 아웃브레이크가 진정한 위협이라고 주장하면 보건기관이 심각하게 대응할 수 있다. 그 결과 아웃브레이크를 통제하게 되면 그건 원래 예상이 틀리게 된다는 뜻이다. 따라서 쓸모없는 예상(예를 들어 절대 일어나지 않았을 일)을 하지 않고 보건기관이 개입하지 않았다면 현실이 됐을 유용한 예상을 혼동하기 쉽다. 다른 분야에서도 비슷한 상황이 나타날 수 있다. 2000년이 되기 전 각국 정부와 기업은 '밀레니엄 버그'에 맞서기 위해 세계적으로 수천억 달러를 썼다. 원래 초창기 컴퓨터에서 숫자를 생략해 저장 공간을 아끼기 위한 특징이었던 그 버그는 현대 컴퓨터 시스템까지 이어졌다. 문제를 해결하려고 노력한 덕분에 실제 피해는 많지 않았다. 그러자 많은 언론이 위험이 과장됐다며 불평했다.[65]

엄밀히 말해 CDC의 에볼라 예측은 실제 예상이 아니었으므로 이 문제를 피해 갔다. 그건 여러 시나리오 중 하나였다. 예상은 우리가 미래에 일어난다고 생각하는 일을 묘사하는 것이지만 시나리오는 특정한 가정 아래 어떤 일이 일어나는지를 보여준다. 1,400만 건이라는 예측은 전염병이 완전히 똑같은 비율로 번진다고 가정했을 때 이야기다. 만약 모형 안에 전염병 관리 대책이 있었다면 훨씬 더 적은 수치를 예측했을 것이다.

하지만 일단 수치는 눈에 띄면 머리에 깊이 박혀 그런 수치를 도출해낸 모형에 대한 회의론에 불을 지필 수 있다. "2014년 가을 CDC가 예측한 에볼라 감염 100만 건을 기억하자." 국경없는의사회 회장 조안 리우는 예상에 대해 쓴 2018년의 어떤 글에 대한 반응을 이렇게 SNS에 남겼다.[66] "모형에도 한계가 있다."

예측이 시나리오에 불과하다 해도 여전히 그것은 기준선을 암시한다. 만약 아무 변화가 없다면 그것이 일어날 일이라는 뜻이다. 2013~2016년 사이에 라이베리아, 시에라리온, 기니에서 에볼라 감염 사례가 거의 3만 건 나타났다. 서구 보건기관의 관리 대책을 도입한 것이 정말로 130만 건 이상의 사례를 예방했을까?[67]

공중보건 분야에서는 전염병 관리 대책을 종종 '펌프 손잡이 없애기'라고 한다. 스노의 콜레라 연구와 브로드가 펌프의 손잡이를 없앤 일에 경의를 표하는 것이다. 이 표현에는 딱 한 가지 문제가 있다. 1854년 9월 8일 손잡이를 제거했을 때 런던의 콜레라 아웃브레이크는 이미 감소 추세였다. 감염 위험이 있는 사람들은 이미 병에 걸렸거나 그 지역을 떠난 뒤였다. 엄밀하게 말하면 '펌프 손잡이 없애기'는 이론적으로는 유용하지만 너무 늦게 실행한 관리 대책을 일컬어야 한다.

2014년 말 대규모 에볼라 치료소가 몇 곳 문을 열었을 때쯤 아웃브레이크는 줄어드는 것까지는 아니라 해도 이미 느려지고 있었다.[68] 그러나 몇몇 지역에서는 관리 대책과 감염 사례 감소가 정말로 시기가 맞아떨어졌다. 그래서 이런 대책의 정확한 영향을 파악하기가 까다롭다. 대응팀은 흔히 감염자 접촉을 추적하고 행동을 바꾸도록 권장하는 것부터 치료소를 열고 사망자를 안전하게 매장하는 일까지 몇 가지 대책을 동시에 도입

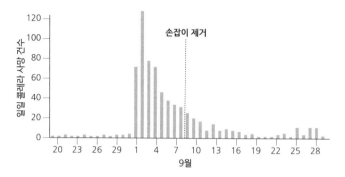

1854년 소호의 콜레라 아웃브레이크

한다. 국제적 노력의 실제 효과는 어땠을까?

우리 연구진은 에볼라 전파에 대한 수학 모형을 이용해 병상을 추가로 도입한—감염자를 공동체에서 분리함으로써 전파를 줄이는 역할을 한다—일이 2014년 9월에서 2015년 2월 사이에 시에라리온에서 약 6만 건의 에볼라 감염을 예방했다고 추정했다. 어떤 구역에서는 치료소 확대가 전체 아웃브레이크의 쇠퇴를 설명할 수 있다는 사실을 알아냈다. 또 어떤 지역에서는 공동체 안에서 전파가 추가로 줄어든 증거가 있었다. 이는 다른 현지 그리고 국제적 관리 노력이 반영된 것일 수도 있고, 어쩌면 어차피 일어나던 행동의 변화 때문일 수도 있었다.[69]

역사적으로 에볼라 아웃브레이크는 아웃브레이크 관리에 행동 변화가 얼마나 중요한지를 보여주었다. 1976년 자이르(지금의 콩고민주공화국)의 얌부쿠라는 마을에서 첫 번째 에볼라 아웃브레이크 보고 사례가 발생했을 때 현지의 한 작은 병원에서 감염의 불꽃이 일어나 공동체로 퍼져나갔다. 나와 동료 연구진은 원래 아웃브레이크 조사 기록 데이터를 바탕으로 공동체 안의 전파 속도가 아웃브레이크 발생 몇 주 뒤 급격히 떨어졌다고 추정했다.[70] 대부분 병원이 문을 닫고 국제구호팀이 도착하기 전에 줄어든 것이었다. "아웃브레이크가 계속 퍼지던 공동체는 각자 자신만의 사회적 거리두기를 개발했다." 조사에 참가한 역학자 데이비드 하이만은 이렇게 회고했다.[71] 2014년 말과 2015년 초에 있었던 에볼라에 대한 국제적 대응이 서아프리카에서 감염을 예방하는 데 도움이 됐다는 데는 의심할 여지가 없다. 그러나 동시에 외국 기관들은 그런 아웃브레이크 쇠퇴에 너무 큰 공로를 주장하는 데 신중해야 한다.

◼

예상에는 어려움이 따르지만 예상치를 요구하는 목소리는 크다. 우리가 다루는 게 감염성 질병의 전파든 범죄의 전파든 정부와 여러 기관은 향후 정책에 근거로 삼을 증거가 필요하다. 그렇다면 어떻게 해야 아웃브레이크를 더 잘 예상할 수 있을까?

일반적으로 예상과 관련된 문제는 모형 자체나 그 모형에 쓰이는 데이터 문제로 귀결될 수 있다. 경험으로 얻은 괜찮은 규칙 하나는 사용 가능한 데이터로 수학 모형을 설계해야 한다는 것이다. 예를 들어 서로 다른 전파 경로에 대한 데이터가 없다면 그 대신 전반적인 전파에 대해 단순하지만 그럴듯한 가정을 시도해야 한다. 이런 접근법은 모형을 해석하기 쉽게 만들 뿐만 아니라 알 수 없는 것을 더 쉽게 전달하게 해준다. 설령 모형에 익숙하지 않아도 사람들은 보이지 않는 가정이 가득한 복잡한 모형을 가지고 씨름하지 않고 핵심 과정에 집중할 수 있다.

내 분야 밖에서 나는 사람들이 보통 수학적 분석에 둘 중 한 가지 방식으로 반응한다는 사실을 알게 됐다. 첫 번째는 의심인데 이건 이해할 만하다. 만약 불투명하고 익숙하지 않은 것이 있다면 본능적으로 신뢰하지 않으며, 그 결과 분석을 무시한다. 두 번째 유형의 반응은 반대쪽 극단에 있다. 결과를 무시하는 대신 너무 과도하게 믿는 것인데, 불투명함과 어려움을 장점으로 본다. 나는 사람들이 어떤 수학 내용에 대해 아무도 이해할 수 없기 때문에 훌륭하다고 말하는 것을 가끔 들었다. 그 사람들이 보기에 복잡하다는 것은 똑똑하다는 뜻이다. 통계학자 조지 박스에 따르면 수학적 분석에 홀리는 건 관찰자만이 아니다. "통계학자는 마치 예술가처럼 자신이 만든 모형과 사랑에 빠지는 나쁜 버릇이 있다." 박스는 이렇게 말했다.[72]

우리는 분석에 투입하는 데이터에 대해서도 생각해볼 필요가 있다. 과학 실험과 달리 아웃브레이크는 일부러 일으키는 일이 드물다. 따라서 데이터가 지저분하고 빠진 데도 많을 수 있다. 지난 뒤 돌아보면 감염 건수가 올라갔다 내려가는 깔끔한 그래프를 그릴 수도 있지만 아웃브레이크 도중에 이런 정보를 얻는 일은 드물다. 예를 들어 2017년 12월 우리 연구진은 국경없는의사회와 함께 방글라데시 콕스바자르의 난민 캠프에서 일어난 디프테리아 아웃브레이크를 분석했다. 우리는 매일 새로운 데이터세트를 받았다. 새로운 감염 사례를 보고받는 데는 시간이 걸렸으므로 각 데이터에는 최신 사례가 몇 개씩 빠져 있었다. 만약 월요일에 누군가 병에 걸렸다면 그 사람은 수요일이나 목요일까지는 데이터에 나타나지 않았다. 전염병은 진행 중이었지만 이런 지연 때문에 거의 끝나는 것처럼 보였다.[73]

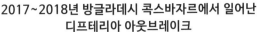

2017~2018년 방글라데시 콕스바자르에서 일어난 디프테리아 아웃브레이크

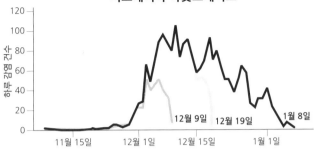

각 선은 해당일(12월 9일, 12월 19일, 1월 8일) 데이터베이스에 나타난 내용에 따른 새로운 감염 사례 건수를 나타낸다.
자료: Finger et al. (2019)

아웃브레이크 데이터를 믿을 수 없을 때도 있지만 그렇다고 해서 쓸 수 없는 것은 아니다. 그게 얼마나 불완전한지, 그에 따라 어떻게 조정할지만 알면 불완전한 데이터가 꼭 문제가 되지는 않는다. 예를 들어 여러분 시계가 한 시간 늦다고 치자. 여러분이 이 사실을 모른다면 아마 문제가 생길 것이다. 그러나 시계가 늦다는 사실을 알면 머릿속으로 계산해서 여전히 시간을 지킬 수 있다. 마찬가지로 아웃브레이크 도중 일어나는 지연 보고를 안다면 아웃브레이크 곡선을 해석하는 방식을 조정할 수 있다. 지금 그대로 상황을 이해하는 게 목적인 '현재 예보nowcasting'는 예상하기에 앞서 종종 필요할 때가 있다.

현재 예보 능력은 지연의 길이와 사용 가능한 데이터의 품질에 따라 달라진다. 많은 전염병 아웃브레이크는 몇 주에서 몇 달이 걸리지만, 다른 아웃브레이크는 훨씬 더 오래 이어질 수 있다. 미국에서 일어났던 약물 남용 사건을 보자. 헤로인 같은 불법 약물뿐 아니라 처방받은 진통제에 점점 더 많은 사람이 중독된 사건이다. 약물 남용은 현재 55세 이하 미국인의 주요 사망 원인이다. 이 사건으로 미국의 평균 기대 수명은 2015년에서 2018년 사이에 3년 연속 떨어졌다. 이런 일은 제2차 세계대전 때 마지막으로 일어났다. 이 위기의 몇몇 측면은 미국에만 국한됐지만 미국이 위험에 처한 유일한 지역은 아니다. 아편류 사용량은 영국, 호주, 캐나다 같은 곳에서도 증가해왔다.[74]

안타깝게도 약물 관련 죽음을 확인하는 데는 특히 시간이 오래 걸리기 때문에 약물 남용을 추적하기는 어렵다. 2018년 미국에서 일어난 약물 남용 사망 사례에 대한 임시 예측 결과는 2019년 7월이 될 때까지 공개되지 않았다.[75] 몇몇 국지적 데이터는 좀 더 빨리 활용할 수 있지만 전국적 위기의 그림을 그리는 데는 시간이 오래 걸릴 수 있다. "우리는 언제나 뒤를 돌아본다." 공공정책 연구 전문가 그룹 랜드연구소(미국의 대표적 싱크탱크의 하나_옮긴이)의 선임 경제학자 로잘리 리카르도 파큘라의 말이다. "우리는 곧이어 어떤 일이 일어날지 아는 능력이 그다지 뛰어나지 않다."[76]

미국의 약물 남용 위기는 21세기에 상당한 주목을 받았다. 그러나 피츠버그대학교의 하레 잘랄과 동료 연구진은 그 문제가 훨씬 더 과거로 거슬러 올라간다고 주장했다. 1979년에서 2016년 사이의 데이터를 조사하자 미국의 약물 남용으로 인한 사망자 수가 이 기간에 지수적으로 늘어난 것이다. 10년 동안 사망률이 두 배로 늘어났다.[77] 전국이 아닌 주 단위로 살펴보아도 여러 지역에서 똑같은 성장 패턴이 나타났다. 수십 년 동안 약물 사용 양상이 얼마나 많이 바뀌었을지를 감안하면 성장 패턴의 일관성은 놀라웠다. "적어도 38년 역사에 걸친 이 예측 가능한 성장 패턴은 현재의 아편 전염병이 오랫동안 진행 중이던 과정의 최근 징후일 수 있다는 사실을 암시한다." 연구자들은 이렇게 지적했다. "이 과정은 앞으로 몇 년 동안 이 경로를 따라 계속될지도 모른다."[78]

그러나 약물 남용으로 인한 사망은 그림 일부만 보여줄 뿐이다. 이 지경까지 이르게 된 경위는 알려주지 않는다. 어떤 사람의 초기 약물 오용은 몇 년 전 시작됐을 수도 있다. 이 시간 지연은 대부분 아웃브레이크 유형에서 나타난다. 사람들이 감염자와 접촉하면 보통 노출된 뒤 노출 결과가 나올 때까지 시간이 걸린다. 예를 들어 1976년 얌부쿠에서 에볼라 아웃브레이크가 일어났을 때 바이러스에 노출된 사람들이 병에 걸리는 데는 흔히 며칠이 걸렸다. 감염이 치명적이었을 경우 발병에서 죽음에 이르기까지는 일주일 정도 더 걸렸다. 발병을 보느냐 사망을 보느냐에 따라 우리는 아웃브레이크에 대한 두 가지 조금 다른 인상을 받는다. 만약 새로 발생하는 에볼라 환자에 집중했다면 우리는 얌부쿠 아웃브레이크가 6주 뒤 정점을 찍었다고 말했을 것이다. 사망에 근거한다면 정점을 그보다 일주일 뒤로 보았을 것이다.

두 가지 데이터세트 모두 유용하다. 하지만 그 둘이 완전히 똑같은 것을 나타내지는 않는다. 새로운 에볼라 감염 사례라는 항목은 감염 대상 군에게 어떤 일이 벌어지는지, 특히 얼마나 많은 사람이 감염되는지 알려준다. 반면 사망자 수는 이미 감염된 사람에게 어떤 일이 벌어지는지 보여준다. 첫 번째 정점 이후 두 곡선은 약 일주일 동안 정반대 방향으로 움직였다. 사망자가 계속 늘어나는 와중에 감염 건수는 떨어졌다.

파큘라에 따르면 약물 전염병도 비슷한 단계로 나뉠 수 있다. 아웃브레이크 초기 단계에는 새로운 사람이 약물에 노출되면서 약물 사용자 수

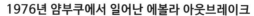

1976년 얌부쿠에서 일어난 에볼라 아웃브레이크

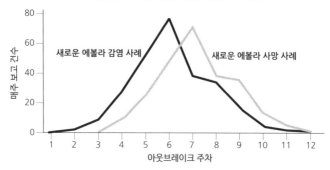

자료: Camacho et al. (2014)

가 늘어난다. 아편류는 흔히 처방을 받으면서 노출이 시작된다. 단순하게 약을 너무 많이 먹었다며 환자를 비난하거나 너무 많은 양을 처방했다고 의사를 비난하고 싶은 충동이 생길 수는 있다. 하지만 강력한 아편류를 의사에게 직접 판촉하는 제약회사도 고려해야 한다. 그리고 물리치료 같은 대체요법 대신 진통제에 투자할 가능성이 더 큰 보험회사도 있다. 비만과 사무실 근무가 많아지면서 그와 관련된 만성 질병이 늘어나는 현대인의 생활 양식도 한몫한다.

전염병 확산을 초기 단계에서 늦추는 가장 좋은 방법 중 하나는 감염 가능한 사람의 수를 줄이는 것이다. 약물의 경우 이는 교육과 의식 강화를 뜻한다. "교육은 아주 중요하고 아주 효과적이었다." 파큘라는 이렇게 말했다. 처음부터 약물 공급을 줄이는 전략도 도움이 된다. 아편 전염병에 연관된 약물의 수를 생각하면 어떤 특정 약품만 아니라 잠재적인 모든 노출 경로를 목표로 삼아야 한다는 뜻이다.

일단 새로운 약물 사용자 수가 정점에 이르면 우리는 약물 전염병의 중간 단계에 들어선다. 이 시점에는 약물 과용으로 진행 중일 수 있고, 또 처방을 더 받지 못하면 불법 약물에 손을 댈 가능성이 있는 기존 사용자가 아직 많다. 이 단계에서는 치료를 제공하고 과용을 예방하는 게 특히 효과적이다. 여기서 목표는 새로운 중독을 예방하는 데 그친다기보다는 전체적인 약물 사용자 수를 줄이는 것이다.

약물 전염병 마지막 단계에서는 새로운 사용자와 기존 사용자 수가 줄어든다. 하지만 과도한 사용자 집단은 그대로다. 이들은 가장 큰 위험에 처한 집단으로, 아편류 처방약에서 헤로인처럼 더 저렴한 약물로 전환했을 가능성이 있다.[79] 그러나 이 후기 단계에 이르면 불법 약물 시장을 단속한다고 될 일이 아니다. 중독의 밑바닥에 깔린 문제는 이보다 훨씬 더 깊고 넓다. 경찰청장 폴 셀의 표현처럼 "체포는 미국이 이 전염병에서 빠져나가는 방법이 아니다."[80] 약을 처방받지 못하게 막는다고 해서 될 일도 아니다. 파큘라는 이렇게 말했다. "중독이라는 문제가 있다. 그리고 그건 아편류만의 문제가 아니다. 약을 빼앗아가고 치료를 제공하지 않는다면 그건 근본적으로 다른 걸 사용하도록 권장하는 것과 다르지 않다." 파큘라는 약물 전염병에는 일련의 도미노 현상이 따른다는 사실을 지적했다. "아편류 오용 문제를 관리한다 해도 우리가 아직 대처를 시작하지도 못한 아주 걱정스러운 장기적 추세가 몇몇 있다." 그중 하나는 약물 사용자의 건강에 미치는 영향이다. 알약을 먹던 사람에게 약물을 주사하면 C형 간염이나 에이즈 같은 질병에 걸릴 위험에 놓인다. 그리고 약물 중독자가 많아지면 가정과 공동체 그리고 직장에 더욱 폭넓은 영향을 미치게 된다.

약물 전염병의 세 단계가 바뀔 때마다 각기 다른 관리 전략이 성공할지가 달라지기 때문에 현재 어떤 단계인지 파악하는 것이 대단히 중요하다. 이론적으로는 새로운 사용자와 기존 사용자, 과도한 사용자 수를 해마다 추정하면 알아낼 수 있어야 한다. 하지만 이 경우 처방과 불법 사용이 뒤섞여서 복잡하므로 조목조목 뜯어보기가 매우 어렵다. 응급실 방문 기록과 체포 뒤 약물 검사 결과처럼 일부 유용한 데이터도 있었지만 최근에는 이런 정보를 손에 넣기가 어려워졌다. 사용 가능한 데이터가 없다는 이유만으로 얌부쿠 에볼라 아웃브레이크 때처럼 약물 사용 단계를 보여주는 깔끔한 그래프를 그릴 수 없는 것이다. 아웃브레이크 분석에서 이건 흔한 문제다. 보고를 받지 못한 것은 당연히 분석하기가 어렵다.

━━

전염병 아웃브레이크 초기 단계에는 일반적으로 두 가지 주요 목표가 있다. 전파 과정을 이해하고 관리하는 것이다. 이 두 목표는 서로 밀접한 관련이 있다. 만약 어떤 것이 퍼지는 과정을 더 잘 이해하면 더 효율적인 관리 대책을 들고나올 수 있다. 고위험군을 목표로 삼아 개입할 수도 있고 전파 사슬에서 다른 약한 고리를 확인할 수도 있다.

그 반대 관계도 가능하다. 관리 대책이 질병 전파 이해도에 영향을 미칠 수 있다. 약물 사용이나 총기 폭력처럼 질병도 보건기관이 흔히 아웃브레이크를 보는 창문 역할을 한다. 보건 시스템이 약해지거나 과중한 부담을 지면 들어오는 데이터 품질이 영향을 받을 수 있다는 뜻이다. 2014년 8월 라이베리아의 에볼라 아웃브레이크 때 우리가 작업했던 한 데이터세트에 따르면, 수도 몬로비아에서 새로운 감염 건수가 안정되고 있었다. 처음에는 좋은 소식 같았다. 하지만 이내 우리는 실제로 어떤 상황인지 깨달았다. 그 데이터세트는 수용 한계에 도달한 치료소에서 들어왔다. 사례 보고가 정점에 이르지 않은 건 아웃브레이크가 느려졌기 때문이 아니라 치료소에서 환자를 더 받을 수 없어서 멈춘 것이었다.

범죄와 폭력의 세계에서는 이해와 관리 사이의 상호작용 역시 중요하다. 만약 범죄가 어디서 일어나는지 알고 싶다면 당국은 일반적으로 들어오는 보고에 의존해야 한다. 범죄를 예측하기 위해 모형을 사용한다면 이것이 문제를 일으킬 수 있다. 2016년 통계학자 크리스티안 럼과 정치학자 윌리엄 아이작은 보고가 예측에 영향을 줄 수 있다는 사례를 발표했다.[81] 두 사람은 캘리포니아 오클랜드의 약물 사용에 초점을 맞추었다. 일단 2010년에 약물로 체포된 사람에 대한 데이터를 수집해 미국에서 '예측 치안'에 널리 쓰이는 프레드폴PredPol 알고리즘에 넣었다. 그런 알고리즘은 본질적으로 통역기와 같다. 어떤 개인이나 장소에 대한 정보를 받아 범죄 위험도로 바꾸어준다. 프레드폴 개발자에 따르면 그 알고리즘은 세 가지 데이터만 사용해 예측한다고 했다. 과거에 일어난 범죄 유형, 일어난 장소, 일어난 시기가 그것이다. 결과가 직접 특정 집단에 불리한 쪽으로 치우치게 할 인종이나 젠더 같은 개인 정보는 포함하지 않는다고 명시되어 있다.

럼과 아이작은 프레드폴 알고리즘을 이용해 2011년 약물 관련 범죄가 어디서 일어날지 예측했다. 또 전국 약물사용 및 건강에 대한 조사National Survey on Drug Use and Health의 데이터를 이용해 그해에 실제로 일어난 약물 범죄의 분포를 보고가 올라오지 않은 것까지 포함해 계산했다. 만약 알고리즘의 예측이 정확하다면 실제로 범죄가 일어난 지역을 표시할 것으로 기대했다. 그런데 결과는 대부분 전에 체포가 있었던 지역을 나타내는 것 같았다. 두 사람은 이것이 범죄의 이해와 관리 사이에 되먹임 고리를 만들 수 있다고 지적했다. "이 예측은 경찰이 이미 잘 아는 지역을 과도하게 표시할 개연성이 크기 때문에 경찰이 똑같은 지역을 순찰하다가 새로운 범죄 활동을 목격해 범죄 활동의 분포에 대한 기존 믿음을 확고하게 굳힐 가능성이 점점 더 커진다."[82]

어떤 사람들은 경찰이 약물 범죄 예측에 프레드폴을 쓰지 않는다고 주장하며 이 분석을 비판했다. 그러나 럼은 예측 치안의 목적이 결정을 좀 더 객관적으로 만드는 것이기 때문에 이런 비판은 더 큰 핵심에서 벗어나게 한다고 말했다. "시스템에서 인간의 편향성을 제거하고 싶다는 주장이 함축되어 있다." 그러나 예측이 경찰의 기존 행동을 반영한다면 이런 편향성은 객관적으로 보이는 알고리즘 뒤에서 존속할 것이다. 럼은 이렇게 표현했다. "똑같은 행동을 해도 소수자가 체포될 가능성이 더 큰 똑같은 시스템으로 만든 데이터로 알고리즘을 훈련하면 똑같은 문제가 영속하게 할 뿐이다. 문제는 그대로 있는데 첨단 기술로 걸러냈을 뿐이다."

최후의, 그리고 아마도 가장 끈질긴 신화는 정확하게 예측하면 자동으로 범죄가 줄어든다는 것이다. "예측은 그 자체로는 그냥 예측일 뿐이다." 랜드연구소의 말이다.[83] "실제로 범죄가 줄어들려면 그런 예측에 기반해 행동해야 한다." 따라서 당국은 범죄를 관리하기 위해 단순한 예측보다는 개입과 예방에 초점을 맞춘다. 이는 다른 아웃브레이크도 마찬가지다. 영국의 의료 총책임자 크리스 휘티에 따르면 최고의 수학 모형은 반드시 미래 예상을 정확히 해내는 것일 필요가 없다. 중요한 건 우리 이해 속에 있는 틈을 드러낼 수 있는 분석이다. "수학 모형은 일반적 상식으로 예측할 수 없는 정책 결정의 영향을 확인할 때 가장 유용하다." 휘티는 주장했다. "핵심은 보통 모형이 '옳다'는 게 아니라 예측하지 못한 통찰을 제공한다는 것이다."[84]

2012년 시카고 경찰은 총격 사건에 연루될 수 있는 사람을 예측하기 위해 '전략적 대상자 목록SSL'을 도입했다. 시카고의 사회 네트워크와 총기 폭력에 대한 파파크리스토스의 연구에서 일부 영감을 얻은 계획이었다. 그러나 파파크리스토스는 SSL과 거리를 두었다.[85] 목록 자체는 특정 도시 거주민의 위험 점수를 계산하는 알고리즘에 바탕을 두었다. 개발자에 따르면 SSL은 명시적으로 젠더, 인종, 지역 같은 요인을 포함하지 않는다. 그러나 몇 년 동안이나 그 안에 어떤 정보가 들어가는지는 분명하지 않았다.

〈시카고 선타임스〉의 압박을 받은 시카고 경찰은 마침내 2017년 SSL 데이터를 공개했다. 데이터세트에는 알고리즘에 들어간 나이, 폭력조직 가입 여부, 체포 전력 같은 정보와 함께 그에 상응하는 위험 점수 계산 결과가 담겨 있었다. 연구자들은 그런 움직임에 긍정적이었다. "예측 치안 시스템의 기초가 되는 데이터를 대중에게 공개하는 건 놀라울 정도로 희귀하고 가치 있는 일이다." 사회정의단체 '업턴'의 회원 브리아나 포사다스는 이렇게 적었다.[86]

전체 SSL 데이터베이스에는 약 40만 명이 있다. 그중 거의 29만 명은 고위험군에 속한다. 알고리즘은 명시적으로는 인종을 입력받지 않았지만 인종 집단 사이에 눈에 띄는 차이가 있었다. 시카고의 20대 흑인 남성 절반 이상이 SSL 점수가 있었다. 백인 남성의 6%와 비교되는 수치다. 게다가 폭력 범죄와 뚜렷한 연관 관계가 없는 사람도 많았고 '고위험군'에 속한 약 9만 명은 체포되거나 범죄 피해자였던 적이 한 번도 없었다.[87]

이는 그런 점수를 무엇에 쓰냐는 의문을 불러일으킨다. 경찰이 폭력과 뚜렷한 연관성이 전혀 없는 사람들을 감시해야 할까? 파파크리스토스가 시카고에서 수행한 네트워크 연구가 가해자가 아니라 총기 폭력 피해자에 초점을 맞추었다는 사실을 떠올려보자. 그런 분석은 목숨을 구하는 게 목표였다. "경찰이 주도하는 계획의 내재적 문제는 그런 노력이 범죄자에게 집중되는 면이 있다는 것이다." 파파크리스토스는 2016년 이렇게 썼다. 범죄 예방에서 데이터의 역할이 있지만 그것이 오로지 경찰 업무에 대한 것일 필요는 없다는 게 파파크리스토스의 주장이다. "총격 사건의 피해자가 될 위험에 놓인 사람을 확인하기 위한 데이터 분석이 정말로 유망한 분야는 치안이라기보다 그보다 더 광범위한 공중보건의 접근법이다." 파파크리스토스는 피해자로 예견된 사람들이 사회운동가, 심리학자, 폭력 중재자 같은 이들에게 유익한 도움을 받을 수 있다고 주장했다.

성공적인 범죄 감소는 다양한 형태로 나타날 수 있다. 예를 들어 1980년 당시 서독은 오토바이 운전자의 헬멧 착용을 의무화했다. 이후 6년 동안 오토바이 절도는 2/3가 줄어들었다. 이유는 단순했는데 불편함 때문이었다. 이제는 순간적 충동으로 오토바이를 훔칠 수 없었다. 미리 계획을 세우고 헬멧을 가지고 다녀야 했다. 그보다 몇 년 전 네덜란드와 영국도 비슷한 법을 도입했다. 두 나라 역시 절도가 큰 폭으로 줄어들며 사회 규범이 범죄율에 영향을 줄 수 있다는 사실을 보여주었다.[88]

주변 환경이 범죄 양상을 바꿔놓는 현상으로 '깨진 창문' 이론이 가장 널리 알려져 있다. 제임스 윌슨과 조지 켈링이 1982년 제시한 이 아이디어는 깨진 창문 같은 약간의 무질서가 퍼져나가 더욱 심각한 범죄로 이어질 수 있다는 이론이다. 따라서 해결책은 공공질서를 복구하고 유지하는 것이다. 깨진 창문 이론은 경찰에게도 인지도를 얻었는데, 1990년대 뉴욕의 사례가 가장 주목할 만하다. 뉴욕은 지하철 무임승차 같은 사소한 범죄를 엄격하게 단속했다. 이 조치는 뉴욕의 범죄율이 큰 폭으로 떨어진 현상과 맞아떨어지면서 경범죄자를 체포하면 더 큰 범죄를 방지할 수 있다는 주장으로 이어졌다.[89]

깨진 창문 이론을 받아들이는 방식이 불편한 사람도 있었다. 그중 하나가 켈링 자신이었다. 켈링은 깨진 창문 이론의 원래 의미는 체포가 아니라 사회 질서에 있다고 지적했다. 그러나 공공질서의 정의는 관점에 따라 달라질 수 있다. 저 사람들은 빈둥거리는 걸까, 아니면 친구를 기다리는 걸까? 저 벽의 그림은 그래피티일까, 길거리 예술일까? 켈링은 경찰관에게 어떤 지역의 질서를 복구하라고 명령한다고 해서 되는 일이 아니라고 주장했다. "경찰이 정말로 질서를 유지하고 싶다면 이 질문에 만족스럽게 대답할 수 있어야 한다. '공공장소에서 노상방뇨하는 사람을 왜 누구는 체포하고 누구는 체포하지 않는가?'" 켈링은 2016년에 이렇게 말했다. "이 질문에 대답할 수 없다면, '그건 상식이잖아요'라고 대답한다면 아주아주 우려해야 한다."[90]

게다가 경범죄를 공격적으로 처벌하는 것이 1990년대 뉴욕에서 범죄가 줄어든 주요 원인인지는 분명하지 않다. 뉴욕의 범죄 감소가 깨진 창문 치안의 직접적 결과라는 증거는 거의 없다. 다른 치안 전략을 사용한 미국의 다른 여러 도시에서도 같은 기간에 범죄가 줄어들었다. 물론 이게 깨진 창문 치안이 효과가 없다는 뜻은 아니다. 그래피티나 널브러진 쇼핑 카트가 있으면 사람들이 쓰레기를 버리거나 가면 안 되는 길로 가는 일이 훨씬 더 많다는 증거가 있다.[91] 이는 사소한 무질서가 다른 경범죄에 불꽃을 튀길 수 있음을 시사한다. 그 반대로도 효과가 있는 것 같다. 쓰레기를 줍는 것처럼 질서를 복구하려는 시도가 있으면 다른 사람들도 자극을 받아 주변을 정리할 수 있다.[92] 그러나 그런 결과를 바탕으로 경범죄자 체포가 폭력 범죄를 큰 폭으로 줄일 수 있다는 결론을 끌어내는 건 상당한 비약이다.

그러면 범죄가 줄어든 이유는 무엇일까? 경제학자 스티븐 레빗은 1973년 이후 낙태를 더 쉽게 할 수 있었던 게 한몫했다고 주장했다. 이는 성장한 뒤 범죄에 연루될 가능성이 더 컸을 원치 않는 아이가 적게 태어났음을 뜻한다는 이론이다. 어떤 사람들은 20세기 중반 어린이들이 유연휘발유와 납페인트에 노출됐던 게 원인이라고 지목했다. 납에 일정 수준 이상 노출되면 이후 행동에 문제가 생긴다. 납 노출이 줄어들자 범죄도 감소했다는 것이다. 사실 최근에 재검토한 결과 학계에서 1990년대 미국의 범죄 감소에 대해 내놓은 설명은 모두 합해 24가지였다.[93] 이런 이론은 많은 관심과 비판을 끌었지만 관련 연구자는 모두 그게 복잡한 질문이라고 인정했다. 실제로는 범죄 감소가 복합적 요인의 결과일 가능성이 크다.[94]

이는 장기간에 걸쳐 일어나는 아웃브레이크에 흔히 나타나는 문제다. 만약 우리가 어떤 식으로든 개입한다면 효과가 있는지 확인하기 위해 오랜 시간 기다려야 할지도 모른다. 그러는 동안 다른 수많은 변화도 일어나 우리의 개입이 얼마나 효과가 있었는지 정확히 측정하기가 어려워진다. 이와 비슷하게 폭력 사건도 장기간에 걸친 해악을 조사하는 것보다 즉각적 효과에 초점을 맞추는 게 더 쉽다. 와츠는 가정 폭력이 세대에 걸쳐 전달될 수 있다고 지적했다. 폭력에 영향을 받은 아이들이 성인이 되어 폭력에 연루되는 것이다. 그러나 개입에 대한 논의에서 이런 아이들은 종종 잊힌다. 와츠는 "가정 폭력이 일어나는 집안에서 자란 아이들을 지원하는 일을 생각해야 한다"라고 말했다.

그에 걸리는 시간 때문에 역사적으로 세대 간 전파를 분석하는 일은 항상 어려웠다.[95] 여기서 역학자 멜리사 트레이시는 공중보건의 접근법이 도움이 된다고 주장한다. 장기간의 조건을 분석하는 데 경험이 있는 연구자들이 있기 때문이다. "그게 생애과정 관점(사람들의 삶을 구조적·사회적·문화적 맥락에서 분석하는 접근법_옮긴이)을 가져오는 역학의 힘이다."

공중보건의 접근법을 이용한 범죄 예방은 미국과 다른 어느 곳에서도 비용 대비 효과가 아주 크다. 한 연구에서 미국의 평균적 살인에서 비롯한 사회적·경제적·사법적 결과를 모두 합했더니 한 건당 비용이 1,000만 달러가 넘었다.[96] 문제는 가장 효율적이라 해도 사람들이 가장 편안하게 느끼는 해결책은 아닐 수 있다는 점이다. 우리는 나쁜 사람에게 벌주는 기분을 느끼고 싶은 걸까, 아니면 범죄가 줄어들기를 원하는 걸까? "행동 변화에 대해서라면 위협과 처벌은 그다지 효과적이지 않다." 폭력 구제의 찰리 랜스포드는 이렇게 말했다. 비록 처벌이 어느 정도 영향을 주지만 일반적으로 다른 접근법이 효과가 더 좋다고 랜스포드는 주장한다. "사람의 행동을 바꾸는 데 궁극적으로 가장 중요한 건 앉아서 그 사람 이야기를 들으려는 것이다. 끝까지 듣고 그 사람이 모든 불만을 토로하게 해주고 진정으로 이해하려고 노력하는 것이다." 랜스포드의 말이다. "그리고 더 건전한 행동으로 이끌려고 노력해야 한다."

폭력 구제와 같은 계획은 역사적으로 대면 소통에 초점을 맞추었다. 그러나 온라인 접촉도 나날이 폭력 전파에 영향을 미친다. 랜스포드는 이렇게 말했다. "환경이 변했다. 그에 맞추어 변해야 한다. 요즘 우리는 소셜 미디어를 샅샅이 훑으며 반응해야 할 필요가 있는 갈등을 찾는 데 특화된 활동가를 고용하고 있다."

범죄와 폭력에 대처할 때는 사람들이 어떻게 서로 이어졌는지 이해하는 게 도움이 된다. 아웃브레이크도 마찬가지다. 우리는 현실 세계의 접촉이 흡연과 하품에서 감염성 질병과 혁신에 이르기까지 여러 전염을 어떻게 촉진했는지 살펴보았다. 그러나 온라인의 영향력이 대면 접촉과 반드시 똑같은 것은 아니다. "폭력을 수용하는 관점이 전염된다면 온라인 영향력의 범위가 훨씬 더 넓을지도 모른다. 하지만 행동에 나서는 사람의 수는 더 적을 수 있다." 와츠는 말했다.

그건 수많은 산업계가 흥미를 갖는 문제다. 그러나 일반적으로 산업계는 전염을 관리하는 데 그다지 관심이 없다. 온라인 아웃브레이크에 대해서라면 사람들은 정반대 이유로 전파에 관심을 둔다. 널리 퍼지게 하고 싶은 것이다.

5장

인플루언서, 슈퍼 전파자, 가짜 뉴스

"귀하의 나이키 주문이 취소됐습니다." 이메일에는 이렇게 쓰여 있었다. 2001년 1월 조나 페레티는 맞춤형 운동화를 주문하려고 했다. 문제는 페레티가 요청한 이름이었다. 회사에 항의하는 뜻에서 페레티는 운동화에 '노동 착취'라는 단어를 새겨달라고 요청했다.[1]

당시 MIT 미디어랩 대학원생이었던 페레티는 나이키 측과 여러 차례 이메일을 주고받았다. 회사는 '부적절한 단어' 때문에 주문을 받을 수 없다고 되풀이했다. 회사를 설득하지 못한 페레티는 주고받은 이메일을 친구 몇 명에게 전달했다. 그중 여러 명이 각자 자기 친구들에게 전달하고, 그 친구들이 또 전달하고, 그 친구들이 또…. 며칠 만에 그 메시지는 수천 명에게 퍼졌다. 곧 이 이야기는 언론의 귀에 들어갔다. 2월 말이 되자 그 이메일은 〈가디언〉과 〈월스트리트저널〉에 기사로 실렸고 NBC는 페레티를 〈투데이쇼〉에 초청해 나이키 대변인과 그 문제를 놓고 논쟁하게 했다. 3월에는 다른 나라까지 번져 결국 유럽의 몇몇 신문에도 실렸다. 전부 이메일 한 통에서 비롯한 일이었다. 나중에 페레티는 이렇게 썼다. "언론이 나와 나이키의 싸움을 다윗 대 골리앗 이야기로 비유했지만 사실은 매스미디어를 활용할 수 있는 나이키 같은 기업 대 고작 마이크로미디어밖에 쓸 수 없는 인터넷 시민 네트워크의 싸움이다."[2]

그 이메일은 놀라울 정도로 멀리 퍼졌다. 하지만 만약 그게 전부 요행이었다면? 페레티의 친구이자 동료 박사과정 학생 캐머런 말로는 그렇게 생각한 듯했다. 훗날 페이스북 수석 데이터과학자가 된 말로는 한 사람이 그렇게 의도적으로 무언가를 퍼뜨릴 수 있다고 생각하지 않았다. 그러나 페레티는 자신이 다시 그렇게 할 수 있다고 여겼다. 나이키와 이메일을 주고받은 사건 직후 페레티는 뉴욕의 멀티미디어 비영리단체 아이빔으로부터 일자리를 제안받았다. 페레티는 결국 아이빔에서 '미디어전염연구소'를 이끌며 온라인 콘텐츠에 대한 실험을 한다. 무엇 때문에 전염성이 생기고 계속 퍼져나가는지 알아내고 싶었다.

그 후 몇 년 동안 페레티는 온라인에서 유명해지는 데 중요한 특징을 조합했다. 새로 나오는 기사를 보면 웹사이트에 트래픽을 얼마나 유발하는지, 대립하는 화제가 어떻게 더 노출되며, 끊임없이 바뀌는 콘텐츠가 어떻게 사용자를 계속 돌아오게 하는지. 페레티의 연구진은 선구적으로 다른 사람의 블로그 포스트를 공유하게 해주는 '리블로그' 기능을 시도하기도 했다. 이는 훗날 소셜 미디어에서 어떤 것이 퍼져나가는 근간이 된다. ('리트윗' 기능이 없는 트위터나 '공유'가 없는 페이스북이 어떤 모습일지 상상해보라.) 페레티는 마침내 언론계로 자리를 옮겨 〈허핑턴포스트〉를 만드는 일에 참여했지만 전염에 대해 연구했던 초창기 경험은 계속 마음속에 남아 있었다. 그리고 결국 아이빔의 옛 상사에게 새로운 미디어 회사를 만들자고 제안했다. 유명세에 대한 두 사람의 이해를 거시적 규모에서 적용하는 전염에 특화된 회사 말이다. 끊임없이 흘러나오는 바이럴 콘텐츠를 모아보자는 게 아이디어였다. 그 회사 이름은 버즈피드였다.

좁은 세상 네트워크에 대한 연구를 발표한 지 얼마 되지 않아 덩컨 와츠는 컬럼비아대학교 사회학과로 자리를 옮겼다. 그곳에서 재직하던 와츠는 점차 온라인 콘텐츠에 흥미를 느꼈고, 마침내 초창기 버즈피드의 고문이 됐다. 와츠가 처음 연구를 시작한 분야는 영화 출연진이나 벌레 두뇌 같은 네트워크 속 연결고리였지만 월드와이드웹에는 풍성한 새 데이터가 들어 있었다. 2000년대 초 와츠와 동료 연구진은 이런 온라인 연결을 탐구했다. 그 과정에서 이들은 정보가 전달되는 과정에 대한 오랜 믿음을 뒤집는다.

　그 당시 마케터들은 '인플루언서'라는 개념에 큰 흥미를 느꼈다. 인플루언서는 사회적 전염에 불꽃을 튀길 수 있는 평범한 사람을 뜻하는 말이었다. 오늘날 '인플루언서'라는 단어는 영향력이 큰 일반인에서 유명인사와 미디어 종사자까지를 모두 이른다. 그러나 원래는 바이럴 아웃브레이크에 불을 붙일 무명인까지 포함하는 개념이었다. 의외로 인맥이 좋은 몇 명을 목표로 삼으면 기업이 훨씬 더 적은 비용으로 더 널리 홍보할 수 있다는 생각이었다. 오프라 윈프리 같은 유명인을 이용해 상품을 홍보하는 대신 맨땅에서 호응을 끌어냈다. 지금은 펜실베이니아대학교에서 근무하는 와츠는 "마케팅 종사자들이 흥미를 가진 것은 전적으로 적은 예산으로 오프라 윈프리 같은 영향력을 얻을 수 있기 때문이었다"라고 말했다.[3]

　인플루언서라는 아이디어는 심리학자 스탠리 밀그램의 유명한 '좁은 세상' 실험에서 영감을 받은 것이다. 1967년 밀그램은 300명에게 보스턴 인근 샤론이라는 도시에 사는 한 특정 주식중개인에게 메시지를 전달하라는 임무를 맡겼다.[4] 결국 메시지 64개가 목적지에 도착했다. 그중 1/4은 그 지역 의류 상인이었던 한 사람을 거쳐 전달됐다. 이 상인이 자신과 더 넓은 세상을 이어주는 가장 큰 연결고리였다는 사실에 그 주식중개인은 놀라워했다고 밀그램은 말했다. 만약 메시지가 퍼져나가는 데 한 평범한 상인이 이렇게 중요한 역할을 할 수 있다면 이와 비슷한 영향력을 지닌 사람이 더 있지 않을까?

와츠는 실제로 인플루언서 가설에 여러 가지 버전이 있다고 지적했다. "흥미롭지만 진실이 아닌 버전이 있다. 그리고 진실이지만 흥미롭지 않은 버전도 있다." 흥미로운 버전은 사회적 전염에서 밀그램의 의류 상인처럼 아주 유별난 역할을 하는 특정인이 있다는 것이다. 그리고 그런 사람을 찾아낼 수 있으면 막대한 마케팅 예산과 유명인을 이용하지 않고도 널리 퍼지게 할 수 있다. 혹하는 아이디어지만 자세히 들여다보면 꼭 그렇지도 않다. 2003년 와츠와 컬럼비아대학교 동료 연구진은 밀그램의 실험을 다시 해보았다. 이번에는 이메일을 이용해 훨씬 더 큰 규모로 진행했다.[5] 연구진은 13개국에서 목표 인물 18명을 선정한 뒤 2만 5,000개 이메일 사슬을 발동했다. 각 참가자에게는 특정 목표에 메시지를 전달하라고 요청했다. 밀그램의 좁은 세상 연구에서는 의류 상인이 핵심 고리였다. 하지만 이메일 사슬에서는 그렇지 않았다. 각 사슬에서 메시지는 다양한 사람을 거쳐 흘러갔고 똑같은 '인플루언서'가 계속 등장하지는 않았다. 게다가 연구진은 참가자들에게 이메일을 다음 사람에게 전달한 이유를 물었다. 사람들은 특별히 유명하거나 인맥이 좋은 사람에게 메시지를 전달하기보다는 대개 지역이나 직업 같은 특징을 바탕으로 다음 사람을 골랐다.

이 실험은 인맥이 아주 좋은 사람이 없어도 메시지가 특정 목적지에 도착할 수 있음을 보여주었다. 하지만 우리가 어떤 것이 가능한 한 널리 퍼져나가게 하는 데만 관심이 있다면 어떨까? 유명인처럼 네트워크 안에서 인맥이 더 좋은 사람이 퍼뜨리는 게 도움이 될까? 이메일 분석 실험이 있고 몇 년 뒤 와츠는 동료 연구진과 함께 트위터에서 웹 네트워크가 어떻게 확장되는지 관찰했다. 그 결과는 팔로어가 많은 사람이나 과거에 뭔가 널리 퍼뜨린 경험이 있는 사람이 올렸을 때 콘텐츠가 더 널리 퍼질 가능성이 크다는 사실을 시사했다. 그러나 언제나 그런 것은 아니었다. 대부분 이런 사람들도 대규모 아웃브레이크를 일으키는 데 성공적이지 못했다.[6]

그러면 우리는 인플루언서 가설의 좀 더 기본 버전으로 돌아가게 된다. 바로 어떤 사람은 다른 사람보다 영향력이 더 있다는 개념이다. 이 사실을 뒷받침하는 증거는 많다. 예를 들어 2012년 시난 아랄과 딜런 워커는 어떤 사람의 친구들이 페이스북에서 애플리케이션을 선택하는 데 어떤 영향을 미치는지 조사했다. 이들은 친구 두 명과 관계에서 여성은 45% 비율로 다른 여성보다 남성에게 영향을 더 많이 미친다는 사실을 알아냈다. 30대 이상은 18세 이하보다 영향력이 50% 더 높았다. 그리고 여성이 남성보다 다른 사람의 영향에 덜 민감하고 결혼한 사람이 독신보다 덜 민감하다는 사실을 보였다.[7]

만약 어떤 생각을 퍼뜨리고 싶다면 이상적으로는 영향에 아주 민감하면서 동시에 영향력이 아주 높은 사람이 필요하다. 그러나 아랄과 워커는 그런 사람이 매우 드물다는 사실을 알아냈다. "영향력이 아주 높은 사람은 영향에 민감하지 않은 경향이 있다. 영향에 아주 민감한 사람은 영향력이 별로 없는 경향이 있다. 영향력이 아주 높으면서 영향에 아주 민감한 사람은 거의 없다." 그러면 영향력 있는 사람들을 노리면 어떤 효과가 있을까? 후속 연구에서 아랄의 연구진은 가능한 한 최적의 사람들을 골라 사회적 아웃브레이크에 불을 붙이면 어떻게 될지 시뮬레이션해보았다. 무작위로 골랐을 때와 비교해 효율적으로 목표를 고르면 최대 두 배까지 더 널리 퍼뜨릴 수 있었다. 전보다는 발전했지만 독자적으로 거대한 아웃브레이크에 불을 붙일 수 있는 무명의 인플루언서 소수와는 아직 거리가 멀다.[8]

사람과 사람 사이로 생각을 퍼뜨리기가 왜 그렇게 어려울까? 한 가지 이유는 영향에 민감하면서 동시에 영향력 있는 사람이 드물기 때문이다. 어떤 사람이 어떤 생각을 영향에 민감한 수많은 사람에게 뿌렸다 해도 이들이 꼭 그 생각을 더 퍼뜨린다는 보장은 없다. 그리고 우리의 소통 구조라는 문제도 있다. 금융 네트워크는 '비동류적'인, 즉 대형 은행이 수많은 소규모 은행과 이어진 반면 사람의 사회적 네트워크는 대체로 그 반대다. 마을 공동체에서 페이스북 친구에 이르기까지 인기인은 흔히 다른 인기인과 사회적 집단을 이룬다는 증거가 있다.[9] 그건 만약 우리가 인기인 몇 명을 목표로 삼으면 바이럴 아웃브레이크를 빨리 일으킬 수 있지만 십중팔구는 그 네트워크 밖으로 나가지 못한다는 뜻이다. 따라서 그건 한 네트워크 안에서 아웃브레이크 다수에 불을 붙이는 게 공동체 안에서 눈에 띄는 인플루언서를 찾는 것보다 더 효율적일 수 있다는 뜻이다.[10]

와츠는 사람들이 서로 다른 인플루언서 이론을 혼용하는 경향이 있다는 사실을 알아챘다. 밀그램의 실험에 있던 상인처럼 숨어 있는 인플루언서를 이용해 뭔가를 퍼뜨렸다고 주장할지 모르지만 실제로는 매스미디어에 홍보하거나 유명인에게 비용을 지불하고 온라인에서 상품을 홍보하게 해서 사실상 바이럴 전파를 우회했을 뿐일 수도 있다. 와츠는 "사람들은 부주의하게 혹은 의도적으로 이론을 뒤섞어 지루한 이야기를 재미있게

수학자가 알려주는 전염의 원리

들리도록 만든다"라고 했다.

인플루언서를 둘러싼 논쟁은 우리가 온라인에서 정보에 노출되는 과정을 생각해야 한다는 사실을 보여준다. 왜 우리는 다른 사람들은 받아들이지 않는 몇몇 생각을 받아들일까? 한 가지 이유는 경쟁이다. 의견과 소식, 상품은 모두 우리의 시선을 끌기 위해 서로 싸운다. 생물학적 전염에도 비슷한 효과가 일어난다. 독감이나 말라리아 같은 질병을 일으키는 병원체는 여러 가지 변종으로 이루어져 있는데, 이들은 감염 대상인 인간을 놓고 끊임없이 경쟁한다. 왜 한 가지가 모든 곳을 장악하지 못할까? 우리의 사회적 행동이 이와 관련 있을 듯싶다. 만약 사람들이 서로 뚜렷하게 나뉜 여러 조밀한 구역에서 모여 산다면 광범위한 병원체가 인구집단 속에서 명맥을 유지할 수 있다. 간단히 말해 각각이 다른 종류와 끊임없이 경쟁할 필요 없이 자기 영역을 차지하는 것이다.[11] 그런 사회적 소통은 온라인상의 매우 다양한 생각이나 의견도 설명할 수 있다. 정치적 입장에서 음모론에 이르기까지 소셜 미디어 속 공동체는 비슷한 세계관을 둘러싸고 자주 뭉친다.[12] 이는 사람들이 자기 견해와 다른 생각을 거의 접하지 못하는 '메아리방 효과'를 일으킬 수 있다.

목소리가 큰 온라인 공동체 중 하나는 예방접종 반대 단체다. 이곳 구성원은 으레 홍역·볼거리·풍진MMR 백신이 자폐증을 유발한다는 널리 알려졌지만 근거는 없는 주장을 중심으로 모여든다. 이 소문은 1998년 앤드루 웨이크필드가 주도한 한 논문에서 시작됐다. 이후 논문은 신뢰할 수 없다 하여 철회됐고, 웨이크필드는 영국 의학계에서 자격을 박탈당했다. 불행히도 영국 언론은 웨이크필드의 주장을 받아서 논란을 키웠다.[13] 이는 MMR 백신 접종 감소로 이어졌고, 몇 년 뒤 접종받지 않은 아이들이

버글거리는 학교와 대학교에 입학하자 대규모 홍역 아웃브레이크가 여러 건 일어났다.

2000년대 초 영국에는 MMR 백신과 관련된 소문이 널리 퍼졌지만 유럽대륙 언론은 매우 다른 이야기를 했다. 영국에서 MMR 백신에 대해 나쁜 기사가 나오는 동안 프랑스 언론은 B형간염 백신과 다발성경화증 사이의 입증되지 않은 연결고리를 추측했다. 그보다 좀 더 최근에는 일본 언론이 인유두종바이러스HPV 백신에 대해 부정적인 내용을 보도했고, 케냐에서는 파상풍 백신과 관련된 20년 묵은 소문이 다시 떠돌기도 했다.[14]

의학을 불신하는 것은 어제오늘 일이 아니다. 사람들은 수백 년 전부터 질병 예방법에 의문을 제기했다. 영국의 의사 에드워드 제너Edward Jenner(1749~1823)가 1796년 천연두 백신을 찾아내기 전에 몇몇 사람은 천연두에 걸릴 확률을 낮추기 위해 '인두접종'이라는 기법을 사용했다. 16세기 중국에서 개발된 인두접종은 건강한 사람에게 천연두 환자의 딱지나 고름을 말려서 넣어주는 방법이다. 약한 감염을 일으켜 바이러스에 대한 면역을 얻는다는 아이디어였다. 그 방법은 여전히 위험했는데 인두접종을 받은 사람 가운데 약 2%가 목숨을 잃었다. 하지만 천연두에 걸리면 으레 따라오는 치사율 30%보다는 훨씬 더 낮았다.[15]

인두접종은 18세기 영국에서 널리 쓰였다. 하지만 그런 위험을 감수할 가치가 있었을까? 프랑스 작가 볼테르Voltaire(1694~1778)는 다른 유럽인이 그런 방법을 사용하는 영국인을 바보에 미치광이로 생각하는 모습을 볼 수 있었다. "천연두에 걸리지 않겠다고 아이들에게 천연두를 걸리게 하니까 바보고, 확실하지도 않은 해악을 막겠다는 이유만으로 제멋대로 아이들에게 확실하고 끔찍한 병을 주려고 하니까 미치광이다." 볼테르는 반대

방향으로도 비판이 있다는 사실도 지적했다. "반대로 영국인은 다른 유럽인이 겁이 많고 부자연스럽다고 말한다. 아이들을 살짝 아프게 하는 걸 두려워하니 겁쟁이고, 아이들이 언젠가 천연두에 걸려 죽게 될 테니 부자연스럽다."[16](천연두에 걸렸다가 살아남은 볼테르는 영국식 접근법을 지지했다.)

스위스의 수학자 다니엘 베르누이Daniel Bernoulli(1700~1782)는 1759년 이 논쟁에 종지부를 찍으려 했다. 베르누이는 천연두 감염 위험이 인두접종의 위험보다 큰지 알아내기 위해 사상 최초로 아웃브레이크 모형을 개발했다. 천연두 전파 패턴에 바탕을 두고 계산한 결과 인두접종 사망률이 10%보다 낮기만 하면 기대 수명을 늘릴 수 있다고 판단했다. 그리고 인두접종 사망률은 10% 아래였다.[17]

현대 백신의 경우 이런 줄타기는 일반적으로 훨씬 더 명확하다. 한쪽에는 MMR처럼 압도적으로 안전하고 효과적인 백신이 있고, 반대쪽에는 홍역처럼 치명적일 우려가 있는 감염병이 있다. 그러므로 광범위하게 퍼진 백신 접종 거부는 근래 들어 그런 감염병을 거의 보지 못한 사회에서 살면서 생긴 사치 혹은 부작용이라고 할 수 있다.[18] 2019년의 한 조사 결과 유럽 국가에서는 아프리카와 아시아 국가보다 백신에 대한 신뢰 수준이 훨씬 낮았다.[19]

전통적으로 백신에 대한 소문은 특정 국가에 한정되지만 디지털 기술을 통한 연결이 점점 활발해지면서 이것도 바뀌고 있다. 정보는 온라인에서 빠르게 퍼진다. 자동번역기는 백신에 대한 미신이 언어 장벽을 넘을 수 있게 해준다.[20] 그로써 백신에 대한 불신은 끔찍하게도 어린이 건강을 좀먹는 결과를 만든다. 홍역은 전염성이 매우 강해서 전체 인구의 95% 이상이 백신을 접종해야 아웃브레이크를 예방할 수 있다.[21] 백신 접종에 반대하는 믿음이 성공적으로 퍼진 곳에서는 전염병 아웃브레이크가 뒤따른다. 근래에 유럽에서는 홍역으로 수십 명이 목숨을 잃었다. 백신 접종률이 더 높았다면 쉽게 막을 수 있었던 죽음이다.[22]

백신 접종 반대와 같은 운동은 온라인에서 메아리방 효과가 일어날 가능성에 관심을 기울이게 했다. 그렇다면 소셜 미디어의 알고리즘은 실제로 우리와 정보의 상호작용을 얼마나 많이 바꿔놓았을까? 결국 우리는 현실 세계에서나 온라인에서나 알고 지내는 사람들과 믿음을 공유한다. 어쩌면 온라인상 정보 전달은 이미 존재하는 메아리방 효과를 반영하는 것에 지나지 않을지도 모른다.

소셜 미디어에서 우리가 무엇을 읽는지에 영향을 주는 주요 요인은 세 가지다. 지인 중 한 명이 글을 공유하는가. 그 콘텐츠가 시야에 들어오는가. 그것을 클릭하는가. 페이스북 데이터에 따르면 세 가지 요인 모두 우리의 정보 소비에 영향을 줄 수 있다. 페이스북 데이터과학팀은 2014~2015년 미국 사용자들의 정치적 견해를 조사했는데 사람들은 자신과 비슷한 견해에 노출되는 경향이 있었다. 친구를 무작위로 골랐다면 그보다 훨씬 덜했을 것이다. 페이스북에서 사용자의 뉴스피드에 보이게 될 글을 결정하는 알고리즘은 친구들이 올리는 글 중 정치적으로 반대인 견해를 5~8% 더 걸러낸다. 그리고 사람들은 눈에 보이는 글 중 정치적인 견해가 다른 글을 훨씬 덜 클릭한다. 또 사용자는 피드 맨 위에 나타나는 글을 클릭할 가능성이 훨씬 더 큰데, 이로써 콘텐츠가 주목받으려면 얼마나 치열하게 경쟁해야 하는지 알 수 있다. 이는 만약 페이스북에 메아리방 효과가 있다면 처음에는 친구 선택으로 시작하지만 뉴스피드 알고리즘에 의해 더 커질 수 있다는 사실을 시사한다.[23]

우리가 다른 곳에서 얻는 정보는 어떨까? 그것도 비슷하게 양극화되어 있을까? 2016년 옥스퍼드대학교와 스탠퍼드대학교, 마이크로소프트리서치 공동연구진은 미국인 5만 명의 웹브라우징 패턴을 살펴보았다. 이들은 사람들이 소셜 미디어와 검색엔진에서 보는 글은 보통 즐겨 가는 뉴스 사이트에서 보는 것보다 더 양극화되어 있다는 사실을 알아냈다.[24] 그러나 소셜 미디어와 검색엔진은 사람들이 더 폭넓은 관점을 접하도록 해주기도 한다. 이념이 좀 더 강한 내용이 담길 수는 있지만 반대편 견해도 더 많이 접해야 하는 법이다.

이건 모순처럼 보일 수도 있다. 만약 소셜 미디어가 기존의 뉴스 제공자보다 우리에게 더욱 폭넓은 정보를 보여준다면, 왜 메아리 효과는 줄이지 못할까? 온라인 정보에 대한 우리의 반응 때문일지도 모른다. 듀크대학교 사회학자들은 미국에서 지원자를 받아 반대 견해를 지닌 트위터 계정을 팔로우하게 했다. 그러자 그 뒤로 사람들은 자신만의 정치적 영역으로 더욱 깊숙이 후퇴했다.[25] 평균적으로 공화당원은 좀 더 보수적이고, 민주당원은 좀 더 진보적이다. 이는 3장에서 살펴본 '역화 효과'와는 사뭇 다르다. 특정 믿음이 도전을 받는 상황은 아니기 때문이다. 그러나 정치적 양극화를 줄이는 게 새로운 온라인 연결을 만드는 것처럼 간단하지는 않다는 사실을 암시한다. 현실 세계에서도 그렇듯 우리는 동의하지 않는 견해를 접하면 분개한다.[26] 얼굴을 맞대고 의미 있는 대화를 나누면 편견과 폭력에 대해서 그랬던 것처럼 태도를 바꾸는 데 도움이 되지만 온라인에서 남의 견해를 본다고 해서 반드시 똑같은 효과가 생기지는 않는다.

갈등을 일으키는 것은 온라인 콘텐츠만이 아니다. 그걸 둘러싼 맥락 역시 그럴 수 있다. 온라인에서 우리는 현실 세계에서는 많이 접할 수 없는 다양한 생각이나 공동체와 마주친다. 만약 사람들이 특정인을 염두에 두고 어떤 글을 올렸는데, 그 글을 다른 사람이 읽는다면 불화가 일어날 수 있다. 소셜 미디어 연구자 다나 보이드는 이러한 현상을 '맥락 붕괴'라고 한다. 현실 세계에서는 친한 친구와 대화할 때의 말투와 직장 동료나 모르는 사람과 대화할 때의 말투가 많이 달라질 수 있다. 친구들은 우리를 잘 알므로 오해가 생길 가능성이 작아서다. 보이드는 얼굴을 맞댄 상황에서 맥락 붕괴가 일어날 수 있는 상황으로 결혼식과 같은 행사를 꼽는다. 친구들 들으라고 한 축사가 가족이 듣기에는 불편할 수 있다. 우리는 대부분 이런 실수와 착오로 이루어진 신랑 절친의 이야기를 끝까지 들어본 경험이 있다. 그러나 결혼식은 (보통) 세심한 계획에 따라 진행되는 반면 온라인 소통은 의도치 않게 친구와 가족, 직장 동료, 낯선 이들을 똑같은 대화에 끌어들이기도 한다. 그러면 어떤 말을 맥락과 다르게 받아들이는 사람이 나오고 거기서 생기는 혼란 때문에 논쟁이 벌어질 수 있다.[27]

보이드에 따르면 밑바닥에 깔린 맥락은 시대에 따라 변할 수도 있다. 특히 사람들이 성장하면서 그렇게 된다. "십대를 위한 콘텐츠가 대중적이라 해도 시대와 장소를 막론하고 모든 사람이 보리라고 의도한 건 아니다." 보이드는 2008년에 이렇게 썼다. 소셜 미디어를 보며 자란 세대가 나이를 먹어감에 따라 이 문제는 더 자주 드러난다. 맥락을 이해하지 못하

수학자가 알려주는 전염의 원리

면 수십 년 동안 온라인에 남은 과거의 많은 글이 부적절하거나 생각 없이 보일 것이다.

어떤 경우에는 일부러 온라인에서 일어나는 맥락 붕괴를 이용하기도 한다. '트롤링'은 이제 온라인 분탕질을 뜻하는 폭넓은 단어가 됐지만 초기 인터넷 문화에서 트롤은 증오심보다는 장난기 넘치는 존재였다.[28] 있을 법하지 않은 상황에 대한 진지한 반응을 끌어내는 것이 목적이었다. 페레티가 버즈피드를 만들기 전에 했던 많은 실험이 이렇게 관심을 끌기 위해 온라인에서 장난을 치는 방식을 이용했다.

그 뒤로 트롤링은 소셜 미디어상 논쟁에서 효과적으로 쓰는 수법이 됐다. 현실 세계와 달리 온라인의 소통은 사실상 무대 위에 올라와 있는 것과 같다. 만약 트롤이 교묘하게 상대방에게서 겉보기에 선을 넘은 반응을 끌어낼 수 있다면 전체 맥락을 모르는 구경꾼들에게는 잘 통할 수 있다. 정당한 발언을 했을 수도 있는 상대방이 어처구니없는 말을 한 것처럼 보이는 것이다. 볼테르는 "오, 주여. 제 적이 우스꽝스러워 보이게 하소서"라고 했다.[29]

장난치는 쪽이나 분탕질을 저지르는 쪽이나 많은 트롤이 있지만 현실 세계에서는 이런 식으로 하지 않는다. 심리학에서는 이를 가리켜 '온라인 탈억제 효과'라고 한다. 얼굴을 맞대지 않고 실제 정체를 드러내지 않아도 되면 사람들은 아주 다른 성격이 될 수 있다.[30] 하지만 그건 단순히 트롤이 될 수 있는 사람이 몇 명 더 있다는 정도의 문제가 아니다. 온라인의 반사회적 행동을 분석한 결과 환경만 맞아떨어진다면 온갖 사람이 트롤이 될 수 있다는 사실이 드러났다. 특히 기분이 좋지 않을 때 혹은 대화에 참여하는 다른 사람들이 이미 트롤 짓을 할 때 트롤처럼 행동할

가능성이 더 크다.[31]

인터넷은 새로운 소통 방법을 만들었을 뿐만 아니라 무언가가 퍼져나가는 과정을 연구하는 새로운 방법도 만들었다. 감염성 질병 분야에서는 1890년대에 로스가 말라리아를 연구하면서 시도했던 것처럼 어떻게 퍼지는지 보려고 일부러 사람을 감염시키는 일이 대개 가능하지 않다. 현대 연구자가 수행하는 감염병 연구는 보통 규모가 작고, 비용이 많이 들며, 세심한 윤리 감사를 받아야 한다. 보통 우리는 관찰 데이터에 의존할 수밖에 없고, 수학 모형을 활용해 아웃브레이크에 대해 '만약 이렇다면?'이라는 질문을 던진다. 온라인은 비교적 저렴하고 일부러 감염을 일으키기 쉽다는 차이가 있다. 만약 소셜 미디어 회사를 운영한다면 더더욱 그렇다.

━━

주의 깊게 관찰했다면 페이스북 사용자 수천 명은 2012년 1월 11일 친구들이 평소보다 조금 더 즐거웠다는 점을 눈치챘을 것이다. 동시에 다른 사용자 수천 명은 친구들이 생각보다 좀 더 우울했다는 점을 눈치챘을 것이다. 하지만 친구들이 온라인에 올리는 글에서 변화를 눈치챘다 해도 친구들의 행동이 정말로 변한 건 아니었다. 그건 실험이었다.

페이스북과 코넬대학교 연구진은 온라인에서 감정이 어떻게 퍼지는지 탐구하려고 일주일 동안 사람들의 뉴스피드에 변경을 가하고 어떤 일이 생기는지 추적 관찰했다. 그 결과는 2014년 초 논문으로 나왔다. 연구진은 사람들이 접하는 글을 조작함으로써 감정에 전염성이 있다는 사실을 알아냈다. 긍정적인 글을 적게 본 사람들은 평균적으로 자기 자신도 긍정적인 글을 적게 올렸고, 그 반대도 마찬가지였다.

지금에 와서 보면 이 결과가 그다지 놀랍지 않지만 당시에는 널리 알려졌던 개념에 어긋나는 일이었다. 그 실험을 하기 전에 많은 사람은 페이스북에서 즐거운 콘텐츠를 보면 스스로 부족하게 느껴지고, 따라서 행복감이 떨어진다고 생각했다.[32]

이내 이 연구는 많은 부정적 감정을 불러일으켰다. 몇몇 과학자와 언론은 그런 연구를 수행하는 것이 과연 윤리적인 일인지 의문을 제기했다. 〈인디펜턴트〉 1면에는 "페이스북이 비밀리에 사용자 기분을 조작하는 실험을 하다"라는 제목으로 기사가 실렸다. 눈에 띄는 주장 하나는 연구진이 사용자에게서 실험에 기꺼이 참여하겠다는 동의를 얻었어야 했다는 것이다.[33]

디자인이 사람들의 행동에 어떤 영향을 미치는지 관찰하는 연구는 별로 비윤리적이지 않다. 사실 의료기관은 건강한 행동을 권장하는 방법을 알아내기 위해 정기적으로 무작위 실험을 한다. 예를 들어 암 검사를 권유하는 알림을 어떤 사람들에게는 이렇게, 다른 사람들에게는 저렇게 만들어 보낼 수 있다. 그리고 어떤 게 반응이 더 좋은지 살펴보는 것이다.[34] 이런 실험을 해보지 않으면 특정 접근법이 사람들의 행동을 실제로 얼마나 바꿔놓는지 알아내기 어렵다.

그러나 만약 실험이 사용자에게 해를 끼칠 수 있다면 연구자는 대안을 고민해야 한다. 페이스북 실험을 할 때 연구진은 사람들의 감정 상태를 바꿔줄 비 오는 날씨 같은 '자연 실험'을 기다릴 수도 있었고, 더 적은 사용자를 대상으로 똑같은 실험을 시도해볼 수도 있었다. 그렇다 해도 여전히 사전에 동의를 구하는 일은 가능하지 않았을 것이다. 사회학자 매튜 살가닉은 《비트 바이 비트Bit by Bit》에서 심리학 실험은 사람들이 자신이 연구 대상이라는 사실을 알면 의심스러운 결과가 나올 수 있다고 지적했다. 페이스북 실험도 사람들이 처음부터 감정에 대한 연구라는 사실을 알았다면 다르게 행동했을 수 있다. 그러나 살가닉은 심리학 연구자가 자연스러운 반응을 얻기 위해 참가자를 속일 때는 보통 나중에 간단히 알려준다고 지적했다.

실험을 둘러싼 윤리 논쟁 외에도 학계에서는 페이스북 실험의 감정 전염 범위에 우려를 표하는 목소리가 더 폭넓게 흘러나왔다. 범위가 넓었기 때문이 아니라 너무 좁았기 때문이다. 실험 결과 사용자가 피드에서 긍정적인 글을 적게 보았을 때 상태 업데이트에 쓰는 긍정적인 단어의 수는 평균 0.1% 떨어졌다. 마찬가지로 부정적인 글이 적었을 때 부정적인 단어는 0.07% 줄어들었다.

대규모 실험의 엉뚱한 점 가운데 하나는 소규모 실험에서는 눈에 띄지 않을 만한 아주 약한 효과가 드러날 수 있다는 것이다. 페이스북 실험은 아주 많은 사용자를 대상으로 하므로 대단히 작은 행동 변화를 확인하는 게 가능하다. 연구진은 사회 네트워크의 크기를 생각하면 그런 차이도 여전히 의미가 있다고 주장했다. "2013년 초에 이는 매일 하는 상태 업데이트의 감정 표현 수십만 건에 상응했을 것이다." 그러나 일부는 여전히 설득되지 않는다. 살가닉은 이렇게 썼다. "이 주장을 받아들인다 해도 감정 전파에 대한 좀 더 일반적인 과학적 질문에 대해 이 정도 크기의 효과가 중요한지는 아직 확실하지 않다."

수학자가 알려주는 전염의 원리

전염 연구에서 소셜 미디어 기업은 전파 과정을 훨씬 더 잘 관찰할 수 있어 대단히 유리하다. 페이스북에서 감정 실험을 할 때 연구진은 누가 무슨 글을 올렸는지, 누가 읽었는지, 효과가 어땠는지 알 수 있었다. 외부의 마케팅 기업에는 이 정도 수준의 정보가 없다. 그래서 대안적 방법에 의존해 인기를 판단해야 한다. 예를 들어 어떤 글을 클릭하거나 공유한 사람 수나 글에 달린 '좋아요' 수를 계속 관찰하는 식이다.

온라인에서는 어떤 것이 인기를 끌까? 2011년 펜실베이니아대학교 연구원 조나 버거와 캐서린 밀크맨은 사람들이 이메일로 다른 사람에게 전달한 〈뉴욕타임스〉 기사를 조사했다. 기사를 모두 합하면 7,000개에 육박하는 3개월 분량의 데이터를 모아 각 기사의 특징과 '가장 많이 전달된' 기사 목록에 들어가는지를 기록했다.[35] 그러자 강렬한 감정 반응을 일으킨 기사가 공유될 가능성이 더 크다는 사실이 드러났다. 경외감 같은 긍정적 감정과 분노 같은 부정적 감정 모두 마찬가지였다. 반대로 슬픔처럼 이른바 '기운 빠지는' 감정을 불러일으키는 기사는 공유 빈도가 더 낮았다. 다른 연구진도 이와 비슷한 감정 효과를 발견했다. 예를 들어 사람들은 혐오감을 일으키는 기사를 더 의욕적으로 퍼뜨렸다.[36]

그러나 감정은 우리가 기사를 기억하는 유일한 이유가 아니다. 버거와 밀크맨은 〈뉴욕타임스〉에 있는 감정적 콘텐츠를 기록한 결과 기사가 공유된 범위의 차이를 7% 정도 설명할 수 있었다. 다시 말해 변화의 93%는 다른 것 때문이라는 뜻이었다. 감정적 콘텐츠만 인기를 끄는 것은 아니기 때문이다. 버거와 밀크맨은 분석에서 놀라운 사실이나 실용적 가치도 기사가 공유되는 정보에 영향을 줄 수 있다는 사실을 밝혔다. 기사의 외적인 부분도 마찬가지다. 기사의 인기는 올라온 시각과 웹사이트의 위치, 글쓴이에 따라 달라졌다. 두 사람이 이런 추가적 특성을 반영하자 인기 변화를 훨씬 더 많이 설명할 수 있었다.

우리가 성공한 콘텐츠와 실패한 콘텐츠를 거르며 어떻게 해야 전염성이 높은 트윗이나 글이 되는지 적어도 이론적으로는 확인했다고 믿고 싶은 생각은 유혹적이다. 그러나 설령 우리가 어떤 것이 더 인기가 있는 이유를 설명해주는 특징을 확인하는 데 성공한다 해도 이런 결론은 얼마 되지 않아 의미를 잃을 수 있다. 기술에 대해 연구하는 제이넵 투펙치는 온라인 플랫폼을 이용하는 사람들의 관심이 옮겨가는 명백한 현상을 지적했다. 예를 들어 투펙치는 유튜브의 영상 추천 알고리즘이 건전하지 못한 기호를 주입해 사람들을 온라인 토끼굴 속으로 점점 더 깊숙이 끌어내릴지도 모른다고 의심했다. "유튜브 알고리즘은 사람들이 처음보다 더 극단적인 콘텐츠에 혹은 대체로 선동적인 콘텐츠에 끌린다는 결론을 내린 것처럼 보인다." 투펙치는 2018년에 이런 글을 남겼다.[37] 이렇게 관심이 옮아가는 현상은 새로운 현상이 더 극적이게, 더 생생하게, 더 놀랍게 진화하지 않는다면 과거 콘텐츠보다 관심을 덜 받는다는 사실을 뜻한다. 여기서 진화는 유리한 고지를 점하는 게 아니라 생존을 말하는 것이다.

생물학 세계에도 똑같은 상황이 있다. 많은 종은 그저 경쟁자를 따라가려고 적응해야 했다. 인간이 세균 감염을 치료하기 위해 항생제를 들고 나오자 일부 세균은 평범한 약에 저항성을 갖도록 진화했다. 이에 대응해 우리는 더 강한 항생제를 만들었다. 이것은 세균이 더 진화하도록 압력을 가했다. 점점 더 극단적인 치료를 하게 됐지만 수십 년 전에 더 적은

수학자가 알려주는 전염의 원리

약으로도 얻을 수 있었던 효과를 얻었을 뿐이다.[38] 생물학에서 이 무기 경쟁은 '붉은 여왕 효과'라고 불린다. 루이스 캐럴의 《거울 나라의 앨리스 Through The Looking-Glass》에 등장하는 인물에서 따온 말이다. 앨리스가 거울 나라에서는 달려도 새로운 장소로 갈 수 없다고 불평하자 붉은 여왕은 이렇게 대답한다. "이곳에서는 말이다, 최선을 다해 힘껏 달려야 그 자리에 그대로 있을 수 있단다."

이 진화의 달리기는 변화 이야기지만 전달 이야기이기도 하다. 세균에 새로운 돌연변이가 나타난다 해도 그 세균이 자동으로 사람들 사이에 퍼지지는 않는다. 마찬가지로 새로운 콘텐츠가 온라인에 나타났다고 해서 항상 인기를 끄는 것은 아니다. 우리는 모두 온라인에 널리 퍼진 새로운 이야기와 생각을 알지만 어쩌면 우리가 올린 것도 포함해서 아무도 알아채지 못한 채 사라져 버린 글도 알고 있다. 그러면 온라인에서 인기는 얼마나 흔한 것일까? 전형적인 아웃브레이크는 어떤 모습일까?

힉스 보손과 관련한 소문은 처음에 서서히 퍼져나갔다. 2012년 7월 1일, 트위터 사용자들은 신의 입자라는 별명이 붙은 알 수 없는 입자가 마침내 발견됐다고 추측했다. 1964년 피터 힉스가 제안한 이 보손 입자는 아원자 퍼즐에서 빠져 있던 핵심적 조각이었다. 입자물리학의 법칙으로는 그게 존재해야 했지만 아직 현실에서는 관측되지 않았다.

하지만 그런 상황은 곧 바뀐다. 처음에 트위터상 소문으로는 물리학자

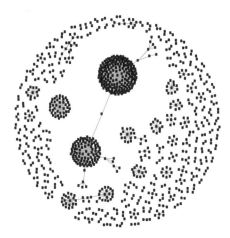

2012년 7월 1일 힉스 보손 소문과 관련한 초기 리트윗 전파 도식. 점은 사용자, 선은 리트윗을 나타낸다.
자료: De Domenico et al. (2013)

들이 일리노이에 있는 입자가속기 테바트론에서 힉스 보손을 발견했다고 했다. 이 기간에 아웃브레이크는 분당 새로운 유저 한 명에게 퍼지는 속도로 커졌다. 다음 날 테바트론 연구진은 힉스 보손이 존재한다는 유망하지만 결정적이지는 않은 증거를 발견했다고 발표했다. 트위터 아웃브레이크에는 속도가 붙었다. 점점 더 많은 사용자가 합류했고 CERN의 대형 강입자충돌기로 관심이 쏠렸다. 이 최신 소문은 사실임이 드러났다. 이틀 뒤 CERN 연구진은 정말로 힉스 보손을 발견했다고 발표했다. 언론의 관심이 커질수록 트위터 아웃브레이크에도 더 많은 사용자가 합류했다. 하루 이틀 정도 분당 500명이 합류하더니 곧 정점을 맞았다. 소문이 돌기 시작한 지 5일이 지난 7월 6일이 되자 이 소식에 대한 관심은 극적으로 줄어들었다.[39]

힉스 보손과 관련한 소문이 시작됐을 때 몇몇 사용자는 발견됐을 가

수학자가 알려주는 전염의 원리

능성에 대해 글을 올렸고 나머지는 그런 글을 자기 팔로어에게 리트윗했다. 만약 초기의 리트윗 몇백 건이 어떻게 연결됐는지를 관찰하면 전파량에서 엄청난 차이가 난다는 것을 알 수 있다(다음 페이지의 수치를 보라). 대부분 트윗은 그다지 멀리 퍼지지 않았다. 기껏해야 한두 명에게 소식을 전했을 뿐이다. 하지만 전파의 네트워크 중간에는 커다란 리트윗의 사슬이 있다. 그중에는 사용자 한 명이 수많은 사람에게 소문을 퍼뜨린 대규모 전파 사건도 두 가지 있다.

이와 같은 전파의 다양성은 온라인 공유에서 흔하다. 2016년 당시 마이크로소프트 리서치에 있던 와츠는 스탠퍼드대학교 연구진과 함께 트위터에서 이루어지는 공유의 '폭포(트윗과 그 리트윗 글들의 묶음_옮긴이)'를 관찰했다. 이들은 콘텐츠 6억 2,000만 개를 추적했고 어떤 사용자가 다른 사용자가 공유한 링크를 다시 올렸는지 기록했다. 일부 연결고리는 기다란 전파 사슬을 타고 다수 사용자에게 퍼졌다. 어떤 것들은 불꽃이 튀긴했지만 훨씬 빠르게 사그라들었다. 또 어떤 것들은 아예 퍼지지 못했다.[40]

감염성 질병에서 우리는 두 가지 극단적인 유형의 아웃브레이크를 보았다. '동일 감염원' 전파는 식중독처럼 모든 사람의 감염원이 똑같은 것을 말한다. 반대쪽 극단에 있는 전달형 아웃브레이크는 여러 세대에 걸쳐 사람 대 사람으로 퍼져나간다. 온라인 폭포에도 비슷한 다양성이 있다. 때때로 콘텐츠는 한 명으로부터 수많은 사람에게 퍼져나간다. 마케팅업계에서는 이를 '방송' 이벤트라고 한다. 반면에 어떨 때는 사용자에서 사용자로 전달된다. 스탠퍼드대학교와 마이크로소프트 연구진은 대규모 폭포에는 방송 효과가 핵심 부분이라는 사실을 알아냈다. 대략 트위터 글 1,000개당 1개꼴로 100번 이상 공유된다. 하지만 이 중 극소수만 전달형 전파 때문에 퍼진다. 퍼져나가는 데 성공한 글의 배경에는 보통 방송 이벤트가 한 번 있다.

우리가 온라인 전염을 이야기할 때면 인기를 얻는 데만 집중하고 싶은 유혹을 느낀다. 그러면 대다수는 인기를 얻지 못한다는 사실을 무시하게 된다. 마이크로소프트 연구진은 트위터 폭포의 약 95%가 다른 누구도 공유하지 않은 트윗 한 개로 이루어져 있다는 사실을 알아냈다. 나머지도 대부분 공유 수준이 한 단계에서 그쳤다. 다른 온라인 플랫폼도 상황은 똑같다. 어떤 것이 퍼져나가는 건 대단히 드문 일이다. 퍼져나간다 해도 몇 세대 이상 전파되지 않는다. 대부분 콘텐츠는 그다지 전염성이 있지 않다.[41]

———

앞선 장에서 우리는 시카고의 총격 사건 아웃브레이크를 살펴보았는데 보통 소수 사건 이후로는 전파가 끝났다. 몇몇 질병 역시 인구 집단에서 이렇게 비틀거리고 지지부진해진다. 예를 들어 H_5N_1과 H_7N_9같은 조류인플루엔자는 가금류에서는 대규모 아웃브레이크를 일으켰지만 사람들 사이에서는 (적어도 지금까지는) 잘 퍼지지 않았다.

만약 무엇이 그다지 효율적으로 퍼지지 않는다면 어떤 종류의 아웃브레이크를 예상해야 할까? 우리는 이미 감염재생산수인 R을 이용해 감염성 질병이 퍼질 가능성이 있는지 없는지 평가하는 방법을 살펴보았다. 만약 R이 1이라는 임계치를 넘으면 대규모 전염병이 발생할 가능성이 있다.

하지만 R이 1보다 낮다 해도 여전히 감염된 사람이 다른 사람에게 병을 옮길 수 있다. 가능성이 낮지만 전혀 없는 건 아니다. R이 0이 아니라면, 우리는 2차 감염이 이따금 일어날 거라고 예상해야 한다. 이런 새로운 감염 사례는 아웃브레이크가 지지부진해지다가 마침내 끝날 때까지 새로운 세대의 감염 사례를 만들어낼 수 있다.

만약 지지부진한 감염의 R을 안다면 평균적으로 아웃브레이크가 얼마나 커질지 예측할 수 있을까? 수학이라는 편리한 도구 덕분에 그렇게 할 수 있다. 수학은 아웃브레이크 분석에서 핵심 부분이 됐을 뿐만 아니라 버즈피드 초창기에 페레티와 와츠가 바이럴마케팅에 다가가는 방식에도 큰 영향을 미쳤다.[42]

어떤 아웃브레이크가 감염된 사람 한 명으로 시작한다고 하자. 정의에 따르면 이 첫 번째 사례는 평균적으로 2차 감염 사례를 R개 만든다. 그리고 이 새로운 감염 사례가 각각 R개 사례를 더 만든다. 즉 R^2개의 새로운 사례가 생긴다. 그리고 이런 식으로 계속 이어진다.

아웃브레이크의 규모 $= 1 + R + R^2 + R^3 + \cdots$

이 수치를 모두 더하면 아웃브레이크 규모를 예측할 수 있다. 하지만 다행히 더 쉬운 방법이 있다. 19세기에 수학자들은 위와 같은 급수에 적용할 우아한 규칙을 증명했다. 만약 R이 0에서 1 사이에 있다면 다음 공식이 성립한다.

$1 + R + R^2 + R^3 + \cdots = 1/(1-R)$

다시 말해 R이 1 아래이기만 하면 아웃브레이크 예상 규모는 $1/(1-R)$이 된다. 19세기 수학에 큰 관심이 없다고 해도 이 지름길이 얼마나 유용한지는 잠시 감상해볼 만하다. 감염이 한 세대에서 다음 세대로 지지부진하게 이어지다가 끝나는 과정을 시뮬레이션할 필요 없이 R만으로 직접 아웃브레이크의 최종 규모를 추정할 수 있으니 말이다.[43] 예를 들어, R이 0.8이라면 우리는 아웃브레이크 규모가 $1/(1-0.8)$, 즉 감염이 총 5건 일어난다고 예상할 수 있다. 그뿐만이 아니다. 아웃브레이크의 평균 규모로부터 거꾸로 거슬러 올라가 R을 추정할 수도 있다. 만약 아웃브레이크의 평균 감염 사례가 5건이라면 R이 0.8이라는 뜻이 된다.

내 분야에서는 새로운 질병의 위협이 있을 때 이렇게 종이에 끼적거리는 계산으로 R을 알아내곤 한다. 2013년 초 중국에서는 130명이 H7N9 조류인플루엔자에 걸렸다. 이들은 대부분 가금류와 접촉한 결과 병이 옮았지만 사람 사이의 전파 때문일 가능성이 있는 감염 군집이 네 개 있었다.[44] 감염자는 대부분 다른 사람에게 옮기지 않았으므로 인간 H7N9아웃브레이크의 평균 규모는 1.04건이었고, 사람의 R은 0.04라는 미미한 수치가 나왔다.

이 아이디어는 질병에만 유용한 게 아니다. 2000년대 중반 페레티와 와츠는 똑같은 방법을 마케팅 활동에 적용했다. 그건 이들이 마케팅 활동의 양상을 묘사하는 데 그치지 않고 그 밑에 깔린 전달률에 손을 댈 수 있다는 뜻이었다. 예를 들어, 2004년 총기 폭력 반대 단체인 '브래디 캠페인'은 새로운 총기 관리 대책을 지지해달라는 이메일을 사람들에게 보냈다. 그리고 이메일을 받으면 친구들에게도 전달해달라고 권장했다. 이메일 수신자 중 일부는 친구들에게 메시지를 전달했고 그런 식으로 계

수학자가 알려주는 전염의 원리

속 이어졌다. 발송한 이메일 하나당 평균 2.4명이 메시지를 보았다. 이 전형적인 아웃브레이크 규모를 바탕으로 계산하면 이 운동의 R은 약 0.58이었다. 그 뒤 허리케인 카트리나 구호를 위한 이메일 모금 운동이 있었는데, 이때는 R이 0.77이었다. 그러나 항상 그렇게 많이 전파되는 것은 아니었다. 세탁 용품에 대한 메시지를 퍼뜨리려는 마케팅 부서 임원을 생각해보라. 페레티와 와츠는 '타이드 콜드워터' 세제를 홍보하는 이메일의 R이 고작 0.04였다는 사실을 알아냈다(H_7N_9조류인플루엔자와 똑같다). 허리케인 구호 이메일이 다수에게 퍼졌지만 세탁 세제 아웃브레이크의 99%는 기껏해야 한 번 전파된 뒤 지지부진하게 끝났다.[45]

우리가 대규모 아웃브레이크로 이어지지 않는데도 감염을 측정하는 데 신경을 쓰는 이유는 무엇일까? 생물 병원체는 이런 감염원이 새로운 숙주에 적응하는 게 가장 큰 걱정이다. 소규모 아웃브레이크가 일어났을 때 바이러스는 좀 더 잘 퍼지도록 돌연변이가 생길 수 있다. 더 많은 사람이 감염될수록 바이러스가 적응할 가능성도 커진다. 사스는 2003년 2월 홍콩에서 대규모 아웃브레이크가 터지기 전 중국 남부 광둥성 지역에서 소규모 군집으로 여러 차례 감염이 발생했다.[46] 2002년 11월에서 2003년 1월 사이에 광둥성에서 일곱 차례 아웃브레이크가 일어났고, 각각 감염 사례는 한 건에서 아홉 건이었다. 아웃브레이크 평균 규모는 5건이었으므로 이 기간의 R은 약 0.8이 된다. 그러나 몇 달 뒤 홍콩에서 아웃브레이크가 일어났을 때 사스의 R은 2 이상으로 훨씬 더 골치 아픈 일이 됐다.

한 감염병의 R이 올라가는 데는 몇 가지 이유가 있다. R이 네 가지 DOTS 요소에 의존한다는 사실을 떠올려보자. 감염 기간, 전파 기회, 전파 기회가 있을 때 전파 확률 그리고 감염될 수 있는 사람의 비율이다. 바이러스의 경우 이 네 가지가 모두 전파에 영향을 줄 수 있다. 인간 사이에서 퍼질 수 있는 바이러스 중 성공적인 것들은 대개 감염 기간이 긴 경향을 보이고(더 긴 기간), 매개체를 통하지 않고 사람에게서 사람으로 직접 퍼진다(더 많은 기회).[47] 전파 확률도 차이를 만들 수 있다. 조류독감 바이러스가 사람 사이에서 퍼지는 데 어려움을 겪는 것은 인간 바이러스처럼 호흡기 세포에 쉽게 달라붙지 못하기 때문이다.[48]

온라인 콘텐츠도 똑같이 적응할 수 있다. 글이나 사진 같은 온라인 밈이 더욱 재미있는 방향으로 진화하는 사례는 많다. 페이스북 연구원 라다 아다믹과 동료 연구진은 사회 네트워크 속 밈meme 전파를 분석해 콘텐츠가 시간이 흐름에 따라 종종 변한다는 사실을 알아냈다.[49] 한 가지 사례는 "건강보험료를 낼 수 없어서 죽는 사람이 있어서는 안 되고, 병에 걸렸다고 해서 파산하는 사람이 있어서는 안 된다"라는 글이었다. 이 문구는 원래 형태로 거의 50만 번 공유됐다. 그러나 변종이 곧 등장했다. 열 번 올라갈 때마다 한 번꼴로 단어에 돌연변이가 생겼다. 이렇게 편집된 내용 일부는 밈이 퍼져나가는 데 도움이 됐다. 사람들이 "동의한다면 글을 올려주세요"라는 문구를 추가하자 밈은 거의 두 배 가까이 더 퍼졌다. 또 회복력도 매우 높았다. 초기에 인기의 정점을 찍은 뒤 적어도 2년 동안 이런저런 형태로 끈질기게 살아남았다.

그런데도 온라인 콘텐츠의 잠재적 전염성에는 한계가 있어 보인다. 2014~2016년 페이스북에서 인기 있었던 유행은 모두 R이 약 2였다. 이 한계는 전파의 서로 다른 요소가 상쇄하기 때문에 나타나는 것처럼 보인다. 아이스버킷 챌린지 같은 몇몇 유행은 한 사람이 고작 몇 명만 지명할

수학자가 알려주는 전염의 원리

수 있었지만 각각을 지명하면 전파 확률이 높아졌다. 영상이나 링크 같은 다른 콘텐츠는 전파 기회가 훨씬 더 많았지만 실제로는 공유한 내용을 친구 몇 명만 보았다.[50] 놀랍게도 페이스북 콘텐츠 중 많은 친구에게 도달했으면서 그것을 본 사람에게 퍼질 확률이 꾸준히 높았던 사례는 없다. 이는 생물학적 감염과 비교할 때 온라인 아웃브레이크가 얼마나 약한지 떠올리게 해준다. 페이스북에서 가장 인기 있는 콘텐츠라 해도 전염성은 홍역의 1/10도 되지 않는다.

일반적인 마케팅 활동의 경우 전망은 더 좋지 않다. 페레티는 비록 한때 일부러 뭔가를 퍼뜨리는 게 가능하다고 장담했지만 그 뒤 고객 요구에 따라 일할 때는 감염을 보장하기가 훨씬 더 어렵다고 인정했다.[51] 널리 퍼졌던 페레티의 원래 나이키 이메일과 전파력이 훨씬 더 약했던 나중의 이메일 운동의 차이를 생각해보라. 페레티와 와츠는 감염성 질병이 나름대로 수백만 년 동안 진화했다는 사실을 지적했다. 마케팅 담당자에게는 그만한 시간이 없다. "따라서 아무리 재능 있고 창의적인 사람이 아무리 열심히 만든 상품이라도 R은 1보다 작을 가능성이 크다."[52]

다행히 아웃브레이크 규모를 키울 다른 방법이 있다. 처음부터 더 많은 사람에게 메시지를 전달하는 것이다. 앞서 나온 사례에서 우리는 감염된 사람이 한 명일 때 시작하는 것으로 가정하고 지지부진한 아웃브레이크를 분석했다. 이럴 때는 R이 작으면 작은 아웃브레이크가 일어났다가 금세 사라진다. 이를 피하려면 간단히 감염자 수를 늘리면 된다. 페레티와 와츠는 이를 '큰 씨앗 마케팅'이라고 한다. 전염성이 약간 있는 메시지를 수많은 사람에게 전달한다면 이어지는 소규모 아웃브레이크 때 관심을 더 받을 수 있다. 예를 들어 메시지를 1,000명에게 보낸다면 1,000명에게 도달한다. 만약 R이 0.8인 메시지를 보낸다면 총 5,000명에게 도달한다고 추정할 수 있다. 버즈피드의 초기 콘텐츠는 대부분 이런 방식으로 인기를 끌었다. 사람들은 웹사이트에서 기사를 보고 페이스북 같은 사이트에서 몇몇 친구에게 기사를 공유했다. 2000년대 초 '리블로깅'이라는 아이디어를 선도했던 페레티의 팀은 그 뒤 10년 동안 이를 충실하게 활용했다. 2013년이 되자 버즈피드는 페이스북에서 다른 어떤 곳보다 댓글과 '좋아요' 혹은 공유를 많이 받아 가장 '사회적'인 발행기관이 됐다[53](페레티가 전에 다닌 허핑턴포스트가 2위였다).

만약 온라인 콘텐츠의 R이 낮고 다수 노출로 시작해야 퍼질 수 있다면 우리는 온라인 전염이 마치 1918년 독감이나 사스인 것처럼 생각해야 할 필요가 없을지도 모른다. 팬데믹을 일으킨 독감 같은 감염병은 사람들 사이에서 쉽게 퍼진다. 그건 아웃브레이크가 초기에 여러 세대를 거치며 점점 더 커진다는 뜻이다. 반대로 온라인 콘텐츠는 대부분 모종의 커다란 방송 이벤트가 없으면 많은 사람에게 도달하지 못한다. 페레티에 따르면 마케팅 회사들은 흔히 어떤 것이 '바이럴'로 퍼진다고 말하는데, 이는 사실 유명해졌다는 뜻에 지나지 않는다. "우리는 바이럴을 실제 역학적 정의의 관점에서 생각한다. 감염이 일정한 임계치를 넘으면 시간이 흐르면서 점점 성장한다." 페레티는 이렇게 표현했다.[54] "지수적 감쇠 대신 지수적 성장을 얻게 된다. 바이럴은 그런 것이다."

온라인 폭포는 대부분 팬데믹 같은 바이러스성이 아니라서 지수적으로 성장하지 않는다. 실제로는 1970년대 유럽에서 일어났던 지지부진한 천연두 아웃브레이크와 더 비슷하다. 이런 아웃브레이크는 대규모 군집 감염으로 이어지는 슈퍼 전파 사건이 간혹 있는데도 보통 사그라든다. 그러나 천연두 슈퍼 전파자 비유에는 한계가 있다. 언론과 유명인사는 생물학적 전파로 가능한 수준을 한참 넘어서는 곳까지 도달할 수 있기 때문이다. 와츠는 이렇게 말했다. "슈퍼 전파자는 두 명이 아니라 이를테면 열한 명을 감염시키는 사람이다. 1,100만 명을 감염시키는 슈퍼 전파자는 없다."

━━━

소셜 미디어의 폭포가 감염성 질병 아웃브레이크와 똑같지 않다는 사실을 고려하면 전통적인 질병 모형이 반드시 온라인에서 일어나는 일을 예측하는 데 도움이 되는 건 아니다. 그러나 어쩌면 우리는 생물학에서 영감을 받은 예측에 의존할 필요가 없을지도 모른다. 연구자들은 소셜 미디어에서 생기는 막대한 데이터를 이용해 전파 패턴을 확인하고 이를 이용해 폭포의 동역학을 예측하기 위해 더욱더 노력한다.

온라인상 인기를 예측하는 것은 얼마나 쉬울까? 2016년 와츠와 마이크로소프트리서치 동료들은 거의 10억 개에 달하는 트위터 폭포 데이터를 모았다.[55] 연구진은 올라온 시각과 주제 등 직접 트윗에 대한 데이터뿐만 아니라 팔로어가 몇 명인지, 리트윗을 많이 받은 이력이 있는지 등 트윗을 처음 올린 사용자 관련 정보도 수집했다. 그 결과로 얻은 폭포의 규모를 분석하자 트윗의 콘텐츠 자체는 과연 그것이 인기를 끌지에 대한 정보를 거의 제공하지 않는다는 사실이 드러났다. 영향력에 대한 이전 분석과 마찬가지로 연구진은 사용자가 과거에 트윗으로 성공한 이력이 훨씬 더 중요하다는 사실을 알아냈다. 그럼에도 연구진의 전반적 예측력에는 상당한 한계가 있었다. 질병 연구자들은 꿈에서나 생각해볼 법한 데이터세트를 가지고 있었는데도 폭포 규모의 변동성을 절반도 설명하지 못했다.

그러면 나머지 절반은 어떻게 설명할까? 연구자들은 성공에 아직 알려지지 않은 어떤 특징이 더 있어서 이를 알아내면 예측력을 높일지도 모른다고 인정한다. 그러나 인기의 차이는 상당 부분 무작위에 기인한다. 설령 우리가 어떤 것이 트윗에 올라오고 누가 트윗을 하는지 상세히 안다 해도 글 하나의 성공은 어쩔 수 없이 운에 크게 의존한다. 그래서 '완벽한' 트윗 하나를 찾으려고 애쓰는 것보다 폭포를 여러 개 일으키는 게 중요하다.

직접 올려보기 전에는 어떤 트윗의 인기를 예측하기가 매우 어려우므로 예측하기 전에 기다렸다가 폭포의 시작을 관찰해야 한다. 이를 '엿보기 방법'이라고 하는데 다음에 어떻게 될지 예측하기 전에 초기 전파에 대한 데이터를 관찰하기 때문이다.[56] 2014년 페이스북의 사진 공유를 분석한 저스틴 쳉과 동료 연구진은 초기 폭포 동역학에 대한 정보를 얻고 나자 예측이 훨씬 더 나아졌다는 사실을 알아냈다. 대규모 폭포는 초기에 빠르게 많은 이목을 끌어들이는 방송과 비슷한 전파 양상을 보여주는 경향이 있다. 그러나 연구진은 엿보기 방법을 이용한다 해도 몇 가지 특징은 더 파악하기 어렵다는 사실을 알아냈다. "폭포의 규모를 예측하는 것이 여전히 폭포의 형태를 예측하는 것보다 훨씬 더 쉽다."[57]

시간이 좀 흐른 뒤 예측하기 더 쉬운 건 소셜 미디어의 콘텐츠뿐만이 아니다. 2018년 노스이스턴대학교의 부르쿠 유세소이와 동료 연구진은 〈뉴욕타임스〉 베스트셀러 목록에 오른 책의 인기를 분석했다. 어떤 책이 인기를 끌지 처음부터 예측하기는 어려운 일이지만 인기를 얻은 책은 그 뒤로 일정한 패턴을 따르는 경향이 있다. 연구진은 베스트셀러 목록에 오른 책이 대부분 초반에 빠르게 판매량이 늘었다가 출간 뒤 10주 이내에 정점에 오르고 그 뒤 아주 낮은 수준으로 떨어진다는 사실을 알아냈다. 평균적으로 출간 1년 뒤까지 팔리는 책은 전체의 5%밖에 되지 않았다.[58]

온라인 아웃브레이크를 이해하는 데 진전이 있었다고는 해도 대부분 분석은 아직도 훌륭한 과거 데이터를 가지고 있느냐에 달려 있다. 일반적으로 새로운 유행이 얼마나 지속될지를 예측하기는 어렵다. 전파를 좌지우지하는 기본 법칙을 모르기 때문이다. 그러나 이따금 온라인 폭포가 기존 규칙을 따를 때가 있다. 그리고 소셜 미디어에서 이루어지는 전염에 대한 내 관심에 처음으로 불꽃을 튀긴 것은 바로 그런 폭포 하나였다.

———

'나는 혐오자를 사랑한다'라고 쓰인 야구모자를 쓴 여성이 가방에서 금붕어 한 마리를 꺼내 알코올이 담긴 컵 안에 넣고는 금붕어까지 한꺼번에 꿀꺽 마신다. 수습 변호사인 그 여성은 호주를 여행하다가 친구의 지명을 받자 그 묘기를 선보였다. 그 모든 과정은 영상에 담겼다. 곧 영상은 그 여성의 페이스북 페이지에 올라왔고 그와 함께 또 다른 누군가가 지명을 받았다.[59]

2014년 초에 있었던 이 일을 한 여성은 '넥노미네이션'이라는 온라인 게임의 최신 참가자였다. 규칙은 간단해서 참가자는 스스로 음료수를 마시는 영상을 찍어 소셜 미디어에 올리면 됐다. 그리고 다른 사람을 지명해 24시간 안에 똑같이 하게 한다. 그 게임은 호주를 휩쓸었고, 지명이 번지면서 음료수는 더욱 거창해지고 알코올이 많이 들어갔다. 사람들은 스케이드보드 또는 4륜 바이크를 타거나 스카이다이빙을 하면서 술을 들이켰다. 음료도 술 한잔에서 곤충을 갈아 넣거나 심지어 배터리액을 섞은 칵테일까지 다양해졌다.[60]

넥노미네이션 자체와 함께 그 게임을 다룬 기사도 퍼져나갔다. 금붕어 영상은 널리 공유됐고 신문에는 갈수록 더 극단적인 기사가 실렸다. 그 게임이 영국까지 퍼지자 언론은 패닉을 일으켰다. 왜 사람들이 이런 짓을 할까? 얼마나 더 심해질까? 그 게임을 금지해야 할까?[61]

넥노미네이션이 영국에 들어왔을 때 나는 BBC 라디오의 특집 프로그램을 위해 그 게임을 조사하기로 했다.[62] 나는 넥노미네이션과 같은 게임이 벌어질 때 참가자들이 그 아이디어를 특정인 몇 명에게 전파하고, 그 사람들이 또 다른 이들에게 전달한다는 점을 주목했다. 이는 분명한 전달형 전파의 사슬이었고, 전염병 아웃브레이크와 아주 비슷했다.

만약 어떤 아웃브레이크의 양상을 예측하고 싶다면 정말로 알아야 할 게 두 가지 있다. 각 감염 사례가 평균적으로 감염시키는 추가 건수(감염 재생산수)와 감염이 한 차례 쓸고 지나간 뒤 다음 차례가 올 때까지 걸리는 시간이다. 새로운 전염병 아웃브레이크가 일어나는 동안 우리는 웬만해서 이런 값을 알지 못한다. 따라서 어떻게든 추정해야 한다. 그러나 넥노미네이션의 경우 게임 안에 정보가 이미 들어 있다. 각 참가자는 다른 두세 명을 지명한다. 그리고 이들은 24시간 안에 과제를 완수하고 다른 사람을 지명해야 한다. 2014년에 넥노미네이션을 예상할 때 나는 아무것도 추정할 필요가 없었다. 간단한 질병 모형에 수치만 그대로 입력하면 끝이었다.[63]

내 아웃브레이크 시뮬레이션은 넥노미네이션 유행이 오래가지 않는다고 예측했다. 1~2주이면 집단면역이 치고 나와 아웃브레이크가 정점에 도달한 뒤 쇠퇴하기 시작할 터였다. 오히려 이 간단한 예상은 전파력을 과대평가할 가능성이 컸다. 현실 세계에서 친구들은 군집으로 모이는 경향이 있다. 만약 그 게임에서 여러 명이 똑같은 사람을 지명한다면 감염재생산수는 떨어지고 아웃브레이크도 더 작아진다. 실제로 넥노미네이션에 대한 관심은 금세 사그라들었다. 2014년 2월 초 영국 언론이 격한 반응을 보였지만 그달 말쯤에는 이미 유행이 지나버렸다. '민낯 셀카'에서 폭넓게 알려진 '아이스버킷 챌린지'에 이르기까지 그 뒤 나온 소셜 미디어 게임들도 비슷한 과정을 따랐다. 게임 규칙에 바탕을 둔 내 모형은 그런 게임이 모두 몇 주 안에 정점에 도달한다고 예측했고 실제로도 그랬다.[64]

지명 기반 게임은 몇 주 뒤 사그라드는 경향이 있었지만 모든 소셜 미디어 아웃브레이크가 인기의 정점을 찍은 뒤 사라지는 건 아니다. 쳉의 연구진은 페이스북의 이미지 기반 밈을 관찰한 결과 거의 60%가 어느 시점에 다시 나타난다는 사실을 알아냈다. 평균적으로 첫 번째 인기의 정점과 두 번째 정점 사이에는 한 달 남짓한 시간이 있었다. 만약 정점이 두 번만 나타난다면 두 번째 공유의 폭포는 보통 더 짧고 규모가 작았다. 정점이 여러 차례 나타난다면 으레 규모가 비슷했다.[65]

어떤 밈은 무엇 때문에 다시 인기를 끌까? 연구진은 초기에 관심이 크게 정점에 오르면 그 밈이 다시 나타날 가능성이 작아진다는 사실을 알아냈다. "가장 많이 되돌아오는 폭포는 가장 인기 있었던 것이 아니라 적당한 인기만 누렸던 것이다." 이것은 첫 번째 폭포가 작으면 그 밈을 보지 못한 사람이 더 많이 남기 때문이다. 첫 아웃브레이크의 규모가 크면 감염 가능한 사람이 충분히 남지 않아 전파력을 유지할 수 없다. 폭포가 다시 나타나는 데는 밈 사본 몇 개가 돌아다니는 것도 도움이 된다. 우리가 이미 지지부진한 아웃브레이크에서 본 것과 일치하는 내용이다. 처음에 불꽃이 여러 개라면 감염이 더 멀리 퍼지게 할 수 있다.

다른 콘텐츠는 어떨까? 2016년 나는 런던 왕립연구소에서 대중강연을 했다. 그 뒤 몇 년 동안 그 강연 영상은 유튜브에서 100만이 넘는 조회수를 기록했다. 2016년 비슷한 시기에 구글에서도 비슷한 주제로 강연했고 이 영상도 유튜브에 올라갔다. 구독자 수가 비슷한 채널이었지만 같은 기간에 이 영상의 조회수는 약 1만이었다(이 둘의 인기가 반대였으면 아주 좋았을 것이다. 알고 보니 비슷한 강연을 두 번 하면서 그중 한 번을 망친다면 온라인에서 인기를 끄는 건 하필 그 영상이다).

나는 왕립연구소에서 한 강연이 그렇게 많은 관심을 받을 줄 몰랐다. 하지만 정말 놀랍게 다가온 건 조회수가 쌓인 과정이다. 온라인에 올라간 첫해에 그 영상은 비교적 거의 관심을 받지 못해서 조회수가 하루에 100건 정도 늘었다. 그러다 갑자기 며칠 만에 한 해 동안 받은 것보다 더 많은 관심을 받았다.

혹시 사람들이 온라인에서 공유하기 시작했을까? 바이럴이 되게 했을까? 데이터를 살펴보니 실제로는 훨씬 더 간단히 설명할 수 있었다. 그 영상이 유튜브 홈페이지에 올라간 것이다. 조회수가 치솟자 유튜브 알고리즘은 그 강연 영상을 인기 있는 영상과 함께 뜨는 '추천 영상' 목록에 올렸다. 그 강연을 본 사람 가운데 90%는 홈페이지의 그런 목록에서 영상을 찾았다. 그것은 고전적인 방송 이벤트였다. 출처 하나에서 거의 모든 조회수가 나온 것이다. 그리고 일단 영상이 인기를 끌자 그 인기가 되먹

수학자가 알려주는 전염의 원리

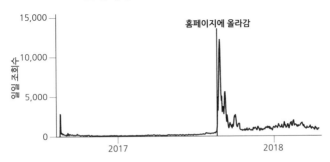

2016년 영국 왕립연구소 강연의 유튜브 일일 조회수

홈페이지에 올라감

자료: 영국 왕립연구소

임 효과를 만들어 더 많은 관심을 끌어냈다. 이는 그 영상이 온라인 증폭으로 얼마나 이익을 보았는지를 보여준다. 첫째로 왕립연구소에서 초기에 조회수를 몇천 건 얻었고, 그 뒤 유튜브 알고리즘이 훨씬 더 많은 시청자를 끌어왔다.

　유튜브에는 세 가지 주요 인기 유형이 있다. 첫 번째는 영상이 낮은 수준의 조회수를 꾸준히 기록하는 것이다. 이 수치는 매일매일 무작위로 오르내리지만 눈에 띄게 올라가거나 내려가지는 않는다. 유튜브 영상의 약 90%가 이 패턴을 따른다. 두 번째 인기 유형은 영상이 갑자기, 어쩌면 어떤 사건을 계기로 웹사이트에 특별히 올라오는 경우다. 이런 상황에서는 초기 정점 이후 거의 모든 활동이 이루어진다. 세 번째 인기 유형은 영상이 온라인의 다른 곳에서 공유되는 것으로, 조회수가 서서히 올라가다가 정점을 찍고 다시 내려온다. 이런 유형이 뒤섞인 양상도 관찰할 수 있다. 공유된 영상이 특별히 어딘가 올라와 힘을 받다가 다시 낮은 수준의 조회수로 돌아간다. 내 영상처럼 말이다.[66]

영상은 미디어 중 특히나 꾸준한 형식이다. 뉴스보다 흥미가 훨씬 더 오래 지속되는 경향이 있다. 전형적인 소셜 미디어의 뉴스 순환 주기는 약 이틀이다. 첫 24시간 안에 대부분 콘텐츠가 기사 형식으로 나오고, 그 뒤 공유와 댓글이 이어진다.[67] 그러나 모든 뉴스가 똑같지는 않다. MIT 연구진은 가짜 뉴스가 진짜 뉴스보다 더 널리 더 빨리 퍼지는 경향이 있다는 사실을 알아냈다. 이는 팔로어가 많고 눈에 띄는 인물이 거짓 정보를 퍼뜨릴 가능성이 더 크기 때문일까? 실제로 연구진은 정반대 사실을 발견했다. 가짜 뉴스를 퍼뜨리는 사람은 보통 팔로어가 적은 이들이었다. 네 가지 DOTS 요소(2장 참고)로 전염을 생각한다면, 이는 전파 기회가 더 많다기보다는 전파 확률이 높아서 가짜 정보가 퍼진다는 사실을 시사한다. 전파 확률이 높은 이유로는 새로움이 그와 관련이 있을지도 모른다. 사람들은 새로운 정보를 공유하려고 한다. 그리고 대체로 가짜 뉴스가 진짜 뉴스보다 새롭다.[68]

그러나 새로움이 다는 아니다. 온라인에서 퍼지는 과정을 이해하려면 사회적 강화도 생각해야 한다. 그리고 그건 복합 전염이라는 개념을 다시 한번 살펴보아야 한다는 뜻이다. 때때로 우리는 온라인에서 여러 차례 접한 뒤에야 어떤 생각을 받아들인다. 예를 들어 우리가 온라인 밈은 별다른 자극이 없어도 공유하지만 정치적 콘텐츠는 다른 사람 몇 명이 그렇게 하는 걸 보기 전까지는 공유하지 않는다는 증거가 있다. 2013년 초 페이스북 사용자들이 동성결혼을 지지하는 뜻에서 프로필사진을 '='으로 바꾸는 운동을 펼쳤을 때 사람들은 평균적으로 친구 여덟 명이 바꾼 뒤에야 바꾸었다. 복합 전염은 페이스북, 트위터, 스카이프를 비롯한 여러 온라인 플랫폼을 처음 받아들이는 데도 영향을 미쳤다.[69]

복합 전염의 엉뚱한 점 하나는 조밀한 공동체 안에서 가장 잘 퍼진다는 것이다. 만약 사람들이 많은 친구를 공유한다면 어떤 생각이 유행하는 데 필요한 다수 노출이 이루어진다. 그러나 그런 생각이 공동체를 뚫고 나와 더 널리 퍼지는 건 힘겨울 수 있다.[70] 센톨라에 따르면 온라인 네트워크의 구조는 복합 전염에서 장벽 역할을 할 수 있다.[71] 우리가 온라인에서 접촉하는 사람 가운데 상당수는 가까이 연결된 친구 집단의 일원이라기보다는 지인일 것이다. 많은 친구를 따라 정치적 견해를 받아들일지는 모르지만 어느 한 사람 때문에 그럴 가능성은 작다.

이는 미묘한 정치적 견해 같은 것의 복합 전염이 인터넷에서는 많이 불리할 수 있다는 뜻이다. 온라인의 사회적 소통 구조는 사용자가 도전적이고 사회적으로 복잡한 사고를 하도록 권유하는 대신 단순하고 소화하기 쉬운 콘텐츠를 선호한다. 따라서 사람들이 만들어내는 콘텐츠가 그런 종류라는 것도 놀라운 일이 아니다.

21세기 초에 이용 가능한 데이터의 양이 늘어나면서 어떤 사람들은 연구자가 인간의 행동을 설명하려고 노력할 필요가 없다고 주장했다. 그중 한 명이 당시 〈와이어드〉 편집장이던 크리스 앤더슨이다. 그는 2008년 '이론의 종말'을 선언하는 글을 써서 널리 알려졌다. "사람들이 어떤 행동을 왜 하는지 누가 알까? 핵심은 사람들이 그런 행동을 하며 우리는 전례가 없을 정도로 꼼꼼하게 그 행동을 추적하고 계량화할 수 있다는 것이다."**72**

오늘날 우리는 인간의 활동에 대한 방대한 데이터를 갖고 있다. 추정에 따르면 전 세계의 디지털 정보가 몇 년마다 두 배로 늘어나며 그중 대부분은 온라인에서 생긴다.**73** 그런데도 아직 우리가 측정하기 어려운 게 많다. 비만이나 흡연의 전염에 대한 연구를 보자. 그런 연구는 전파 과정을 조목조목 뜯어보기가 얼마나 어려운 일인지 보여준다. 우리가 행동을 계량화할 수 없다는 게 유일한 문제는 아니다. 클릭과 공유의 세상에서는 우리가 계량화한다고 생각하는 대상과 실제로 계량화하는 대상이 반드시 일치한다고도 할 수 없다.

언뜻 클릭 수는 어떤 글에 대한 관심을 나타내는 양으로 적절해 보인다. 클릭 수가 많다는 것은 더 많은 사람이 그 글을 열어서 읽었을 가능성이 크다는 뜻이다. 그러면 당연히 클릭을 많이 받는 필자가 그에 따라 보상을 받아야 하지 않을까? 하지만 꼭 그렇지는 않다. "계량화가 목적이 되면 더는 좋은 계량화라고 할 수 없다." 경제학자 찰스 굿하트는 이런 말을 했다.**74** 단순히 성과를 계량해 보상을 주면 되먹임 고리가 생긴다. 사람들이 원래 평가하려는 기본 품질보다 계량화된 수치만 추구하기 시작하는 것이다.

그건 어느 분야에서나 일어날 수 있는 문제다. 2008년 금융 위기가 일어날 때까지 은행업계는 최근의 수익을 바탕으로 트레이더와 영업사원들에게 성과금을 주었다. 이것이 미래를 생각하지 않고 단기간에 수익을 올릴 수 있는 거래 전략을 조장했다. 계량화는 심지어 문학에도 영향을 미쳤다. 뒤마가 처음에 《삼총사The Three Musketeers》를 연재할 때 출판사는 행수에 따라 고료를 주었다. 뒤마는 그리모라는 하인 캐릭터를 등장시켰는

데 그리모는 말을 짧은 문장으로 끊어서 했고, 글의 양은 늘어났다(출판사가 짧은 행은 세지 않겠다고 하자 뒤마는 그리모를 죽였다).[75]

클릭이나 '좋아요' 같은 계량화에 의존하면 사람들이 실제로 어떻게 행동했는지 잘못 알 수 있다. 2007~2008년 페이스북에서 110만 명 이상이 '다르푸르를 구하자' 운동에 참여했다. 수단에서 일어난 내전에 관심을 모으고 모금을 하기 위한 목적이었다. 새로 가입한 일부 사람들은 돈을 기부하고 다른 사람을 끌어들였지만 대부분은 아무것도 하지 않았다. 참여한 사람 중 28%만 다른 사람을 끌어들였고 고작 0.2%만 기부했다.[76]

이런 계량화 문제에도 불구하고 클릭이나 공유가 될 만한 이야기를 만드는 데 집중하는 경향은 커져왔다. 그런 포장은 아주 효과적일 수 있다. 트위터 사용자들이 언급한 주류 뉴스 기사를 관찰한 컬럼비아대학교와 프랑스국립연구소 연구진은 아무도 클릭하지 않은 링크가 60%에 달한다는 사실을 알아냈다.[77] 그렇다고 해서 기사가 퍼지지 않는 것은 아니었다. 사용자들은 아무도 클릭하지 않는 링크가 담긴 글을 수천 개씩 공유했다. 우리 중 상당수는 기사를 읽기보다는 공유하는 걸 더 좋아하는 게 분명하다.

어쩌면 그건 놀라운 일이 아닐 수도 있다. 특정 행동은 다른 행동보다 더 노력이 필요하니 말이다. 페이스북에서 일했던 데이터과학자 에클스는 사람들이 소셜 미디어에서 단순한 방법으로 소통하게 만드는 것은 어렵지 않다고 지적했다. "그건 비교적 쉽게 끌어낼 수 있는 행동이다. 여러분 친구가 글에 '좋아요'를 누르거나 댓글을 다는 행동을 말하는 것이다."[78] 사람들이 그런 행동을 하는 데 큰 노력을 들일 필요가 없으므로 유도하기가 훨씬 더 쉽다. "그런 행동은 쉽게 할 수 있고 비용도 적게 드는 행동을 끌어내는 가벼운 자극일 뿐이다."

여기서 마케터에게 과제가 생긴다. 광고로 수많은 '좋아요'와 클릭을 유도할 수는 있지만 그건 마케터가 관심이 있는 행동은 아니다. 마케터는 사람들이 콘텐츠와 소통하는 데서 그치지 않기를 바란다. 궁극적으로 제품을 사거나 메시지를 믿기를 원한다. 팔로어가 더 많은 사람이 반드시 더 큰 폭포를 만들어내는 게 아니듯이 클릭과 공유를 더 많이 받는 콘텐츠가 자동으로 수익이나 대중의 지지를 불러오는 건 아니다.

새로운 전염병 아웃브레이크를 마주하면 일반적으로 우리는 두 가지를 알고 싶어 한다. 주요 전파 경로는 무엇인가? 감염병을 관리하려면 이 중 어떤 경로를 목표로 삼아야 하는가? 홍보 활동을 기획하는 마케터도 비슷한 임무에 맞닥뜨린다. 먼저 사람들이 메시지를 어떤 방식으로 접할지 알아야 한다. 물론 보건기관은 핵심 전파 경로를 차단하려고 돈을 쓰지만 홍보기관은 경로를 확장하려고 돈을 투입한다는 차이가 있다.

궁극적으로 문제는 비용 대비 효용이다. 전염병 아웃브레이크든 마케팅이든 우리는 한정된 예산을 할당하는 최선의 방법을 찾으려 한다. 문제는 예부터 어떤 경로가 어떤 결과로 이어지는지 항상 명확하지는 않았다는 것이다. "내가 광고에 쓰는 돈의 절반은 낭비다. 문제는 어느 쪽 절반인지 모르겠다는 것이다." 마케팅 분야 선구자인 존 워너메이커는 이런 말을 남겼다.[79]

현대 마케팅은 사람들이 보는 광고와 광고를 본 뒤 하는 활동을 연결함으로써 이 문제에 대처하려고 했다. 근래에는 주요 웹사이트가 대부분 광고 추적 기능을 사용한다. 기업이 웹사이트에 광고를 게재하면 우리가 그 광고를 보았는지는 물론 그 뒤 상품을 구경했는지, 샀는지 알 수 있다.

마찬가지로 우리가 그 상품에 관심을 보이면 회사는 인터넷에서 우리를 따라다니며 더 많은 광고를 보여준다.[80]

어떤 웹사이트의 링크를 클릭하면 우리는 흔히 고속 입찰 전쟁의 대상이 된다. 0.03초 이내에 웹사이트 서버가 우리의 모든 정보를 모아서 광고 제공사에 보낸다. 광고 제공사는 광고주를 대신해 이 정보를 자동화 트레이더 무리에게 보여준다. 그러면 0.07초 뒤 트레이더들이 우리에게 광고를 보여줄 권리를 두고 입찰한다. 광고 제공사는 승자를 선택해 그 광고를 우리 웹브라우저로 보내고, 웹브라우저는 웹페이지를 불러오면서 광고를 끼워넣는다.[81]

웹사이트가 이런 식으로 작동한다는 사실을 모든 사람이 아는 건 아니다. 2013년 3월 영국 노동당은 당시 교육부장관이던 마이클 고브를 비판하는 새 보도자료 링크를 트위터에 올렸다. 한 보수당 의원은 노동당 웹사이트의 광고 선택에 대해 트윗하며 대응했다. "노동당이 돈이 없는 건 알지만 보도자료 맨 위에 '아랍 여성과 데이트하세요'라는 광고를 올리다니?" 그 의원에게는 안타깝게도 다른 사용자들이 노동당 웹페이지 광고가 표적 광고라는 사실을 지적했다. 사용자의 온라인 활동에 특별히 맞춘 광고일 가능성이 크다는 것이다.[82]

몇몇 최첨단 추적 기능은 우리가 거의 예상하지 못한 곳에서도 찾아볼 수 있다. 2017년 초 저널리즘 연구자 조너선 올브라이트는 온라인 표적의 범위를 조사하기 위해 극단적인 생각을 선전하는 웹사이트 100여 곳을 방문했다. 음모론, 유사과학, 극우파의 정치적 견해 같은 것으로 가득한 곳이었다. 그런 웹사이트는 대부분 믿기 어려울 정도로 수준이 낮았다. 초보자가 얼기설기 만들어놓은 모양새였다. 하지만 그 이면을 파고들자

올브라이트는 웹사이트가 대단히 정교한 추적 도구를 감추고 있다는 사실을 알아냈다. 상세한 개인 정보와 온라인상 행동, 심지어는 마우스 움직임까지 수집했다. 그 덕분에 감염될 수 있는 사용자를 추적해 훨씬 더 극단적인 콘텐츠를 주입할 수 있었다. 이런 웹사이트를 영향력 있게 만드는 건 사용자 눈에 보이는 게 아니었다. 사용자 눈에 보이지 않는 데이터 수집이었다.[83]

우리의 온라인 데이터는 실제로 얼마나 가치가 있을까? 연구자들은 페이스북에서 브라우징 데이터를 공유하지 않는 사용자는 광고주에게 가치가 60% 정도 낮다고 추정했다. 2019년 페이스북 매출을 바탕으로 보면 이는 평범한 미국인 사용자의 행동에 대한 데이터가 매년 적어도 48달러의 가치가 있다는 사실을 암시한다. 들리는 바에 따르면 2019년에 구글은 아이폰의 기본 검색엔진이 되는 대가로 애플에 120억 달러를 주었다고 한다. 사용 중인 아이폰 수가 10억 대라고 추정하면 이는 구글이 우리의 검색 활동을 기기당 12달러로 산정했음을 시사한다.[84]

우리의 관심이 그렇게나 가치 있다는 사실을 생각하면 기술 기업이 우리를 온라인에 붙잡아두려는 데는 커다란 동기가 있다. 우리가 상품을 더 오랫동안 이용할수록 기업은 더 많은 정보를 수집하고, 더 잘 맞는 콘텐츠와 광고를 제공할 수 있다. 2016년 페이스북 창립자 가운데 한 명인 숀 파커는 초창기에 소셜 미디어를 만든 사람들의 마음가짐에 대해 이렇게 이야기했다.[85] "온통 이런 생각뿐이었다. '어떻게 하면 우리가 여러분의 시간과 관심을 가능한 한 많이 먹어치울까?'" 그 뒤로 다른 기업들도 선례를 따랐다. "우리는 잠과 경쟁한다." 넷플릭스 CEO 리드 헤이스팅스는 이런 농담을 남겼다.[86]

수학자가 알려주는 전염의 원리

우리를 애플리케이션에 붙잡아두는 방법 중 하나는 디자인이다. 디자인 윤리의 전문가인 트리스탄 해리스는 이를 마술과 비교했다. 해리스는 기업이 흔히 우리 선택이 특정 방향으로 가도록 유도한다고 지적했다. "마술사가 바로 그렇게 한다. 관객에게 보여주고 싶은 것은 보기 쉽게 만들고, 보여주고 싶지 않은 건 보기 어렵게 만든다."[87] 마술은 세상에 대한 우리의 인식을 통제하는 방식으로 이루어진다. 사용자 인터페이스가 똑같은 일을 한다.

알림창은 우리가 눈을 떼지 못하도록 하는 특히 더 강력한 수단이다. 평균적인 스마트폰 사용자는 하루에 80번 이상 잠금을 해제한다.[88] 해리스에 따르면 이런 행동은 도박 중독의 심리적 효과와 비슷하다. "주머니에서 전화기를 꺼낼 때면 우리는 어떤 알림이 뜨는지 확인하기 위해 슬롯머신을 하는 셈이다." 카지노는 드문드문 액수 변동이 큰 대가를 지급하기도 하면서 손님의 관심을 붙잡아놓는다. 때로는 보상을 받기도 하지만 때로는 아무것도 얻지 못한다. 많은 애플리케이션의 경우 발신인이 우리가 메시지를 읽었는지도 볼 수 있어 우리는 더 빨리 응답하기를 재촉받는다. 애플리케이션을 가지고 소통하면 할수록 계속 소통해야 할 필요가 더 많아진다. 파커는 이를 '사회적 평가의 되먹임 순환'이라고 표현했다. "그건 바로 나 같은 해커가 생각해냈을 법한 것이다. 사람 심리의 약점을 이용하기 때문이다."[89]

우리가 계속 콘텐츠를 보고 공유하게 만드는 다른 특징도 몇 가지 있다. 2010년 페이스북은 '무한 스크롤링'을 도입해 페이지를 넘기느라 산만해지는 일을 없앴다. 무제한 콘텐츠는 이제 대부분 소셜 미디어에서 보편적이다. 2015년 이후 유튜브는 현재 영상이 끝난 뒤에 자동으로 다른 영상이 재생되게 했다. 소셜 미디어 디자인은 공유에도 집중했다. 다른 사람들이 무엇을 하며 사는지 보지 않고는 우리가 글을 올리기 어렵게 되어 있다.

모든 특징이 원래부터 중독성 있게 만든 건 아니지만 사람들은 애플리케이션이 자기 행동에 어떻게 영향을 주는지를 나날이 깨닫고 있다.[90] 심지어 개발자들도 자기 창조물을 조심스러워하게 됐다. 저스틴 로젠스타인과 레아 펄먼은 페이스북의 '좋아요' 버튼을 도입한 팀의 일원이었다. 최근 들어 두 사람 모두 알림의 유혹에서 탈출하려 애썼다고 한다. 로젠스타인은 비서를 시켜 자기 전화기에 자녀 보호 기능을 설치했고, 훗날 일러스트레이터가 된 펄먼은 소셜 미디어 매니저를 고용해 페이스북 페이지 관리를 맡겼다.[91]

디자인은 소통을 권장하지만 동시에 방해하기도 한다. 중국에서 매우 인기가 좋은 소셜 미디어 애플리케이션인 위챗의 적극적 사용자는 2019년 10억 명이 넘었다. 이 애플리케이션은 다양한 서비스를 한곳에 모았다. 사용자는 서로 메시지를 보낼 수 있을 뿐 아니라 쇼핑을 하거나 공과금을 내거나 여행을 예약할 수 있다. 또 '순간(사진이나 미디어)'을 친구들과 공유할 수 있는데 페이스북의 뉴스피드와 매우 비슷하다. 그러나 페이스북과 달리 위챗 사용자는 자기 친구가 단 댓글만 볼 수 있다.[92] 만약 여러분에게 서로 친구가 아닌 두 친구가 있다면 그 두 사람은 댓글 전체를 볼 수 없다는 뜻이다. 이는 소통의 성질을 바꿔놓는다. 에클스는 이렇게 말했다. "그것이 대화의 시작을 가로막는다고 표현하고 싶다. 사람들은 어떤 내용으로 댓글을 달든 그 댓글이 완전히 맥락에서 벗어난 채 읽힐 수 있다는 사실을 안다. 다른 사람들에게는 자신이 단 댓글만 보이고 이전에 무슨 말이 오갔는지는 보이지 않을지도 모르기 때문이다." 페이스북과 트위터에서 널리 공유되어 댓글이 수천 개 달린 글이 있다. 이와 반대로 위챗에서 토론을 시도하면 어쩔 수 없이 단편적으로 보이거나 헷갈릴 수밖에 없다. 따라서 사용자는 토론을 단념한다.

중국의 소셜 미디어는 정부 검열로 생긴 의도적 장벽을 포함해 여러 방식으로 집단행동을 할 의욕을 꺾는다. 몇 년 전 정치학자 마거릿 로버츠는 동료 연구진과 함께 중국의 검열 과정을 재구성하려고 했다. 연구진은 새 계정을 만들고 여러 유형의 콘텐츠를 올린 뒤 어떤 것이 삭제되는지 추적했다. 검열 원리를 하나씩 파악해가다 보니 지도자나 정책에 대한 비판이 아니라 시위나 행진 논의가 차단된다는 사실이 드러났다. 이후 로버츠는 온라인 검열 전략을 이른바 3F, 즉 홍수flooding, 공포fear, 갈등friction으로 나누었다. 온라인 플랫폼에 반대쪽 견해가 홍수처럼 넘쳐흐르게 하면 다른 메시지가 잠기게 할 수 있다. 규칙 위반이라는 협박은 공포로 이어진다. 그리고 콘텐츠를 삭제하거나 차단하면 정보에 접근하는 속도를 느리게 해서 갈등을 일으킨다.[93]

처음 중국 본토에 갔을 때 호텔에 도착해서 무선랜에 접속하려고 했던 일이 떠오른다. 실제로 온라인에 접속했는지 확인하는 데 시간이 좀 걸렸으며 평소 연결을 확인하기 위해 불러내는 애플리케이션인 구글, 왓츠앱, 인스타그램, 트위터, 지메일이 모두 차단되어 있었다. 그 일은 중국 방화벽의 힘을 보여주었을 뿐만 아니라 미국 기술 기업들의 영향력이 얼마나 큰지 깨닫게 해주었다. 내 온라인 활동은 상당 부분 세 기업 손아귀에 있었다.

우리는 그런 플랫폼으로 엄청난 양의 정보를 공유한다. 기술 기업이 얼마나 많은 데이터를 모을 수 있는지 가장 잘 보여주는 것은 2013년 페이스북의 연구일 것이다.[94] 이들은 페이스북에 댓글을 썼다가 올리지 않고 지운 사람들을 조사했다. 연구진은 그런 댓글이 페이스북 서버로 전송되지 않으며 다만 누가 타이핑을 시작했는지만 기록으로 남을 뿐이라고 밝혔다. 아마 이 연구에서도 마찬가지였을 것이다. 그런데도 이 연구는 기업이 우리의 온라인 행동과 소통을, 이 경우에는 소통 부재까지 어느 정도 수준으로 추적할 수 있는지 보여준다.

소셜 미디어 데이터의 힘을 생각할 때 여기에 손을 댈 수 있다면 기관은 많은 정보를 얻을 것이다. 2012년 미국 대선 때 오바마 캠프에서 일했던 캐롤 데이비드센에 따르면, 당시 페이스북의 프라이버시 설정 덕분에 페이스북에서 오바마를 지지하는 데 동의한 모든 사람의 친구 네트워크를 내려받을 수 있었다고 했다. 이런 친구들 사이의 연결은 선거 운동에 엄청난 정보를 제공했다. 데이비드센은 훗날 이렇게 말했다.[95] "우리는 실제로 페이스북에 올라온 미국의 사회 네트워크 전체를 모을 수 있었다." 결국 페이스북은 친구 데이터 수집 기능을 삭제했다. 데이비드센은 공화당이 느렸기 때문에 민주당이 상대방이 갖지 못한 정보를 가질 수 있었다고 주장했다. 그런 데이터 분석은 어떤 규칙도 깨뜨리지 않았지만 그 경험은 정보가 어떻게 모이고, 모인 정보를 누가 관리하느냐에 의문을 제기했다. 데이비드센은 "당신과 내가 친구라는 사실은 누구 것인가?"라고 표현했다.

당시에는 많은 사람이 오바마 캠프의 데이터 사용을 혁신적이라고 칭송했다.[96] 새로운 정치 시대의 현대적인 방법이었다. 1990년대에 금융계가 새로운 모기지 상품에 흥분했던 것과 마찬가지로 소셜 미디어는 정치를 더 낫게 만들어줄 존재로 보였다. 그러나 금융 상품과 매우 비슷하게도 그런 태도는 오래가지 않았다.

수학자가 알려주는 전염의 원리

"헤이, 귀염둥이. 투표할 거예요? 누구에게요?" 2017년 영국 총선을 앞두고 틴더라는 애플리케이션에서 데이트 상대를 찾던 수천 명은 정치 관련 채팅 메시지를 받았다. 샬롯 굿맨과 야라 로드리게스 파울러는 또래인 20대에게 노동당에 투표하라고 권하려 더 많은 사람에게 닿을 수 있는 챗봇을 만들었다.

일단 자원봉사자가 챗봇을 설치하면 챗봇은 자동으로 틴더에서 위치를 접전이 펼쳐질 선거구 어딘가로 바꾸었다. 그리고 모든 사람에게 '좋아요'를 보낸 뒤 매칭되면 채팅을 시작했다. 만약 초기에 메시지가 잘 먹혀들면 자원봉사자가 이어받아 실제로 대화를 시작했다. 챗봇은 메시지를 총 3만 개 이상 보냈고, 대체로 선거운동원들이 대화를 나눌 수 없었을 사람들에게 도달했다. 나중에 굿맨과 파울러는 이런 글을 남겼다. "이따금 매칭되면 사람이 아니라 봇과 이야기하게 되니 실망스러웠겠지만 부정적 반응은 거의 없었다. 틴더는 아주 가벼운 플랫폼이라 사용자가 어떤 정치적 대화에 낚였다는 기분을 별로 느끼지 못했다."[97]

봇은 동시에 수많은 소통이 가능하게 해준다. 봇으로 이루어진 네트워크를 가지고 사람들은 수동으로 일일이 해야 한다면 가능하지 않았을 규모로 활동을 할 수 있다. 이런 봇의 네트워크에는 수백만까지는 아니더라도 수천 개 계정이 있을 수 있다. 봇은 인간 사용자와 마찬가지로 글을 올리고 대화를 시작하고 생각을 퍼뜨릴 수 있다. 최근 들어 이런 계정의 역할은 면밀한 관찰을 받고 있다. 2016년에 두 차례 선거가 서구 사회를 뒤흔들었다. 6월에는 영국이 유럽연합에서 탈퇴하기로 했고, 11월에는 트럼프가 미국 대통령에 당선됐다. 왜 이런 일이 생겼을까? 그 결과 대부분 러시아와 극우단체가 만든 가짜 정보가 선거 기간에 널리 퍼졌다고 추측하는 사람이 많아졌다. 대다수 영국인과 대다수 미국인이 봇과 다른 의심스러운 계정이 올린 가짜 기사에 속아넘어갔다는 것이다.

언뜻 데이터가 이를 뒷받침하는 것처럼 보인다. 2016년 선거 기간에 미국인 1억 명 이상이 러시아가 뒤에 있는 페이스북 글을 보았을지 모른다는 증거가 있다. 트위터에서는 미국에서 거의 70만 명이 5만 개 봇 계정이 퍼뜨린 러시아 관련 선전글을 접했다.[98] 많은 유권자가 가짜 웹사이트와 외국 첩자들이 올린 선전에 넘어갔다는 설명은 혹할 만하다. 특히 브렉시트와 트럼프에 정치적으로 반대한다면 더 그렇다. 그러나 증거를 좀 더 자세히 살펴보면 이런 단순한 이야기는 무너진다.

2016년 미국 대선 기간에 러시아 관련 선전글이 돌아다녔지만 와츠와 로스차일드는 다른 수많은 콘텐츠도 마찬가지였다고 지적했다. 페이스북 사용자가 러시아 콘텐츠를 접했을 수는 있지만 그 기간에 미국 사용자들은 페이스북에서 11조 개가 넘는 글을 보았다. 사람들이 접한 러시아 글 하나마다 평균적으로 거의 9만 개의 다른 콘텐츠가 있었다. 한편 트위터에서는 선거 관련 트윗의 0.75% 이하가 러시아와 관련 있는 계정에서 올린 것이었다. "수치만 놓고 보면 선거 운동 기간에 유권자가 접한 정보는 가짜 뉴스 사이트나 심지어 대안 우파 언론보다 유명인에게서 나온 게 압도적으로 많았다." 와츠와 로스차일드는 이렇게 지적했다.[99] 실제로 선거 운동 초기 1년 동안 트럼프가 주류 언론 보도에서 얻은 효과의 추정 가치는 거의 20억 달러나 된다.[100] 두 사람은 힐러리 클린턴의 이메일 논란에 관심을 집중한 것이 언론이 독자에게 무엇을 알려주려는지 보여주는 한 사례라고 강조했다. "〈뉴욕타임스〉가 6일 동안 힐러리 클린턴의 이메일을 다룬 기사의 양은 선거 전 69일 동안 모든 정책 현안을 다룬 기사를 모두 합한 것과 맞먹는다."

다른 연구자들도 2016년의 가짜 뉴스 규모에 대해 비슷한 결론에 도달했다. 니한과 동료 연구진은 미국 유권자의 일부가 의심스러운 웹사이트에서 나온 뉴스를 많이 소비했지만 이들이 소수라는 사실을 알아냈다. 평균적으로 볼 때 사람들이 읽은 글의 불과 3%만 가짜 뉴스를 퍼뜨리는 웹사이트에서 나왔다. 이후 연구진은 2018년 미국 중간선거 분석 결과도 발표했는데, 이 선거 때는 사기성 뉴스의 도달 범위가 더 좁았다. 영국에서도 유럽연합 탈퇴에 대한 국민투표를 앞두고 러시아의 콘텐츠가 트위터나 유튜브의 대화를 지배했다는 증거는 거의 없다.[101]

우리가 봇과 의심스러운 웹사이트를 걱정할 필요가 없다는 말로 들릴 수 있지만 역시 그렇게 간단한 문제는 아니다. 온라인 조작이라면 그보다 훨씬 더 미묘하고 곤란한 일이 벌어진다.

⬛

이탈리아의 정치가 베니토 무솔리니Benito Mussolini(1883~1945)는 "양으로 100년을 사느니 사자로 하루를 사는 게 더 낫다"라고 말했다. 트위터 사용자 @ilduce2016에 따르면 그 인용구의 출처는 사실 트럼프다. 원래 〈고커〉 기자 두 명이 만든 이 트위터 봇은 무솔리니의 발언 출처를 트럼프로 잘못 나타낸 트윗 수천 개를 보냈다. 마침내 그중 하나가 트럼프 눈에 들어갔다. 2016년 2월 28일, 네 번째 공화당 경선 직후 트럼프는 그 사자 인용구를 리트윗했다.[102]

소셜 미디어의 봇은 대중을 표적으로 삼는 데 반해 다른 봇은 표적 범위가 훨씬 더 좁다. '꿀단지 봇'이라고 알려진 봇의 목적은 특정 사용자의 관심을 끌어 응답을 유도하는 것이다.[103] 트위터 폭포가 흔히 한 번의 '방송' 이벤트에 의존한다고 한 내용을 기억하는가? 만약 어떤 메시지를 퍼뜨리고 싶다면 인지도가 높은 누군가가 대신 증폭해주는 게 도움이 된다. 많은 아웃브레이크는 불이 붙지 않고 끝나기 때문에 봇으로 반복해서 시도하는 것도 도움이 된다. @ilduce2016은 트럼프가 마침내 인용구를 리트윗할 때까지 2,000번이 넘게 트윗을 올렸다. 봇 제작자는 이런 방식이 얼마나 강력한지 아는 듯했다. 2016~2017년에 의심스러운 콘텐츠를 올린 트위터 봇들은 유명한 사용자들을 더욱 집중적으로 공략했다.[104]

봇만이 이와 같은 표적 전략을 사용하는 것은 아니다. 2018년 플로리다주 파크랜드의 마조리 스톤맨더글러스고등학교에서 총기 난사 사건이 일어난 이후 범인이 주도인 탤러해시에 근거를 둔 작은 백인 우월주의자 집단의 구성원이라는 보도가 나왔다. 그러나 그건 거짓이었다. 그 이야기는 온라인 커뮤니티의 트롤들에게서 처음 나왔으며 이들은 호기심 어린 기자들이 그 주장이 진짜라고 믿게 만드는 데 성공했다. 한 사용자는 이렇게 지적했다. "기사 하나만 있으면 된다. 그러면 모두 그 이야기를 믿는다."[105]

와츠와 니한 같은 연구자들이 2016년 사람들은 의심스러운 온라인 출처에서 정보를 별로 얻지 않는다고 주장했지만 그렇다고 해서 그게 문제

수학자가 알려주는 전염의 원리

가 아니라는 뜻은 아니다. 와츠는 "나는 그게 정말로 중요하지만 사람들이 생각하는 방식으로 중요한 건 아니라고 생각한다"라고 말했다.

비주류 집단이 거짓된 생각이나 이야기를 트위터에 올려도 그게 항상 대중에게 도달하는 건 아니다. 적어도 초기에는 그렇다. 그 대신 그런 콘텐츠는 보통 소셜 미디어에서 긴 시간을 보내는 기자나 정치가를 표적으로 삼는다. 이런 사람들이 받아서 더 많은 사람에게 퍼뜨리기를 바라는 것이다. 예를 들어, 2017년 기자들은 @wokeluisa라는 트위터 사용자의 메시지를 늘 인용했다. 그 사람은 젊고 뉴욕에 살며 정치학과 대학원생인 것 같았다. 그러나 실제로 그 계정을 운영하는 건 러시아의 트롤 집단이었다. 언론을 표적으로 삼아 신뢰성을 쌓고 메시지를 증폭하려는 목적이 분명했다.[106] 이것은 생각을 퍼뜨리려는 집단이 흔히 사용하는 수법이다. "기자는 단순히 언론 조작 게임의 한 부분이 아니다. 기자는 트로피다." 시러큐스대학교에서 온라인 미디어를 연구하는 휘트니 필립스의 말이다.[107]

일단 한 언론사가 어떤 이야기를 다루면 다른 언론사들도 기사를 받으면서 되먹임 효과가 나타날 수 있다. 몇 년 전 나는 의도치 않게 이 언론의 되먹힘 효과를 직접 경험했다. 새로 나온 복권에 수학적으로 엉뚱한 점이 있다는 말을 한 〈타임스〉 기자에게 슬쩍 하면서 시작됐다. (당시 나는 도박의 과학을 다룬 책 집필을 막 끝냈다.) 이틀 뒤 그 기사가 지면에 나왔고, 바로 그날 아침 오전 8시 30분 나는 그 기사를 본 아침 방송 프로그램 PD에게서 연락을 받았다. 오전 10시 30분에는 전국에 나가는 텔레비전 생방송에 출연했다. 그 직후 라디오 채널에서 연락을 받았다. 그 기사를 읽은 그들은 내가 점심시간에 가장 잘나가는 프로그램에 출연해주기를 원했다. 그 뒤로 더 많은 보도가 이어졌고, 마침내 내가 수백만 명에게 도달하는 것으로 마무리됐다. 모두 그 기사 하나로 시작된 일이다.

내 경험은 초현실적이긴 했지만 해롭지는 않은 일이었다. 그러나 다른 사람들은 미디어의 되먹임 효과를 이용하려고 전략적인 노력을 기울여왔다. 대중이 비주류 웹사이트를 피한다 해도 가짜 정보가 널리 퍼지는 이유가 바로 여기에 있다. 본질적으로 그것은 정보 세탁의 한 형태다. 마약 카르텔이 합법적인 사업을 거치게 해서 돈의 출처를 숨기듯이 온라인에서 조작하는 사람들도 자기 메시지를 증폭하고 퍼뜨리려고 믿을 만한 출처를 이용한다. 그러면 더욱 많은 사람이 익명의 계정이 아닌 익숙한 인물이나 언론을 통해 그 메시지를 듣는다.

그런 정보 세탁은 어떤 현안을 둘러싼 논쟁과 언론 보도에 영향을 줄 수 있게 해준다. 조작하는 사람들은 신중하게 표적을 골라 메시지를 증폭함으로써 특정 정책이나 후보가 광범위한 인기를 얻고 있다는 환상을 만든다. 마케팅 분야에서는 이 전략을 '아스트로터핑(인조잔디 깔기)'이라고 한다. 풀뿌리 후원을 인공적으로 흉내 내기 때문이다. 그러면 기자와 정치가들은 그런 이야기를 무시하기 어려워지고, 결국 진짜 뉴스가 된다.

물론 언론의 영향력이 최근에 생긴 것은 아니다. 기자들이 뉴스 순환의 양상을 바꿔놓을 수 있다는 사실은 오래전부터 알려졌다. 에벌린 워는 1938년 쓴 풍자소설 《스쿱Scoop》에 혁명을 취재하러 간 웬록 제이크스라는 스타 기자 이야기를 집어넣었다. 불행히도 제이크스는 기차에서 잠을 너무 오래 자는 바람에 엉뚱한 나라에서 일어난다. 자기 실수를 깨닫지 못한 제이크스는 '거리에 놓인 바리케이드와 불타는 교회, 타자기 소리에 화답하는 기관총'에 대한 기사를 지어낸다. 물을 먹고 싶지 않은 다른 기자들도 도착해서 비슷한 기사를 꾸며낸다. 오래지 않아 주가는 폭락하고 그 나라는 경제 공황을 겪는다. 그리고 비상사태로 이어져 결국 혁명이 일어난다.

이는 소설이지만 작가가 묘사한 근본적인 뉴스 되먹임 현상은 여전히 일어난다. 그러나 현대의 정보와 크게 다른 점이 몇몇 있다. 하나는 퍼지는 속도다. 인지도가 없던 밈도 몇 시간 만에 대화의 주요 화제가 될 수 있다.[108] 또 다른 차이는 전염을 일으키는 비용이다. 봇과 가짜 계정은 상당히 저렴하게 만들 수 있다. 정치가나 언론에 의한 대량 증폭은 사실상 공짜다. 어떨 때는 인기 좋은 가짜 뉴스가 광고 수익을 내서 돈을 벌어들인다. '알고리즘 조작' 가능성도 있다. 만약 어떤 집단이 가짜 계정을 이용해 소셜 미디어 알고리즘이 가치 있게 여기는 댓글이나 '좋아요' 같은 반응을 생산한다면, 실제로 그에 대해 이야기하는 사람이 거의 없어도 실시간 인기 주제에 올라가게 할 수 있다.

이런 새로운 도구로 사람들은 어떤 것이 인기를 끌게 하려고 시도했을까? 2016년 이후 '가짜 뉴스'는 온라인 정보의 조작을 표현하는 일상 용어가 됐다. 그러나 그다지 도움이 되는 표현은 아니다. 기술을 연구하는 드네 디레스타는 '가짜 뉴스'가 클릭 낚시, 음모론, 잘못된 정보, 역정보를 포함하는 여러 유행의 콘텐츠를 가리킬 수 있다고 지적했다. 앞서 살펴보았듯이, 클릭 낚시는 단순히 우리가 어떤 웹사이트에 방문하도록 유혹한다. 그 링크는 으레 진짜 뉴스 기사로 이어진다. 음모론은 '은밀한 진실'이 들어가도록 실제 이야기를 살짝 비튼다. 그리고 점점 발전하면서 더 과장되고 정교해지지만 잘못된 정보가 있다. 디레스타는 잘못된 정보를 우연히 널리 퍼진 잘못된 콘텐츠로 정의한다. 여기에는 속임수나 장난처럼 일부러 틀리게 만들었지만 이를 진짜라고 믿는 사람들이 무심코 퍼뜨린 것이 들어간다.

마지막으로, 가장 위험한 가짜 뉴스 형태는 역정보다. 흔히 역정보는 거짓 정보를 믿게 하려 만든다고 생각한다. 하지만 실제로는 그것보다 더 미묘하다. 냉전 때 옛 소련의 국가보안위원회KGB가 해외 요원을 훈련할 때 가르친 게 대중의 의견에 갈등을 조장하고 뉴스의 정확성에 대한 확신을 떨어뜨리는 방법이었다.[109] 역정보는 바로 이런 것을 의미한다. 거짓된 이야기가 진짜라고 설득하는 것이 아니라 진실이라는 개념 자체를 의심하게 만들기 위해 존재한다. 사실이 이리저리 바뀌게 만들어 현실을 파악하기 어렵게 만드는 게 목적이다. KGB는 역정보를 심는 데는 그다지 능하지 못했지만 증폭하는 방법은 알고 있었다. 디레스타의 표현에 따르면 이렇다. "KGB가 그 수법을 널리 사용한 예스러운 과거에는 주요 언론사가 다루게 하는 게 목표였다. 그러면 언론은 정당성도 제공하고 배포도 책임졌다."[110]

지난 10여 년 사이에 몇몇 온라인 공동체는 메시지를 전달하는 데 특히 성공적이었다. 초창기의 한 사례는 2008년 9월에 있었다. 한 사용자가 〈오프라 윈프리 쇼〉의 온라인 게시판에 글을 올렸다. 그는 자기가 회원이 9,000 이상인 대규모 소아성애자 네트워크를 대표한다고 주장했다. 그러나 그 글은 사실과 상당히 달랐다. '9,000 이상'이라는 문구는—드래곤볼 Z에서 베지터가 상대 전투력을 보고 외친 말에서 나왔다—사실 트롤이 많이 활동하는 온라인 커뮤니티 4chan에서 나온 밈이었다. 4chan 사용자들에게는 즐겁게도 윈프리는 소아성애자라는 이 사람의 주장을 진지하게 받아들여 방송에서 그 문구를 읽었다.[111]

4chan이나 레딧, 갭 같은 온라인 커뮤니티는 사실 전염성 있는 밈의 인큐베이터 역할을 한다. 사용자가 사진과 문구를 올리면 수많은 새로운

변종의 탄생에 불을 붙일 수 있다. 새롭게 돌연변이가 된 밈은 커뮤니티 안에서 퍼져나가며 경쟁한다. 그리고 가장 전염성이 높은 밈이 살아남고 약한 것들은 사라진다. 생물 진화에서 일어나는 '적자생존'과 같은 것이다.[112] 병원체처럼 긴 시간을 두고 그렇게 되는 것은 아니지만 이런 크라우드소싱 진화는 여전히 온라인 콘텐츠에 중요한 이점을 제공한다.

트롤들이 예리하게 연마한 진화의 비결 중 가장 성공적인 것은 밈을 터무니없거나 극단적으로 만드는 일이다. 그러면 그게 진지한 것인지 아닌지 명확하지 않게 된다. 이렇게 덧씌운 반어법은 원래대로라면 퍼지지 못할 불쾌한 견해가 널리 퍼지는 데 도움이 된다. 만약 사용자들의 기분이 나쁘면 밈을 만든 사람은 그것이 농담이었다고 주장할 수 있다. 사용자들이 농담으로 받아들이면 밈이 비판을 받지 않고 퍼진다. 백인 우월주의자 단체 역시 이런 수법을 사용했다. 유출된 '데일리 스토머(미국의 극우, 네오나치, 백인 우월주의자 온라인 커뮤니티_옮긴이)'의 스타일 가이드에는 독자들이 싫어하지 않게 만들려면 가볍게 쓰라고 충고했다. "보통 인종 무시 발언을 할 때는 반농담으로 여겨지게 해야 한다."[113]

인기를 얻은 밈은 언론에 정통한 정치인을 위한 효과적 자원이 된다. 2018년 10월 트럼프는 공화당이 이민자보다 경제를 우선시한다며 '폭도가 아닌 직업Jobs Not Mobs'이라는 슬로건을 채택했다. 언론이 그 아이디어의 출처를 추적한 결과 원래 트위터에서 나온 밈이었을 가능성이 크다는 사실이 드러났다. 그 뒤 레딧에서 머무는 동안 더 재치 있게 진화했고 더 널리 퍼졌다.[114]

비주류 콘텐츠를 받아들이는 이들은 정치인만이 아니다. 온라인의 소문과 잘못된 정보는 스리랑카와 미얀마에서 소수자에 대한 공격을 선동했으며, 멕시코와 인도에서는 폭력 아웃브레이크를 일으켰다. 역정보 활동은 논쟁 당사자인 두 진영 모두를 뒤흔든다. 2016~2017년에 러시아 트롤 집단은 대립하는 사람들이 극우 시위와 반대 시위를 조직하게 하려고 여러 차례 페이스북에서 사건을 일으켰다.[115] 백신 같은 특정 주제를 둘러싼 역정보는 더 광범위한 사회적 불안정을 일으킬 수 있다. 과학에 대한 불신은 정부와 사법 체계에 대한 불신으로 이어지는 경향이 있다.[116]

해로운 정보를 전파하는 것은 새로운 문제가 아니다. '가짜 뉴스'라는 용어조차 과거에 나온 적이 있었다. 1930년대 후반에 잠깐 인기를 끌다 사라졌으나[117] 온라인 네트워크 구조는 이 문제를 더 빠르고 더 크고 덜 직관적으로 만들었다. 몇몇 감염성 질병과 마찬가지로 정보도 더 효과적으로 퍼지도록 진화할 수 있다. 그러면 우리는 무슨 일을 할 수 있을까?

도호쿠 지방 태평양 해역 지진, 우리가 흔히 부르는 동일본대지진은 일본 역사상 가장 큰 지진이다. 지구 축을 몇 센티미터 움직일 정도로 강력했고 높이가 40미터나 되는 쓰나미가 뒤를 이었으며 곧 소문이 돌았다. 2011년 3월 11일 지진이 강타한 지 3시간 만에 한 트위터 사용자가 가스 탱크가 폭발해 독성 비가 내릴 수 있다고 주장했다. 폭발한 것은 진짜였지만 비가 위험한 것은 아니었다. 그래도 소문은 그치지 않았다. 하루도 채 되지 않아 수천 명이 그 가짜 경고를 보고 공유했다.[118]

인근 도시 우라야스는 소문을 바로잡는 트윗을 올렸다. 잘못된 정보가 먼저 출발했지만 정정 트윗이 곧 따라잡았다. 다음 날 오후가 되자 원래 소문보다 정정 트윗을 리트윗한 사용자가 더 많아졌다. 도쿄에 사는 연구자들은 좀 더 빨리 대응했으면 훨씬 더 성공적이었을 거라고 했다. 이들은 수학 모형을 이용해 정정 트윗이 두 시간 더 빨리 올라왔다면 소문의 아웃브레이크는 25% 더 작았을 것으로 추정했다.

즉각적 정정으로도 아웃브레이크를 멈추지 못할 수는 있지만 느려지게 할 수는 있다. 페이스북 연구자들은 빨리 부자 되는 방법 같은 사기성 글을 공유했을 때 친구들이 재빨리 지적한다면 당사자가 그 글을 삭제할 확률이 20%까지 높아진다는 사실을 알아냈다.[119] 어떤 경우에는 기업이 애플리케이션 구조를 변경해 일부러 전파 속도를 늦추기도 했다. 인도에서 거짓 소문과 관련된 폭행이 발생하자 왓츠앱은 사용자가 콘텐츠를 전달하기 더 어렵게 만들었다. 원래 100명 이상에게 메시지를 공유할 수 있지만 인도에서는 다섯 명까지만 가능하게 제한했다.[120]

이런 대응책이 R의 어떤 측면을 표적으로 삼아 작동하는지 생각해보라. 왓츠앱은 전파 기회를 줄였다. 친구를 설득해 글을 지우게 한 페이스북 사용자는 감염 기간을 줄인 것이다. 우라야스 시청은 소문을 접하지 못한 수천 명에게 올바른 정보를 보여줌으로써 감염될 수 있는 사람의 비율을 줄였다. 질병에서 R의 어떤 요소는 다른 요소보다 더 표적으로 삼기 쉬울 수도 있다. 2019년 핀터레스트는 검색에서 백신 반대 콘텐츠가 나타나지 않도록 차단했다고(전파 기회를 제거한 것이다) 발표했다. 이런 콘텐츠를 완전히 없애려고 애썼는데, 그랬다면 감염 기간을 억제했을 것이다.[121]

R의 마지막 측면은 바로 어떤 생각의 고유한 전파율이다. 잠재적인 전염 효과를 억제하기 위해 자살과 같은 사건을 언론이 보도할 때 지켜야 할 준칙이 있다는 사실을 떠올리자. 필립스 같은 연구자들은 우리가 정보 조작을 똑같은 방식으로 다루어야 한다고 주장했다. 문제가 더 퍼지도록 보도하지 말자는 것이다. "특정 사기나 다른 언론 조작 노력은 보도하는 순간 그것을 정당화하게 됩니다. 본질적으로 미래의 누군가가 어떻게 하면 될지 알도록 청사진을 제공하는 셈입니다."[122]

이에 더해 최근 몇몇 사건은 일부 언론이 아직 갈 길이 멀다는 사실을 보여주었다. 2019년 뉴질랜드 크라이스트처치의 모스크에서 총기 난사 사건이 일어난 이후 몇몇 언론은 이미 확립된 테러 공격 보도 준칙을 무시했다. 많은 언론이 범인의 이름과 상세한 이념을 밝히거나 심지어 영상을 보여주고 범인의 선언을 볼 수 있게 링크를 걸었다. 우려했던 대로 이 정보는 활발한 반응을 얻었다. 페이스북에서 널리 공유된 기사는 보도 준칙을 어겼을 가능성이 훨씬 더 크다.[123]

이는 우리가 악의적인 생각과 소통하는 방법에 관심을 둘 때 실제로 누가 이익을 보는지 다시 생각해야 한다는 사실을 보여준다. 극단적인 견해를 크게 다루는 이유로 가장 흔한 주장은 언론이 증폭하지 않아도 어차피 퍼지게 되어 있다는 것이다. 그러나 온라인 전염에 대한 연구 결과 그와 반대라는 사실이 드러났다. 증폭하는 방송 이벤트가 없으면 콘텐츠는 웬만해서 멀리 퍼지지 않는다. 어떤 생각이 인기를 끈다면 그것은 대개 유명인이나 언론이 의도적이든 우연히든 퍼지는 데 도움이 됐기 때문이다.

불행히도 언론의 변화하는 속성 때문에 언론 조작에 저항하기가 더 어렵다. 온라인 공유와 클릭에 대한 욕망이 커지면서 많은 언론이 전염성 있는 생각을 전달하는 사람과 그런 사람에게 따르는 관심에 이용당하기 쉬워졌다. 그러면 웬만한 사람보다 온라인 전염에 대한 이해도가 훨씬 더 높은 트롤과 조작하려는 사람들을 끌어들이게 된다. 기술적 관점에서 보면 조작하는 사람은 대부분 시스템을 악용하지 않는다. 시스템이 장려하는 대로 할 뿐이다. "그게 왜 교활하냐면 그자들은 정확히 설계 의도에 따라 소셜 미디어를 이용하기 때문이다." 필립스는 이렇게 말했다. 필립스는 연구를 진행하며 기자 수십 명을 인터뷰했다. 많은 수는 극단적인 견해에 대한 기사로 수익을 낸다는 사실을 알고 불편한 기분을 느꼈다. "나한테는 아주 좋은 일이지만 나라에는 아주 나쁜 일이다." 한 기자는 필립스에게 이렇게 말했다. 필립스는 전염 가능성을 줄이려면 기사에서 조작 과정을 다루어야 한다고 주장했다. "기사 자체가 증폭 사슬의 일부라는 점, 기자가 증폭 사슬의 일부라는 점, 독자가 증폭 사슬의 일부라는 점을 확실하게 밝혀야 한다. 이런 것이 보도에서 정말로 잘 드러나야 한다."

언론이 정보 아웃브레이크에서 큰 역할을 할 수 있지만 전파 사슬에는 다른 연결고리도 있다. 가장 두드러진 것이 소셜 미디어 플랫폼이다. 그러나 이런 플랫폼에서 이루어지는 전염을 연구하는 일은 감염 사례나 총기 사고 순서를 재구성하는 것처럼 간단하지 않다. 온라인 생태계에는 차원이 대단히 많다. 조 단위의 사회적 소통과 엄청나게 많은 잠재적 전파 경로도 있다. 이렇게 복잡하지만 해로운 정보에 대해 제안된 해결책은 흔히 일차원적이다. 뭔가를 더 하고 뭔가를 덜 해야 한다는 식이다.

복잡한 사회적 질문은 어떤 것이든 간단하고 명확한 해답이 있을 가능성이 작다. 니한은 이렇게 말했다.[124] "우리가 겪는 변화가 약물과 전쟁을 치른 미국에서 일어난 일과 비슷하다. 우리는 '이게 우리가 해결해야 할 문제야'에서 '이게 우리가 관리해야 할 만성질환이야'로 옮겨가고 있다. 인간을 쉽게 오인하는 존재로 만드는 심리적 취약성은 사라지지 않을 테니 그것이 널리 퍼지게 만드는 데 일조하는 온라인 도구는 사라지지 않을 것이다."

우리는 우리 자신은 말할 것도 없고 언론과 정치 조직, 소셜 미디어 플랫폼이 조작에 저항성을 더 갖추도록 만들어야 한다. 그건 우선 전파 과정을 훨씬 더 잘 이해해야 한다는 뜻이다. 몇몇 집단이나 국가, 플랫폼에 집중하는 것으로는 충분하지 않다. 전염병 아웃브레이크처럼 정보에는 경계가 거의 없다. 1918년의 '스페인 독감'에 대한 비난을 감염 사례를 유일하게 보고한 나라라는 이유로 스페인이 뒤집어쓴 것처럼 우리가 그리는 온라인 전염의 그림은 우리가 어디서 아웃브레이크를 보느냐에 따라 왜곡될 수 있다. 페이스북은 사용자가 트위터의 일곱 배지만 최근 연구자들이 발표한 연구 결과 페이스북보다 트위터에서 일어나는 전염을 관찰한 사례가 거의 다섯 배나 된다.[125] 이는 지금까지 페이스북이나 왓츠앱 같은 폐쇄적인 애플리케이션에서 어떤 것이 퍼져나가는지 관찰하는 것보다 트위터의 공공 데이터에 접근하는 게 훨씬 더 쉬웠기 때문이다.

상황이 바뀌리라는 희망은 있다. 2019년 페이스북은 페이스북이 민주주의에 미치는 영향을 연구하려 학계 연구진 열두 곳과 협력하기로 했다고 발표했다. 그러나 더 광범위한 정보 생태계를 이해하기 위해서는 아직 갈 길이 멀다.[126] 온라인 전염을 조사하기가 그렇게 어려운 이유 중 하나는 우리가 대부분 다른 사람들이 실제로 무엇을 접하는지 알기 어려웠기 때문이다. 몇십 년 전 우리는 사회에서 어떤 활동이 벌어지는지 알고 싶으면 신문을 펼치거나 텔레비전을 켰다. 비록 영향력은 불명확했지만 메시지는 그 자체로 눈에 띄었다. 아웃브레이크 용어로 표현하면 모든 사람이 감염원을 볼 수 있었다. 하지만 아무도 병이 얼마나 많이 퍼졌는지 혹은 누가 어디서 옮았는지 사실상 이해하지 못했다. 이를 소셜 미디어의 부상과 인터넷에서 특정 사용자를 쫓아다니는 조작 활동과 비교해보자. 생각을 퍼뜨리는 일에 대해 최근 정보를 뿌리고 다니는 집단들은 전파 경로를 전보다 훨씬 더 잘 알았다. 하지만 감염의 원천은 다른 모든 사람에게 보이지 않았다.[127]

잘못된 정보와 역정보의 전파를 드러내고 계량하는 일은 효과적인 대응책을 개발하는 데 핵심이다. 전염을 제대로 이해하지 못하면 '나쁜 공기'처럼 엉뚱한 원인 탓을 하거나 금욕처럼—성병을 예방한다고 그랬듯이—이론적으로는 가능하지만 실제로는 효과가 없는 단순한 전략을 제안할 위험이 있다. 우리는 전파 과정을 밝혀 역학에서 저질렀던 이와 같은 실수를 하지 않을 가능성을 높일 수 있다. 또 도미노 효과의 이득도 취할 수 있다. 전염성이 있는 무언가가 있을 때 관리 대책은 직접적 효과뿐 아니라 간접적 효과도 낸다. 예방접종을 생각해보자. 어떤 사람에게 백신을 맞히면 새 감염자가 생기지 않는다는 직접적 효과는 물론 다른 사람에게 병을 옮기지 않는다는 간접적 효과도 얻는다. 따라서 어떤 인구 집단을 대상으로 예방접종을 하면 우리는 직접적·간접적 효과 양쪽에서 이익을 얻는다.

온라인 전염도 이와 똑같다. 해로운 콘텐츠와 맞서 싸우면 어떤 사람이 그 콘텐츠를 보지 못하도록 하는 직접적 효과와 동시에 다른 사람에게 퍼뜨리지 못하도록 하는 간접적 효과를 얻을 수 있다. 이는 잘 계획한 관리 대책이 대단히 효과적일지도 모른다는 뜻이다. R에 조금만 손을 대도 아웃브레이크 규모를 크게 줄일 수 있다.

———

"소셜 미디어에서 시간을 보내는 게 우리에게 나쁠까?" 2017년 말 페이스북 연구자 두 사람은 이렇게 물었다. 데이비드 긴스버그와 모이라 버크는 소셜 미디어 사용이 행복에 미치는 영향에 대한 증거를 평가했다. 페이스북에서 발표한 그 결과에 따르면, 모든 소통이 이익이 되는 것은 아니었다. 예를 들어 버크 이전의 연구는 가까운 친구에게서 진심 어린 메시지를 받으면 사용자의 행복이 커지는 것으로 보이지만 '좋아요' 같은 가벼운 반응은 그렇지 않다는 사실을 밝혔다. 긴스버그와 버크는 이렇게 주장했다. "직접 만날 때와 마찬가지로 좋아하는 사람과 소통하는 일은 이로울 수 있지만, 그저 방관하듯 다른 사람을 쳐다보기만 하면 기분이 나빠질 수 있다."[128]

인간 행동에 대한 보편적 이론을 시험하는 것은 온라인 연구의 큰 장점이다. 지난 10여 년 동안 연구자들은 막대한 양의 데이터세트를 이용해 정보 전파에 대한 오래된 아이디어에 의문을 제기했다. 이런 연구는 이미 온라인의 영향력과 인기, 성공에 대한 오개념에 도전했다. 심지어는 '바이럴이 된다'는 개념조차 뒤집었다. 온라인 연구 방법은 거꾸로 질병 분석에도 영향을 미친다. 온라인 밈을 연구하는 데 쓰이는 기법을 도입한

말라리아 연구자들은 중앙아메리카의 말라리아 전파를 추적하는 새로운 방법을 찾아냈다.[129]

소셜 미디어가 소통 방법을 가장 눈에 띄게 바꿔놓았을지는 모르지만 우리 삶에서 점점 커지는 유일한 네트워크는 아니다. 다음 장에서 볼 수 있듯이, 새로운 연결고리가 일상생활 속으로 침투하면서 기술적 연결은 다른 방식으로 확장하고 있다. 그런 기술은 엄청난 이익을 가져다줄 수 있지만 새로운 위험을 만들기도 한다. 아웃브레이크의 세계에서는 모든 새로운 연결이 새 전염 경로가 될 수 있다.

6장

컴퓨터 바이러스와
돌연변이

대규모 사이버 공격으로 넷플릭스, 아마존, 트위터 같은 웹사이트를 먹통으로 만들 때면 주전자, 냉장고, 토스터도 공격 대상이 된다. 2016년 '미라이'라는 이름의 한 소프트웨어는 세계적으로 수천 개에 달하는 스마트 가전기기를 감염시켰다. 사용자가 온라인 애플리케이션을 이용해 온도와 같은 설정을 조절하는 일이 많아지면서 감염에 취약한 연결이 생겼다. 일단 미라이에 감염되면 그 기기는 방대한 봇의 네트워크를 형성해 강력한 온라인 무기가 된다.[1]

그해 10월 21일 세계는 그 무기가 쓰였다는 사실을 알았다. 봇넷 배후에 있던 해커들은 널리 쓰이는 도메인 주소 시스템을 제공하는 업체 딘Dyn을 공격했다. 이 시스템은 우리가 웹을 돌아다니는 데 필수적이다. 아마존닷컴Amazon.com 같은 익숙한 웹 주소를 숫자로 된 IP 주소로 바꾸어 컴퓨터가 웹 어디에서 그 사이트를 찾아야 하는지 알려준다. 웹사이트용 전화번호부 같다고 생각하면 된다. 미라이 봇은 불필요한 요청이 넘쳐나게 하는 방식으로 딘을 공격해 시스템을 중단시켰다.

딘과 같은 시스템은 매일같이 아무 문제 없이 수많은 요청을 처리한다. 따라서 이런 곳을 제압하려면 대단한 노력이 필요하다. 그런 노력은 순전히 미라이 네트워크의 규모에서 나온다. 미라이가 그처럼 역사상 가장 큰 공격을 해낸 것은 감염 피해자가 평범하지 않았기 때문이다. 전통적으로 봇넷은 컴퓨터나 인터넷 라우터로 이루어져 있다. 그러나 미라이는

'사물인터넷'을 통해 퍼졌다. 주방기기뿐 아니라 스마트TV와 베이비 모니터 같은 기기를 감염시킨 것이다. 대규모 사이버 공격을 조직할 때는 이런 기기를 노리는 게 확실히 유리하다. 사람들은 잠을 잘 때 컴퓨터를 끄지만 흔히 다른 가전제품은 켜둔다. "미라이의 화력은 말이 안 되는 수준이었다." 훗날 한 FBI 요원은 〈와이어드〉에 이렇게 말했다.[2]

미라이의 공격 규모는 인공적 감염이 얼마나 쉽게 퍼질 수 있는지 보여주었다. 그리고 몇 달 뒤인 2017년 5월 12일 주목할 만한 또 다른 사례가 나타났다. '워너크라이'라는 랜섬웨어가 컴퓨터 수천 대를 인질로 붙잡았다. 이 랜섬웨어는 먼저 사용자가 파일에 접근하지 못하게 잠가 버린다. 그리고 3일 안에 익명 계정으로 300달러어치 비트코인을 이체하라는 메시지를 화면에 띄운다. 만약 돈을 내지 않으면 파일은 영원히 잠기게 된다. 결국 워너크라이는 광범위한 혼란을 일으켰다. 영국 국민보건서비스의 컴퓨터를 공격한 결과 예약 1만 9,000건이 취소됐다. 며칠 만에 100여 개국이 영향을 받았고 10억 달러 이상 피해를 보았다.[3]

규모가 커지는 데 며칠 혹은 몇 주가 걸리기도 하는 사회적 전염이나 생물학적 감염 아웃브레이크와 달리 인공적 감염은 훨씬 더 빠르게 진행될 수 있다. 멀웨어 아웃브레이크는 몇 시간 만에 광범위하게 퍼질 수 있다. 초기 단계의 미라이와 워너크라이 아웃브레이크는 둘 다 80분마다 규모가 두 배로 커졌다. 다른 멀웨어는 그보다 빨리 퍼질 수 있다. 어떤 아웃브레이크는 몇 초 만에 두 배로 커진다.[4] 그러나 컴퓨터 전염이 언제나 그렇게 빠른 건 아니다.

사상 최초로 실험실 네트워크 밖 '야생'에서 퍼진 바이러스는 장난으로 시작됐다. 1982년 2월, 리치 스크렌타는 가정용 컴퓨터인 애플II를 노리는 바이러스를 만들었다. 펜실베이니아에 사는 열다섯 살 고등학생인 스크렌타는 해를 끼친다기보다는 성가시게 할 목적으로 바이러스를 설계했다. 바이러스에 감염되면 이따금 화면에 스크렌타가 쓴 짧은 시가 나오게 되어 있었다.[5]

스크렌타가 '엘크 클로너'라는 이름을 붙인 이 바이러스는 사람들이 다른 컴퓨터로 게임을 복사해갈 때 퍼졌다. 네트워크 과학자 알레산드로 베스피그나니에 따르면 초창기 컴퓨터는 대부분 네트워크에 연결되어 있지 않았다. 따라서 컴퓨터 바이러스는 생물학적 감염과 아주 비슷했다. "바이러스는 플로피 디스크를 타고 퍼져나갔다. 그건 접촉 패턴과 사회 네트워크 문제였다."[6] 이 전파 과정은 엘크 클로너가 스크렌타가 알고 지내는 친구 무리 밖으로는 별로 나가지 못했다는 사실을 의미했다. 엘크 클로너는 볼티모어에 사는 스크렌타의 사촌에게 도달했고 미국 해군에 근무하는 친구의 컴퓨터까지 퍼졌지만 이렇게 멀리 퍼지는 건 드문 일이었다.

그러나 국지적이고 비교적 해롭지 않은 바이러스의 시대는 오래가지 않았다. 베스피그나니는 이렇게 말했다. "컴퓨터 바이러스는 금세 완전히 다른 세상으로 흘러 들어갔다. 바이러스는 돌연변이를 일으켰다. 전파 경로도 달랐다." 멀웨어는 사람 사이의 소통에 의존하는 대신 기계에서 기계로 직접 퍼져나가는 방식을 채택했다. 멀웨어가 점점 흔해지면서 새로운 위협에도 새로운 용어를 붙일 필요가 생겼다. 1984년 컴퓨터과학자 프레드 코헨은 생체 바이러스가 숙주 세포를 감염시켜 증식하는 것과 마찬가지로 다른 프로그램을 감염시켜 복제하는 프로그램이라는 컴퓨터 바이러스의 정의를 처음 제시했다.[7] 생물학 비유는 여기서 끝이 아니었다. 다른 프로그램에 달라붙지 않고도 증식하고 퍼질 수 있는 '컴퓨터 웜'과 바이러스를 대조해 보였다.

1988년 온라인 웜(네트워크에서 자가 증식해 기억장치를 소모하거나 데이터를 파괴하는 악성 프로그램_옮긴이)이 대중의 관심을 받은 것은 코넬대학교 학생 로버스 모리스가 만든 '모리스 웜' 때문이다. 11월 2일 등장한 모리스 웜은 인터넷의 초기 버전인 아르파넷을 통해 재빨리 퍼졌다. 모리스는 그 웜이 네트워크 규모를 측정하기 위해 조용히 퍼지게 되어 있다고 주장했다. 그러나 코드에 조금만 변형을 가해도 큰 문제를 일으킬 터였다.

원래 모리스는 같은 컴퓨터에 다수의 웜을 설치하는 일이 없도록 프로그램이 새로운 컴퓨터에 도달하면 가장 먼저 그 컴퓨터가 이미 감염됐는지 확인하도록 코드를 짰다. 이 접근법의 문제는 사용자가 웜을 차단하기 쉬워진다는 것이다. 이 문제를 피하기 위해 모리스는 때때로 웜이 이미 감염된 컴퓨터에서도 스스로 복제되게끔 만들었다. 그러나 모리스는 나중에 어떤 후폭풍이 생길지 모르고 있었다. 세상에 나온 웜은 너무 빨리 퍼져나갔고 많은 컴퓨터가 작동을 멈추었다.[8]

모리스 웜은 결국 당시 인터넷의 10%를 차지했던 컴퓨터 6,000대를 감염시켰다. 모리스의 친구이자 동료인 폴 그레이엄에 따르면 이는 금세 널리 퍼진 추측에 불과했다. "사람들은 숫자를 좋아한다. 이제 이 숫자는 인터넷의 모든 곳에서 복제된다. 마치 그 자체로 작은 웜 같다."[9]

수학자가 알려주는 전염의 원리

모리스 아웃브레이크의 수치가 사실이라 해도 현대의 멀웨어와 비교하면 빛이 바랜다. 2016년 8월 시작된 미라이 아웃브레이크는 하루 만에 6만 5,000개에 가까운 기기를 감염시켰다. 2017년 초 규모가 쪼그라들기 전 절정에 올랐을 때 그 결과로 생긴 봇넷의 규모는 50만 기기가 넘었다.

미라이와 모리스 웜에는 비슷한 점이 있다. 아웃브레이크가 손을 쓸 수 없도록 커질 거라고 개발자조차 예상하지 못했다는 것이다. 2016년 10월 아마존과 넷플릭스 같은 웹사이트에 침범하면서 언론에서 크게 다루기는 했지만 원래 미라이는 좀 더 특수한 이유로 만들어졌다. 미라이의 기원을 추적한 미국 FBI는 그것이 파라스 자라는 스무 살짜리 대학생과 친구 두 명 그리고 마인크래프트라는 컴퓨터 게임에서 시작됐다는 사실을 알아냈다.

마인크래프트를 적극적으로 사용하는 사람은 세계적으로 5,000만 명이 넘는다. 이들은 광대한 온라인 세상에서 함께 논다. 이 게임은 개발자에게도 막대한 이익을 안겨주었는데 개발자는 2014년 마이크로소프트에 마인크래프트를 판매한 뒤 7,000만 달러짜리 저택을 샀다.[10] 또 마인크래프트의 다른 가상 세계를 돌리는 독립 서버 운영자들도 수지를 맞았다. 대부분 온라인 멀티플레이어 게임은 중앙의 어떤 기관으로부터 통제를 받지만, 마인크래프트는 자유 시장처럼 운영된다. 사람들은 돈을 내고 원하는 서버에 접속할 수 있다. 게임이 더욱 인기를 끌면서 몇몇 서버 운영자는 1년에 수십만 달러씩 벌기도 했다.[11]

눈앞에 보이는 돈이 점점 늘어나자 몇몇 서버 운영자는 경쟁자를 날려

버리기로 했다. 다른 서버에 충분히 많은 가짜 활동이 일어나게 디도스 DDoS 공격을 한다면 게임하는 사람들의 연결이 느려질 터였다. 그러면 사용자는 짜증이 나서 다른 서버를 찾는다. 공격을 조직한 자들이 운영하는 서버로 온다면 더할 나위 없이 좋다. 온라인 무기 시장도 나타났다. 용병들이 갈수록 정교해지는 디도스 공격 도구를 팔았으며 많은 경우 그에 대한 방어 도구도 함께 팔았다.

여기서 미라이가 등장했다. 이 봇넷은 너무나 강력해서 똑같은 행위를 시도하는 다른 어떤 경쟁자보다 뛰어났다. 그러나 미라이는 마인크래프트 세계에 오래 머물지 않았다. 2016년 9월 30일, 딘 공격이 있기 몇 주 전 자와 그의 친구들은 인터넷 커뮤니티에 미라이의 소스 코드를 공개했다. 이는 해커들이 흔히 쓰는 수법인데, 코드가 공개되면 관계 당국이 개발자를 찾기가 더 어려워진다. 정체가 확실하지 않은 누군가가 세 사람의 코드를 내려받아 딘에 디도스 공격을 가하는 데 사용했다.

FBI는 감염된 기기를 압류해 끈질기게 전파 사슬을 거슬러 올라간 끝에 뉴저지, 피츠버그, 뉴올리언스에 살던 미라이의 원래 개발자들을 마침내 붙잡았다. 2017년 12월, 세 사람은 봇넷을 개발한 죄를 인정하지 않았다. 형벌의 하나로 이들은 FBI와 함께 앞으로 있을 비슷한 공격을 예방하는 연구를 하기로 동의했다. 그리고 뉴저지 법원은 자에게 배상금 860만 달러를 내라고 명령했다.[12]

미라이 봇넷은 딘의 웹 주소 디렉토리를 표적으로 삼아 인터넷이 멈추게 만들 수 있었다. 하지만 어떤 경우에는 웹 주소 시스템이 공격을 막는 데 도움이 되기도 했다. 워너크라이 아웃브레이크의 규모가 점점 커지던 2017년 5월, 영국 사이버보안 연구자 마커스 허친스는 그 웜의 기본 코드를 손에 넣었다. 그 안에는 길고 의미를 알 수 없는 웹 주소인 iuqerfsodp 9ifjaposdfjhgosurijfaewrwergwea.com이 들어 있었다. 워너크라이가 접속하려고 시도하는 주소가 분명했다. 허친스는 그 도메인이 등록되지 않았다는 사실을 깨닫고 10.69달러에 샀다. 그 과정에서 의도치 않게 공격을 끝내는 '킬 스위치'를 작동시켰다. 허친스는 이후 이렇게 트윗을 올렸다.[13] "고백하자면 등록하기 전까지는 도메인을 등록하면 멀웨어를 멈출 수 있다는 사실을 몰랐다. 그러니까 처음에는 우연이었다. 그래서 이력서에는 '국제 사이버공격을 우연히 막았다'라고밖에 올릴 수 없다."

미라이와 워너크라이가 그렇게 널리 퍼진 이유의 하나는 기기의 취약점을 찾는 데 아주 효율적인 웜이었다는 것이다. 아웃브레이크 용어로 말하면 현대의 멀웨어는 선배들보다 훨씬 더 많은 전파 기회를 만들 수 있다. 2002년 컴퓨터과학자 스튜어트 스태니포드와 동료 연구진은 〈남는 시간에 인터넷을 소유하는 방법〉이라는 제목의 논문을 썼다.[14] (해커 문화에서 '소유'는 '완전한 통제'를 의미한다). 연구진은 바로 전년도에 컴퓨터를 통해 퍼진 '코드레드' 웜이 실제로는 상당히 느렸다는 사실을 보였다. 감염된 서버 각각은 다른 기기를 평균적으로 한 시간에 1.8개밖에 감염시키지 못했다. 전염성이 손꼽을 정도로 뛰어난 병인 홍역에 걸린 사람은 감염될 수 있는 집단 안에서 한 시간에 평균 0.1명에게 병을 옮기는데, 이보다 훨씬 빠른 속도였다.[15] 그래도 그건 인간 사이의 아웃브레이크처럼 코드레드도 제대로 번지는 데 시간이 좀 걸린다는 사실을 뜻할 정도로 느렸다.

스태니포드와 공저자들은 좀 더 능률적이고 효율적인 웜이 있다면 훨씬 더 빠른 아웃브레이크를 일으키는 게 가능하다고 주장했다. 이들은 앤디 워홀Andy Warhol(1928~1987)의 유명한 말인 '15분간의 명성'에서 영감을 얻어 이 가상의 웜을 '워홀 웜'이라고 했다. 15분 만에 표적 대부분에 도달할 수 있었기 때문이다. 그러나 이 아이디어는 그다지 오랫동안 가상으로 머물지 않았다. 다음 해에 '슬래머'라는 이름의 멀웨어가 7만 5,000개 이상의 기기를 감염시키면서 세계 최초의 워홀 웜이 부상했다.[16] 코드 레드는 초기에 37분마다 규모가 두 배로 커졌지만 슬래머는 8.5초마다 두 배로 커졌다.

슬래머는 처음에 빠른 속도로 퍼졌지만 감염시킬 기기를 찾기 어려워지면서 사그라들었다. 최종 피해 역시 제한적이었다. 비록 막대한 슬래머 감염으로 많은 서버가 느려졌지만 슬래머는 원래 감염된 기기에 해를 끼치도록 만들어지지 않았다. 현실 세계의 감염과 마찬가지로 멀웨어도 다양한 증상을 나타낸다는 점을 보여주는 또 다른 사례다. 어떤 웜은 거의 눈에 띄지 않거나 시 같은 것을 화면에 띄운다. 반면 어떤 웜은 기기를 인질로 붙잡거나 디도스 공격을 가한다.

마인크래프트 서버 공격으로 볼 수 있었듯이 매우 강력한 웜을 거래하는 활발한 시장이 있을 수 있다. 그런 멀웨어는 보통 숨겨진 온라인 상점, 우리가 평범한 검색엔진으로 접속할 수 있는 익숙하고 확실한 웹사이트의 영역 바깥에서 운영하는 '다크넷' 같은 곳에서 팔린다. 인터넷 보안업체 카스퍼스키랩이 이런 시장에서 구매할 수 있는 선택 사항을 조사했더니 5분짜리 디도스 공격은 고작 5달러에, 하루짜리 공격은 약 400달러에 제공했다. 카스퍼스키랩의 계산 결과 컴퓨터 1,000대쯤으로 이루어진 봇넷을 조직하는 데 시간당 약 7달러가 들었다. 판매자는 이 정도 시간의 공격에 평균 25달러를 청구해 상당한 이윤을 남긴다.[17] 워너크라이의 공격이 있던 해에 랜섬웨어를 판매하는 다크넷 시장의 추정 규모는 수백만 달러

였다. 일부 판매자는 여섯 자릿수 연봉을 벌었다(당연히 세금은 안 낸다).[18]

범죄 집단 사이에서 멀웨어가 인기를 끌었지만 가장 진보한 몇몇 사례는 원래 정부 프로젝트에서 나왔다는 추측이 있다. 워너크라이는 이른바 '제로데이' 허점을 이용해 컴퓨터를 감염시켰다. 제로데이는 소프트웨어가 공개적으로 알려지지 않은 취약점을 갖는 시기를 말한다. 워너크라이가 이용한 허점은 미국 안보국이 정보를 얻는 수단으로 파악했는데 어찌어찌 다른 곳으로 넘어갔다는 이야기가 있다.[19] 기술 기업은 이런 허점을 막기 위해 큰돈을 낼 의사가 있을 것이다. 2019년 애플은 새로 출시한 아이폰의 운영체제를 해킹하는 사람에게 200만 달러를 주겠다며 상금을 걸었다.[20]

멀웨어 아웃브레이크가 일어났을 때 제로데이 허점은 표적이 된 기기의 감염 가능성을 높여 전파를 촉진할 수 있다. 2010년 '스턱스넷' 웜이이란 나탄즈의 핵시설을 감염시켰다는 사실이 드러났다. 이후 나온 보도에 따르면 그건 대단히 중요한 원심분리기에 손상을 줄 수도 있었다는 뜻이었다. 웜은 이란의 시스템에 성공적으로 퍼져나가기 위해 제로데이 허점을 스무 개 이용했다. 당시에는 거의 들어보지도 못한 개념이었다. 많은 언론은 공격의 정교함으로 미루어볼 때 미군과 이스라엘군이 그 웜의 개발자일 수 있다고 지목했다. 그렇지만 초기 감염은 훨씬 더 단순한 일의 결과였을 수도 있다. 웜에 감염된 USB 메모리를 지닌 이중 첩자를 통해 시스템에 침입했다는 얘기가 돌기도 했다.[21]

컴퓨터 네트워크가 얼마나 강력한지는 가장 취약한 연결고리에서 정해진다. 스턱스넷 공격이 있기 몇 년 전 해커들은 아프가니스탄에 있는 매우 견고한 미국 정부 시스템에 접속하는 데 성공했다. 기자인 프레드 카플란에 따르면 러시아 정보기관이 감염된 USB 메모리를 카불에 있는 나토 본부 인근 몇몇 상점에 공급했다. 마침내 미국 병사 한 명이 그중 한 개를 사서 보안이 된 컴퓨터에서 사용했다.[22] 보안을 위협하는 건 인간만이 아니다. 2017년 미국의 한 카지노는 보유한 데이터가 핀란드에 있는 한 해커의 컴퓨터로 흘러간다는 사실을 알고 깜짝 놀랐다. 하지만 진짜 충격은 누설된 경로였다. 공격자는 보호가 견고한 메인 서버 대신 카지노에 있는 인터넷에 연결된 어항을 통해 침투했다.[23]

역사적으로 해커는 컴퓨터 시스템에 접속하거나 혼란을 일으키는 데 가장 큰 관심을 보였다. 하지만 인터넷에 연결되는 기술이 점점 많아지면서 컴퓨터 시스템을 이용해 다른 기기를 제어하는 데 대한 관심이 높아졌다. 여기에는 아주 개인적인 기술도 들어간다. 네바다에서 카지노의 어항이 표적이 될 때 영국 보안회사 펜테스트파트너스의 알렉스 로마스와 동료들은 블루투스 기능이 있는 섹스토이를 해킹하는 게 가능할지 궁금해했다. 이런 기기 일부가 공격에 대단히 취약하다는 사실을 알아내는 데는 시간이 오래 걸리지 않았다. 코드 몇 줄만 사용하면 이론상으로는 섹스토이를 해킹해 최대한으로 진동하게 설정할 수 있었다. 그리고 한 번에 한 명씩만 연결할 수 있기 때문에 주인으로서는 끌 방법이 없었다.[24]

물론 블루투스 연결은 거리 제한이 있다. 그러면 현실에서도 정말 해킹이 가능할까? 로마스에 따르면 이는 분명히 가능하다. 한 번은 로마스가

수학자가 알려주는 전염의 원리

베를린에서 길거리를 걸어가며 근처에 있는 블루투스 기기를 검색했다. 전화기에 뜬 목록을 본 로마스는 익숙한 ID를 보고 깜짝 놀랐다. 자신의 연구진이 해킹이 가능하다는 것을 보여준 섹스토이 중 하나였다. 아마도 누군가 그것을 가지고 다닌 모양이었다. 해커가 손쉽게 전원을 켤 수 있다는 사실도 모른 채.

감염될 수 있는 건 블루투스 섹스토이만이 아니었다. 로마스의 연구진은 다른 기기도 취약하다는 사실을 알아냈다. 그중에는 무선랜 내장 카메라가 달린 섹스토이 제품도 있었다. 만약 사람들이 기본 비밀번호를 바꾸지 않는다면 섹스토이를 해킹해서 영상에 접속하기는 상당히 쉬울 것이다. 로마스는 자신의 연구진이 연구실 밖에서는 결코 어떤 기기에 접속하려고 시도하지 않았다는 사실을 밝혔다. 또 이런 섹스토이를 사용할지도 모를 사람들을 부끄럽게 만들려고 연구한 게 아니라고도 말했다. 오히려 이유는 정반대였다. 연구진은 문제를 제기함으로써 사람들이 해킹당할 걱정을 하지 않고 하고 싶은 일을 하기를 원했다. 그리고 산업계가 기준을 개선하도록 압력을 넣으려고 했다.

위험한 건 섹스토이만이 아니다. 로마스는 이 블루투스 수법이 자기 아버지 보청기에도 통한다는 사실을 알아냈다. 그리고 어떤 표적은 그보다 훨씬 컸다. 브라운대학교 컴퓨터과학자들은 널리 쓰이는 로봇 운영체제의 허점을 이용해 연구용 로봇에 접속하는 게 가능하다는 사실을 알아냈다. 2018년 초 연구진은 (주인의 허락을 받고) 워싱턴대학교에 있는 한 로봇의 통제권을 손에 넣는 데 성공했다. 또 가정에 더 가까이 있는 위협도 찾아냈다. 이들이 보유한 로봇 중 가사 로봇과 드론이 외부에서 접속이 가능했던 것이다. 연구진은 이렇게 말했다. "둘 다 일부러 공용 인터넷에서는 접근할 수 없도록 만든 것이다. 그리고 둘 다 부적절하게 사용하면 육체적 피해를 줄 수 있다." 비록 대학교에 있는 로봇에 초점을 맞추었지만 연구진은 어느 곳에서나 기계에 비슷한 문제가 생길 수 있다고 경고했다. "로봇이 연구실에서 산업계와 가정으로 이동함에 따라 장악당할 수 있는 장치의 수는 크게 늘어났다."[25]

사물인터넷은 우리 삶의 여러 측면에 걸쳐 새로운 연결을 만들어낸다. 그러나 많은 경우 우리는 이런 연결이 어떤 결과를 초래할지 정확히 깨닫지 못한다. 2017년 2월 28일 점심 때쯤 인터넷으로 제어하는 집에 사는 몇몇 사람이 전등을 켜거나 오븐을 끄거나 차고에 들어갈 수 없다는 사실을 알아채면서 이와 같은 숨겨진 네트워크가 분명하게 모습을 드러냈다.

곧 문제는 아마존의 클라우드 컴퓨팅 자회사인 아마존웹서비스[AWS]였음이 드러났다. 보통 누군가가 스마트 전구를 끄기 위해 스위치를 누르면 스위치는 아마도 수천 킬로미터 떨어진 곳에 있을 AWS 같은 클라우드 기반 서버에 신호를 보낸다. 그러면 이 서버가 다시 전구로 켜지라는 신호를 보낸다. 그러나 2월 그날 점심시간에 AWS 서버 몇 대가 잠시 오프라인이 됐다. 서버가 먹통이 되자 수많은 가전기기가 응답을 멈추었다.[26]

AWS는 일반적으로 아주 안정적이다. 회사 측은 서버 작동률 99.99%를 보장한다. 그리고 그런 클라우드 컴퓨팅 서비스의 인기는 이와 같은 안정성 덕분에 높아졌다. 사실 아마존의 최근 수익은 거의 3/4이 AWS 하나에서 나왔다.[27] 그러나 클라우드 컴퓨팅의 광범위한 사용과 서버가 기능 장애를 일으켰을 때 생길 수 있는 충격을 결합하면 AWS는 '고장이 나기에는 너무 거대해졌다'는 생각이 든다.[28] 만약 웹의 상당 부분이 한 회사에 의존한다면 그곳에 생긴 작은 문제는 엄청나게 증폭될 수 있다.

2018년 페이스북이 보안상 결함으로 사용자 수백만 명이 피해를 보았다고 발표하면서 그와 관련된 문제가 수면 위로 떠올랐다. 많은 사람이 페이스북 계정으로 다른 웹사이트에 로그인하기 때문에 그런 공격은 초기 예상보다 더 널리 퍼질 수 있다.[29]

우리가 숨겨진 링크와 연결성이 아주 높은 허브의 조합을 이번에 처음 접한 것이 아니다. 이와 똑같은 네트워크의 엉뚱한 점이 바로 2008년 이전 금융 시스템을 취약하게 만들어 국지적으로 보였던 사건이 국제적 영향을 미치게 한 것이다. 그러나 온라인 네트워크에서는 이런 효과가 훨씬 더 심하게 나타날 수 있다. 그리고 이는 다소 비정상적인 아웃브레이크로 이어지기도 한다.

━━━

밀레니엄 버그가 나오고 얼마 되지 않아 '러브 버그'가 나왔다. 2000년 5월 초 세계 곳곳에서 사람들이 '당신을 사랑해요'라는 제목이 달린 이메일을 받았다. 그 이메일에는 연애편지가 들어 있는 텍스트 파일로 위장한 컴퓨터 웜이 있었다. 파일을 열면 웜이 그 사람 컴퓨터에 있는 파일을 훼손하고 주소록에 있는 모든 사람에게 스스로 이메일을 보낸다. 그 웜은 널리 퍼지며 영국 의회를 비롯한 여러 기관의 이메일 시스템을 무너뜨렸다. 마침내 여러 IT 부서에서 대응책을 내놓아 컴퓨터를 웜으로부터 보호했다. 그러자 기이한 일이 벌어졌다. 웜이 사라지지 않고 명맥을 유지한 것이다. 심지어 1년이 지난 뒤에도 그 웜은 여전히 인터넷에서 아주 활

발히 활동하는 멀웨어였다.[30]

컴퓨터과학자 스티브 화이트는 다른 컴퓨터 웜과 바이러스도 똑같다는 사실을 알아채고 1998년 그런 버그가 흔히 온라인에 오래 머문다는 점을 지적했다. "그게 수수께끼다. 바이러스 사건에 대해 우리가 가진 증거는 어느 특정 시기를 보아도 세상에는 감염된 시스템이 거의 없다는 사실을 가리킨다."[31] 관리 대책을 마주하고도 오랜 시간 끈질기게 살아남는 바이러스를 보면 전염성이 대단히 높아 보이지만 그에 비하면 감염되는 컴퓨터는 일반적으로 거의 없다. 이는 그런 바이러스가 별로 잘 퍼지지 않는다는 뜻이다.

왜 이런 명백한 역설이 생겼을까? 러브 버그의 공격이 있고 몇 달 뒤 베스피그나니와 동료 물리학자 로무알도 파스토르사토라스는 화이트의 논문을 접했다. 컴퓨터 바이러스는 생체 전염병처럼 행동하는 것 같지 않았다. 그래서 두 사람은 혹시 네트워크 구조가 어떤 관련이 있지 않을까 생각했다. 그 전해의 한 연구는 월드와이드웹상 인기에 차이가 크다는 점을 보였다. 대부분 웹사이트는 링크가 거의 없었지만 일부에는 대단히 많았던 것이다.[32]

우리가 성병을 이야기할 때 이미 들어본 내용이다. 어떤 성병의 R은 사람들의 성관계 파트너 수에 큰 차이가 있을 때 더 커진다. 모든 사람이 똑같이 행동한다면 사라질 감염병도 몇몇 사람에게 다른 사람들보다 파트너가 더 많으면 살아남는다. 베스피그나니와 파스토르사토라스는 컴퓨터 네트워크에서는 그보다 훨씬 더 극단적인 일이 벌어질 수도 있다는 사실을 깨달았다.[33] 링크 수에는 엄청난 차이가 있어서 아무리 약해 보이는 감염도 살아남을 수 있다. 이런 네트워크 안에서는 어떤 컴퓨터도 몇 단계만 거치면 연결성이 매우 높은 허브에 닿아서 슈퍼 전파 사건이 생기면 감염이 널리 퍼질 수 있기 때문이다. 그건 주요 허브 몇 개가 전체 아웃브레이크를 주도했던 2008년에 은행들이 마주한 문제의 과장된 형태였다.

아웃브레이크가 슈퍼 전파 사건으로 힘을 받을 때는 전파 과정이 극단적으로 취약해진다. 감염이 주요 허브에 도달하지만 않으면 대개 멀리까지 퍼지지 않는다. 그러나 슈퍼 전파 사건은 아웃브레이크를 더욱 예측하기 어렵게 만들 수도 있다. 대부분 아웃브레이크는 일어나려다 말지만 일단 일어나면 지지부진하면서도 놀랍도록 오래 이어질 수 있다. 이는 몇몇 컴퓨터 바이러스와 웜이 개별적 수준에서는 그다지 전염성이 높지 않으면서도 계속 퍼진 이유를 설명한다. 소셜 미디어의 여러 유행도 마찬가지다. 만약 희한한 밈이 퍼지는 것을 보고 어떻게 그리 오랫동안 살아남았는지 궁금했다면 그건 아마도 콘텐츠의 질보다 네트워크 자체 때문이었을 것이다. 온라인 네트워크는 그 구조 덕분에 감염원에 다른 삶의 영역에서는 가질 수 없는 이점을 제공한다.[34]

2017년 3월 22일, 전 세계 웹 개발자들은 자신이 만든 애플리케이션이 제대로 작동하지 않는다는 사실을 알아챘다. 페이스북에서 스포티파이에 이르기까지 프로그래밍 언어 자바스크립트를 사용하는 기업들은 자사 소프트웨어 일부가 작동하지 않는다는 사실을 알았다. 유저 인터페이스가 깨지고 이미지 로딩이 되지 않았으며 업데이트가 되지 않았다. 많은 사람이 있는지조차 몰랐던 코드 열한 줄이 사라졌기 때문이다. 문제의 코드를 짠 사람은 캘리포니아주 오클랜드에 사는 개발자 아제르 코출루였다. 그 열한 줄은 '레프트 패드'라는 자바스크립트 프로그램이었다. 그 프로그램 자체는 특별히 복잡하지 않아서 문자열 맨 앞에 추가로 어떤 문자를 덧붙이는 기능을 했다. 개발자라면 누구나 몇 분 만에 혼자 만들 수 있을 만한 프로그램이었다.[35]

그러나 개발자는 대부분 모든 것을 혼자서 만들지 않는다. 시간을 절약하기 위해 다른 사람들이 개발해서 공유한 도구를 사용한다. 많은 개발자가 npm$^{node\ package\ manager}$이라고 해서 레프트 패드 같은 유용한 코드를 모아놓은 온라인 리소스에서 필요한 것을 찾는다. 어떤 경우에는 기존의 도구를 새로운 프로그램 안에 넣고 그 프로그램을 또 공유한다. 이런 프로그램 중 일부가 다른 새 프로그램으로 들어가며 하나가 다른 하나를 뒷받침하는 종속 사슬을 만든다. 누군가가 어떤 프로그램을 설치하거나 업데이트할 때마다 종속 사슬 안에 있는 다른 모든 것도 불러와야 한다. 그렇지 않으면 오류가 난다. 레프트 패드는 이와 같은 한 사슬 안에 깊이 묻혀 있었다. 사라지기 전 한 달 동안 그 코드는 200만 번 넘게 다운로드됐다.

3월의 그날 코출루는 상표권 분쟁을 겪은 뒤 npm에서 자신이 만든 코드를 삭제했다. 어떤 기업이 항의하자 npm이 코출루에게 소프트웨어 패키지 중 하나의 이름을 바꿔달라고 요청한 것이다. 코출루는 항의하다가 결국 자기 코드를 전부 삭제하는 식으로 대응했다. 그중에는 레프트 패드도 있었다. 그건 코출루의 도구에 의존하는 모든 프로그램의 사슬이 끊어진다는 뜻이었다. 그리고 몇몇 사슬은 너무 길었기 때문에 많은 개

수학자가 알려주는 전염의 원리

발자가 자신이 그 열한 줄짜리 코드에 그렇게 의존한다는 사실을 깨닫지 못했다.

코출루의 코드는 우리 생각보다 훨씬 널리 퍼진 컴퓨터 코드의 한 가지 사례다. 레프트 패드 사건 직후 소프트웨어 개발자 데이비드 해니는 한 줄짜리 코드로 되어 있는 npm의 다른 도구가 72개 프로그램의 필수 부분이 되어 있다는 점을 지적했다. 그리고 간단한 코드 몇 줄에 아주 많이 의존하는 다른 소프트웨어를 몇 가지 나열했다. "개발자들이 눈을 감고도 짤 수 있을 만한 한 줄짜리 기능에 그렇게 의존했다는 사실에 놀라지 않을 수 없다."[36] 어디서 빌려온 코드는 종종 생각보다 멀리 퍼질 수 있다. 과학계에서 널리 쓰이는 문서 프로그램인 라텍스[LaTeX]로 쓴 글을 분석한 코넬대학교 연구진은 학계에서 코드를 서로 용도 변경해서 사용하는 일이 흔하다는 사실을 알아냈다. 어떤 파일은 20년 이상에 걸쳐 공저자 네트워크를 통해 퍼져나갔다.[37]

코드는 퍼지는 과정에서 변하기도 한다. 2016년 9월 말 세 학생이 미라이의 코드를 온라인에 올린 뒤 각각 특징에 미묘한 차이가 있는 변종이 수십 가지 등장했다. 누군가 코드를 변경해 대규모 공격을 일으키는 건 시간문제였다. 딘 사건이 있기 몇 주 전인 10월 초 보안기업 RSA는 한 다크넷 상점에서 놀라운 주장에 주목했다. 한 해커 집단이 초당 125기가바이트의 활동이 표적으로 밀려 들어가게 하는 방법을 제공하고 있었다. 7만 5,000달러를 주면 어떤 미라이 코드 변종에 기반을 둔 강력한 봇넷 10만 개를 손에 넣을 수 있었다.[38] 그러나 미라이 코드에 변화가 생긴 건 그게 처음이 아니었다. 코드를 공개하기 전 미라이 개발자들은 스무 가지가 넘는 변경을 가했다. 봇넷의 전염성을 높이려는 명백한 시도로, 웜을 더 감지하기 어렵게 만들 뿐만 아니라 똑같은 감염 대상을 두고 경쟁하는 다른 멀웨어를 물리치는 등의 특성을 갖도록 개조했다. 야생으로 나간 미라이는 그 뒤로도 계속 변신한다. 2019년에도 여전히 새로운 변종이 등장했다.[39]

1984년에 최초로 컴퓨터 바이러스 관련 글을 쓴 코헨은 시간이 흐르면서 멀웨어가 진화해 감지하기 점점 더 어려워질지도 모른다고 지적했다. 이후 컴퓨터 바이러스와 컴퓨터 백신의 생태계는 어느 쪽에도 치우치지 않게 균형이 잡히는 대신 끊임없이 변동한다. "진화가 이루어지면서 균형은 바뀌게 마련이며 아무리 단순한 환경이라 해도 마지막 결과는 불명확하다. 이는 생물학의 진화 이론과 아주 비슷하고 질병에 대한 유전 이론과 관련이 깊을 수도 있다."[40]

멀웨어로부터 컴퓨터를 보호하는 흔한 방법은 컴퓨터 백신으로 이미 알려진 위협을 찾는 것이다. 익숙한 코드 조각을 찾는 일이 여기에 들어간다. 일단 위협을 인식하면 제거할 수 있다.[41] 인간의 면역체계도 감염되거나 예방 백신을 맞았을 때 아주 비슷한 일을 한다. 면역세포는 으레 우리가 접한 특정 병원체의 형태를 학습한다. 만약 다시 감염되면 이 면역세포가 재빨리 반응해 위협을 제거한다. 그러나 때로는 진화가 이 과정을 방해한다. 과거에는 익숙한 형태였던 병원체가 감지를 피하려고 겉모습을 바꾸는 것이다.

이런 과정의 가장 두드러지는 그리고 골치 아픈 사례가 인플루엔자 바이러스의 진화다. 생물학자 피터 메더워는 독감 바이러스를 가리켜 '나쁜 소식에 둘러싸인 핵산 조각'이라고 했다.[42] 인플루엔자 바이러스 표면에는 특정한 유형의 나쁜 소식이 두 가지 있다. 헤마글루티닌과 뉴라미니

수학자가 알려주는 전염의 원리

다아제인데 줄여서 HA와 NA라고 부른다. HA는 바이러스가 숙주 세포에 달라붙게 해준다. NA는 바이러스 입자가 감염된 세포에서 떨어져나오게 한다. 이 두 단백질은 몇 가지 다른 형태를 취할 수 있고, 그에 따라 독감 유형이 H_1N_1, H_3N_2, H_5N_1 등으로 달라진다.

겨울철 독감 유행은 주로 H_1N_1과 H_3N_2가 일으킨다. 이 바이러스는 여기저기 돌아다니며 서서히 진화해 단백질 형태 변화를 일으킨다. 이는 우리 면역체계가 돌연변이된 바이러스를 위협으로 인식하지 못한다는 뜻이다. 우리가 해마다 독감 유행을 겪고 해마다 독감 예방접종 운동을 벌이는 건 우리 몸이 사실상 감염과 진화의 술래잡기를 하기 때문이다.

진화는 인공적 감염이 살아남는 데 도움이 되기도 한다. 최근 들어 멀웨어는 감지하기 더욱 어렵게 자동으로 변하기 시작했다. 예를 들어 2014년 '비본' 봇넷은 세계적으로 컴퓨터 수천 대를 감염시켰다. 이 봇 배후에 있는 웜은 하루에 몇 차례씩 외형을 바꾼다. 그 결과 퍼져나가면서 서로 다른 변종을 수백만 개 만든다. 안티바이러스 소프트웨어가 현재 코드의 모습을 알아낸다 해도 곧 웜이 스스로 이리저리 변하며 기존 패턴을 모두 망가뜨린다. 비본은 2015년 마침내 온라인에서 사라졌다. 경찰이 그 시스템에서 진화하지 않는 부분, 봇넷을 조종하는 데 쓰는 고정된 도메인 네임을 표적으로 삼으면서였다. 이 방법은 형태가 변하는 웜을 확인하려 애쓰는 것보다 훨씬 더 효과적이었다.[43] 이와 비슷하게 생물학자들도 바이러스에서 변하지 않는 부분을 표적으로 삼아 더욱 효과적인 백신을 개발하기를 바란다.[44]

감지를 피해야 하므로 멀웨어는 앞으로도 계속 진화할 테고, 여러 기관은 그 뒤를 쫓을 것이다. 전파 경로 역시 계속 변할 것이다. 가진기기

같은 새로운 표적뿐만 아니라 클릭 낚시와 소셜 미디어 맞춤형 공격으로 갈수록 감염이 더 많이 일어날 것이다.[45] 해커는 특정 사용자에게 맞춤형 메시지를 보내 링크를 클릭하고 무심코 멀웨어가 들어오게 할 가능성을 키울 수 있다. 그러나 진화가 컴퓨터에서 컴퓨터로, 사람에게서 사람으로 감염이 효과적으로 일어나도록 돕기만 하는 것은 아니다. 한편으로는 전염에 대처하는 새로운 방법을 보여주기도 한다.

7장

어디에서 퍼져나갔을까?

외도는 결국 살인 미수로 끝났다. 미국 루이지애나주 라피엣의 소화기 내과 의사 리처드 슈미트는 10년 넘게 자신보다 열다섯 살 어린 간호사 재니스 트라한과 내연 관계였다. 트라한은 불륜이 시작되면서 남편과 이혼했지만 슈미트는 약속을 어기고 아내와 세 아이를 떠나지 않았다. 트라한은 전에도 이 관계를 끝내려고 했지만 이번에는 정말 끝이었다.

　그로부터 몇 주 뒤인 1994년 8월 4일 트라한은 자신이 잠잘 때 슈미트가 집으로 찾아왔다고 증언했다. 슈미트는 비타민 B12 주사를 놓아주려 왔다고 했다. 전에도 트라한이 기운을 차릴 수 있도록 비타민 주사를 놓아준 적이 있었다. 하지만 그날 밤 트라한은 주사를 맞기 싫다고 말했다. 트라한이 막을 사이도 없이 슈미트는 팔에 바늘을 꽂았다. 예전에는 주사를 맞고 아픈 적이 한 번도 없었지만 이번에는 사지에 통증이 퍼졌다. 그때 슈미트는 병원에 가봐야 한다고 했다.

　통증은 밤새 계속됐으며 그 뒤로 몇 주 동안 이어졌다. 트라한은 독감에 걸린 듯한 증상을 보였다. 병원에 몇 번 갔지만 검사 결과는 음성으로 나왔다. 한 의사는 HIV 감염을 의심했지만 검사는 하지 않았다. 훗날 그 의사는 슈미트 박사라는 사람이 자신에게 트라한은 이미 음성 판정을 받았다고 알려주었다고 말했다. 트라한의 병세는 계속됐고 결국 다른 의사에게 검사를 받았다. 1995년 1월 트라한은 마침내 올바른 진단을 받았는데, HIV 양성으로 나왔다.

주사를 맞았던 지난 8월, 트라한은 한 동료에게 '어둠 속에서 맞은 주사가 비타민 B12가 아닌 것 같다고 말했다. HIV 감염이 최근에 일어난 건 분명했다. 트라한은 여러 차례 헌혈했는데, 가장 최근인 1994년 4월 헌혈했을 때는 HIV 검사 결과가 음성이었다. 현지 HIV 전문가는 트라한의 증상을 보면 8월 초에 감염됐다고 했다. 슈미트 사무실을 수색한 경찰은 8월 4일 슈미트가 트라한에게 주사를 놓았다고 한 시각에서 불과 몇 시간 전 HIV 환자에게서 혈액을 뽑아낸 증거를 발견했다. 하지만 평소와 같은 방식으로 그 사실을 기록하지 않았다. 그러나 슈미트는 트라한을 찾아가 주사를 놓은 적이 없다고 부인했다.[1]

어쩌면 바이러스 자체에 당시 상황을 알려주는 실마리가 있지 않을까? 당시에는 DNA 검사로 범죄 용의자를 찾아내는 일이 보편적이었다. 그러나 이 경우에는 그렇게 하기가 좀 더 까다로웠다. HIV 같은 바이러스는 비교적 빠른 속도로 진화한다. 따라서 트라한의 혈액에서 나온 바이러스가 트라한을 감염시킨 혈액에 있는 바이러스와 반드시 같다고는 할 수 없다. 2급 살인 혐의로 기소될 위기에 놓인 슈미트는 트라한을 감염시킨 HIV가 원래 환자의 바이러스와 너무 다르다고 주장했다. 그게 트라한을 감염시켰을 리는 없어 보였다. 슈미트를 지목하는 다른 여러 증거를 고려한 검찰은 이에 동의하지 않았다. 다만 그걸 보여줄 방법이 필요했다.

———

1837년 6월 20일, 영국 왕위가 왕가의 가계를 따라 윌리엄 4세에서 빅토리아에게 넘어왔다. 그 시기에 그곳에서 조금만 걸으면 나오는 소호에 서 한 젊은 생물학자 역시 가계도에 대해 생각했는데, 이는 규모가 훨씬 더 큰 것이었다. 비글호를 타고 5년 동안 항해한 뒤 영국으로 돌아온 찰스 다윈Charles Robert Darwin(1809~1882)은 자신의 이론을 새 가죽 노트에 요약했다. 생각을 명확하게 정리하기 위해 '생명의 나무'라는 단순화한 도식도 그려 넣었다. 나무의 각 가지는 서로 다른 종 사이의 진화적 관계를 가리켰다. 다윈은 가계도와 마찬가지로 관련성이 큰 생명체끼리는 서로 가깝고 뚜렷이 다른 종은 훨씬 더 멀다고 주장했다. 각 가지를 따라 거슬러 올라가면 모두 공유하는 뿌리가 나오게 되는데 이것이 바로 공통 조상이다.

다윈은 육체적 특징 같은 것에 기반하여 진화의 나무를 그렸다. 비글호 항해 때는 부리 형태, 꼬리 길이, 깃털 같은 특징에 따라 새의 종을 분류했다.[2] 이런 연구는 훗날 '계통분류학phylogenetics'이라는 분야가 된다. phylogenetics는 '종'과 '기원'을 뜻하는 고대 그리스어 필로phylo와 제네시

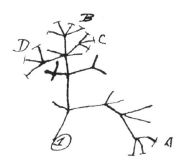

다윈의 원래 생명의 나무 스케치. 종 A는 서로 더 가까운 관계인 B와 C, D의 먼 친척이다. 이 그림에서 모든 종은 ①로 표시된 한 출발점에서 진화했다.

스^{genesis}에서 따온 단어다.

초기에는 서로 다른 종의 외양에 초점을 맞춰 진화 과정을 분석했지만 유전자 염기서열 분석이 등장하면서 생명체는 훨씬 더 자세히 비교할 수 있게 됐다. 만약 두 가지 유전체가 있다면 염기서열을 이루는 문자가 서로 얼마나 겹치는지를 바탕으로 얼마나 연관이 있는지 알아낼 수 있다. 겹치는 양이 많을수록 한 염기서열에서 다른 염기서열이 되기까지 돌연변이가 적게 일어난 것이다. 스크래블 게임(알파벳으로 단어를 만드는 게임_옮긴이)에서 타일이 나타나기를 기다리는 것과 조금 비슷하다. 예를 들어 'AAAG'라는 염기서열에서 'AACC'로 가는 것은 'AACG'에서 'TTGG'로 가는 것보다 쉽다. 그리고 스크래블과 마찬가지로 원래의 염기서열에서 문자가 얼마나 바뀌었는지를 바탕으로 진화 과정이 얼마나 오랫동안 이루어졌는지 추측할 수 있다.

이 아이디어와 충분한 연산력을 이용하면 염기서열을 계통수(생물의 발생과 진화의 관계를 나무의 줄기와 가지로 비유하여 나타낸 그림으로 계통나무라고도 한다_옮긴이)로 정리해 과거의 진화 과정을 추적할 수 있다. 또 진화 과정에서 중요한 변화가 언제쯤 생겼는지도 추측할 수 있다. 이는 감염병이 퍼지는 과정을 알아내는 데 유용하다. 예를 들어 2003년 사스가 대규모 아웃브레이크를 일으킨 이후 과학자들은 몽구스를 닮은 작은 동물인 사향고양이에게서 바이러스를 찾아냈다. 혹시 사스는 사향고양이 사이에서 일상적으로 돌다가 경계를 넘어 사람에게 침범했을까?

서로 다른 사스 바이러스를 분석한 결과 그 반대였다. 인간과 사향고양이는 가까운 친척으로 둘 다 비교적 최근에 사스 바이러스의 숙주가 됐다는 사실을 나타냈다. 사스는 아웃브레이크가 시작되기 몇 달 전 사향

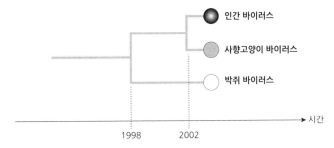

인간 바이러스

사향고양이 바이러스

박쥐 바이러스

시간

1998   2002

서로 다른 숙주의 사스 바이러스 계통수를 단순화한 그림. 점선은 바이러스가 서로 갈라져 나와 새로운 숙주로 들어갈 방법을 찾은 것으로 추정하는 시기를 나타낸다.
자료: Hon et al. (2008)

고양이에게서 인간으로 넘어왔을 가능성이 있었다. 이와 달리 사스 바이러스는 박쥐 사이에서 훨씬 더 오랫동안 돌다가 1998년쯤 사향고양이에게 넘어왔다. 서로 다른 여러 바이러스의 진화 이력을 바탕으로 보면 아마도 사향고양이는 사스가 인간에게 넘어가는 과정에서 잠시 거쳐간 디딤돌에 지나지 않았을 것이다.[3]

슈미트 사건의 재판이 진행되는 동안 검찰은 비슷한 계통분류학적 증거를 바탕으로 트라한의 감염이 슈미트가 찾아갔던 HIV 환자에게서 비롯했다는 사실을 보였다. 진화생물학자 데이비드 힐리스와 동료 연구진은 두 사람에게서 분리한 바이러스와 라피엣의 다른 HIV 환자에게서 얻은 바이러스를 비교했다. 힐리스는 슈미트의 환자와 트라한의 바이러스가 "분석 대상 중 서로 가장 가까운 관계이며 두 개인에게서 분리한 염기서열로는 이보다 더 가까울 수 없다"라고 증언했다. 비록 트라한이 슈미트의 환자에게서 감염됐다는 결정적 증거는 아니었지만 두 사건이 서로 무관하다는 피고 주장을 약하게 만들었다. 결국 슈미트는 유죄가 인정되어 50년형을 선고받았다. 트라한은 HIV에 걸린 채 재혼했으며, 2016년 결혼 20주년을 기념했다.[4]

슈미트 재판은 미국 범죄 사건에서 계통분류학적 분석이 처음 적용된 사례다. 그 뒤로 이 방법은 세계 곳곳의 여러 사건에서 모습을 보였다. 스페인 발렌시아에서 갑자기 C형 간염이 늘어난 사건을 조사하던 경찰은 상당수 환자가 후안 마에소라는 이름의 마취의와 관련이 있음을 알아냈다. 계통분류학적 분석으로 마에소가 아웃브레이크의 근원일 확률이 높다는 사실이 드러났고, 2007년 마에소는 주삿바늘을 재활용해 환자 수백 명을 감염시킨 혐의로 유죄 판결을 받았다.[5] 유전자 데이터는 무죄를 입증하는 데 도움이 되기도 한다. 마에소 사건이 있고 얼마 지나지 않아 리비아에서는 의료봉사단이 감옥에서 풀려났다. 이들은 아이들에게 일부러 HIV를 감염시켰다는 혐의로 8년 동안 갇혀 있었다. 이들이 풀려난 이유 중 하나는 계통분류학적 분석으로 상당수 감염이 봉사단이 리비아에 도착하기 몇 년 전 일어났다는 사실이 드러났기 때문이다.[6]

계통분류학적 방법은 아웃브레이크의 유력한 근원을 지목해줄 뿐만 아니라 어떤 질병이 특정 지역에 언제 도착할지도 드러낼 수 있다. 비교적 빨리 진화하는 HIV 같은 바이러스를 조사한다고 하자. 만약 어떤 지역에서 유행하는 HIV가 비교적 비슷하다면, 그리 오랫동안 진화하지 않았다고 생각할 수 있다. 따라서 아웃브레이크도 아마 아주 최근에 일어났을 것이다. 반대로 현재 유행하는 바이러스에 다양성이 풍부하다면 원래 바이러스는 오래전 들어왔을 것이다. 오늘날 이런 방법은 공중보건 분야에서 흔히 쓰인다. 앞선 장에서 봤듯이 지카 바이러스가 남아메리카에 들어온 일이나 HIV가 북아메리카에 들어온 일을 떠올려보자. 두 경우 모두 유전자 데이터를 이용해 바이러스가 들어온 시기를 추정했다. 연구자들은 인플루엔자 팬데믹에서 메티실린 내성 황색포도상구균MRSA 같은 슈퍼세균에 이르기까지 똑같은 아이디어를 적용한다.[7]

유전자 데이터에 접근하게 되면서 아웃브레이크가 하나 혹은 다수 사례에서 기원했는지도 알아낼 수 있다. 2015~2016년 피지에서 분리한 지카 바이러스를 분석했을 때 우리 연구진은 바이러스의 계통수에서 두 가지 뚜렷한 집단을 발견했다. 진화 속도로 미루어볼 때 한 집단은 2013~2014년에 수바에 들어온 뒤 1~2년 동안 낮은 속도로 퍼졌다. 한편, 그보다 늦게 별개 아웃브레이크가 서부 지역에서 시작됐다.[8] 당시에는 깨닫지 못했지만 내가 2015년 방문했을 때 때려잡은 모기 중 몇몇은 아마 지카에 감염되어 있었을 것이다.

계통분류학적 분석의 또 다른 이점은 아웃브레이크 마지막 단계에 전파 경로를 추적할 수 있다는 것이다. 2016년 3월, 기니에서 새로운 에볼라 감염 사례 군집이 나타났다. WHO가 서아프리카에서 유행이 끝났다고 선언한 지 3개월 만이었다. 혹시 바이러스가 들키지 않고 인간을 감염시키며 퍼졌을까? 역학자 부바카르 디알로와 동료 연구진은 새로운 감염 사례에서 얻은 바이러스의 염기서열을 분석하면서 다른 방식의 설명을 떠올렸다. 새로운 바이러스는 2014년 에볼라에 걸렸다가 회복한 현지 남성의 정액에서 발견된 바이러스와 밀접한 관련이 있었다. 바이러스는 그 남자 몸에서 거의 1년 반을 보낸 뒤 성관계 파트너로 옮겨가 새로운 아웃브레이크를 일으켰다.[9]

염기서열 데이터가 아웃브레이크 분석에서 중요해지지만 진화하는 바이러스라는 생각은 때때로 대중을 혼란하게 만드는 언론 보도로 이어지곤 한다. 에볼라와 지카가 유행했을 때 몇몇 언론 보도는 바이러스가 진화한다는 사실을 과장했다.[10] 하지만 그건 생각처럼 나쁜 일이 아니다. 모든 바이러스는 진화하는데, 바이러스의 유전자 염기서열이 시간이 흐름에 따라 서서히 변한다는 뜻이다. 이따금 이런 진화는 독감 바이러스가 외형을 바꾸는 것처럼 우리가 신경 쓰는 차이를 만들어내지만 조용히 일어날 뿐 아웃브레이크에는 눈에 띄는 영향을 주지 않는다.

그러나 진화 속도는 아웃브레이크를 분석하는 우리 능력에 영향을 미칠 수 있다. 계통분류적 분석은 HIV와 독감처럼 상당히 빠르게 진화하는 병원체를 조사할 때 더 효율적이다. 병원체가 어떤 사람에게서 다른 사람으로 퍼지면서 유전자 염기서열이 변해 유력한 감염 경로를 추정할 수 있게 해주기 때문이다. 반대로 홍역 같은 바이러스는 천천히 진화한다. 그건 곧 어떤 사람에게서 다른 사람으로 퍼질 때 변이가 별로 일어나지 않는다는 뜻이다.[11] 그 결과 감염 사례가 서로 어떻게 연관됐는지 알아내는 것은 마치 모든 사람의 성이 똑같은 나라에서 어떤 사람의 가계도를 끼워맞추는 일과 비슷해진다.

이처럼 계통분류학적 방법에는 생물학적 한계도 있지만 실용적 한계도 있다. 서아프리카에서 에볼라 유행이 초기 단계였을 때 보스턴 브로드연구소의 유전학자 파르디스 사베티는 시에라리온에서 나온 99가지 바이러스의 염기서열 데이터를 분석했다. 계통수를 보면 감염은 2014년 5월 기니에서 시에라리온으로 퍼졌다. 아마도 한 장례식이 있은 뒤였을 것이다. 사베티와 동료들은 아웃브레이크의 심각성을 감안해 재빨리 새로운 유전자 염기서열을 공공 데이터베이스에 올렸다. 이 초기의 폭발적인 연구 뒤에는 한동안 비교적 잠잠했다. 다른 몇몇 연구진이 바이러스 견본을

수학자가 알려주는 전염의 원리

모았지만 2014년 8월 2일에서 11월 9일 사이에 다른 누구도 새로운 유전자 염기서열을 발표하지 않았다. 같은 기간 서아프리카에서는 1만 건이 넘는 에볼라 감염 사례가 나타났고 10월 들어 유행은 정점에 다다랐다.[12]

염기서열 발표가 늦어진 데는 몇 가지 그럴 법한 이유가 있다. 냉소적으로 말하면 학계에서는 새로운 데이터에 귀중한 가치가 있다고 설명할 수 있다. 아웃브레이크를 연구하기 위해 유전자 염기서열을 이용한 연구 논문은 누구나 탐내는 학술지에 실릴 가능성이 크다. 이는 연구자가 중요할 수도 있는 데이터를 깔고 앉는 동기가 된다. 그러나 이 기간에 내가 연구자들과 함께해본 바에 따르면 악의적 의도였다기보다는 생각을 하지 못한 거라고 보고 싶다. 과학계의 문화가 아웃브레이크의 시간 흐름에 맞지 않을 뿐이다. 연구자들은 실험 방법을 개발하고 철저하게 분석하며 방법론을 기록한 뒤 결과를 제출해 동료 과학자들에게 동료평가를 받는다. 이 과정은 몇 달, 길면 몇 년 걸릴 수도 있어 예로부터 새로운 데이터 발표를 늦춰왔다.

이런 지연은 과학과 의학을 통틀어 문제가 된다. 제레미 파라는 2014년 3월에 웰컴트러스트 소장을 맡으며 〈가디언〉 임상 연구가 종종 너무 오래 걸린다고 말했다. 이후 몇 달 동안 에볼라 아웃브레이크가 번지면서 이것이 분명해졌다. 파라는 이렇게 말했다. "우리가 만들어놓은 체계는 상황이 빠르게 움직일 때는 목적에 적합하지 않다. 우리에게는 실시간으로 대응할 방법이 없다."[13]

이런 문화는 서서히 바뀌고 있다. 2018년 중반 또 다른 대규모 에볼라 아웃브레이크가 될 사건이 콩고민주공화국에서 일어났다. 이번에는 연구자들이 재빨리 새로운 염기서열 데이터를 발표했다. 네 가지 실험적인 치료법의 임상시험도 시작했다. 2019년 8월 연구자들은 항에볼라 면역세포를 신속하게 주입하면 과거에 평균 약 30%였던 생존 가능성을 90% 이상 올릴 수 있다는 사실을 보였다. 한편, 아웃브레이크를 연구하는 과학자들은 나날이 더 많은 논문 초고를 바이오아카이브[bioRxiv]와 메드아카이브[medRxiv]처럼 동료평가를 거치기 전에 새로운 연구 결과를 보게 하려고 만든 웹사이트에 올렸다.[14]

사베티는 시에라리온에서 연구하는 동안 연구진이 머무르던 도시 이름인 케네마가 '강물처럼 맑아 사람들 시선에 투명하게 열려 있다'는 뜻이라는 사실을 알게 됐다.[15] 이런 개방성은 사베티의 연구진에도 반영됐고 이들은 아웃브레이크 초기에 99가지 염기서열을 공유했다. 그런 태도는 더 폭넓은 아웃브레이크 연구자 공동체에까지 퍼졌다. 한 가지 아주 좋은 사례가 계산생물학자 트레버 베드포드와 리처드 네허가 선도한 '넥스트스트레인 계획'이다. 이 온라인 플랫폼은 자동으로 유전자 염기서열을 비교해서 서로 다른 바이러스끼리 얼마나 연관됐는지 그리고 어디서 유래했는지 보여준다. 베드포드와 네허 두 사람 모두 처음에는 독감에 초점을 맞추었지만 이제 이 플랫폼은 지카에서 결핵에 이르기까지 모든 것을 추적한다.[16] 넥스트스트레인은 강력한 아이디어인데, 그 이유는 단지 모든 염기서열을 모아 시각화하기 때문만이 아니라 과학논문 출판이라는 느리고 경쟁적인 과정에서 떨어져 있기 때문이다.

병원체의 염기서열을 분석하기가 더 쉬워지면서 계통분류학적 방법은 꾸준히 우리가 전염병 아웃브레이크를 더 잘 이해하게 해준다. 언제 처음 불꽃이 튀었는지, 아웃브레이크가 어떻게 번졌는지, 전파 과정의 어떤 부분을 놓쳤는지 알아내는 데 도움이 된다. 또 아웃브레이크 분석 분야에서 더 널리 퍼진 경향도 상세하게 보여준다. 바로 전통적으로 얻기 어려웠던 정보를 손에 넣기 위해 새로운 데이터의 원천을 결합하는 기술이다. 우리는 계통분류학을 이용해 환자의 정보와 환자가 감염된 바이러스의 유전자 데이터를 연결해서 아웃브레이크의 전파 과정을 밝힐 수 있다. 이와 같은 '데이터 연결' 접근법은 인구 집단에서 어떤 것이 돌연변이가 되고 어떻게 퍼지는지 과정을 이해하는 강력한 방법이 되고 있다. 그러나 이런 방법이 언제나 우리 예상대로 쓰이는 건 아니다.

부정직하고 입이 험한 노인 골디락스는 착한 곰 세 마리네 집에 멋대로 침입했다. 적어도 시인 로버트 사우디Robert Southey(1774~1843)가 1837년 이 이야기를 처음 출간했을 때는 그랬다. 욕을 해대며 죽 세 그릇을 해치우고 의자를 하나 부순 이 골디락스 노인은 곰이 집에 오는 소리를 듣고는 창문으로 탈출했다. 사우디는 심지어 처음엔 이 노인에게 이름을 지어주지도 않았다. 금발이라고 하지도 않았다. 그런 자세한 내용은 수십 년 뒤 주인공이 고약한 노인에서 말썽꾸러기 아이로 진화해 마침내 오늘날 우리가 아는 《골디락스와 곰 세 마리Goldilocks and the Three Bears》가 됐다.[17]

곰이 등장하는 이런 이야기는 오래전부터 있었다. 사우디가 이 이야기를 출판하기 몇 년 전 엘라노어 뮤어라는 여성이 조카를 위해 손수 책을 만들어주었다. 이번에는 마지막 부분에서 곰이 여성 노인을 붙잡았다. 집이 망가진 데 화가 난 곰들은 노인을 불에 태우고, 물에 빠뜨리고, 성바오로성당 첨탑에 꽂아놓는다. 초기 민담에서는 곰 세 마리가 장난꾸러기 여우를 톱으로 자른다.

더럼대학교 인류학자 제이미 테호라니에 따르면 우리는 문화를 사람에게서 사람으로 그리고 세대에서 세대로 전달되는 과정에서 돌연변이되는 정보로 생각할 수 있다. 문화의 전파와 진화를 이해하고 싶을 때 사회의 부산물인 민담이 유용하다. 테흐라니는 이렇게 말했다. "당연하게도 민담은 정식 판본이 없다. 공동체 모두의 이야기다. 민담에는 이런 유기적 특성이 있다."[18]

테흐라니의 민담 연구는 '빨간 모자'로 시작됐다. 서유럽에 사는 사람이라면 아마도 19세기에 그림 형제가 들려준 이 이야기에 익숙할 것이다. 한 소녀가 할머니 집에 가려다가 변장한 늑대를 만난다. 그러나 이게 그 이야기의 유일한 판본은 아니다. '빨간 모자'와 비슷한 민담이 여러 개 있다. 동유럽과 중동에는 '늑대와 아이들'이라는 이야기가 있다. 변장한 늑대가 아기염소 무리를 속여 자신을 집 안에 들여보내게 한다. 동아시아에는 '호랑이 할머니' 이야기가 있다. 거기서는 여러 아이가 나이 많은 친척인 척하는 호랑이를 만난다.

이 이야기는 전 세계로 퍼졌지만 어느 방향인지는 알기 어렵다. 역사가들 사이에서 일반적 이론은 동아시아 판본이 시초고 유럽과 중동의 이야기가 나중에 생겼다는 것이다. 그러나 '빨간 모자'와 '늑대와 아이들'이 정말로 '호랑이 할머니'에서 진화했을까? 과거 민담은 기록으로 남기기보다는 구전으로 이어졌다. 역사적 기록이 얄팍하고 드문드문하다는 뜻이다. 특정 이야기가 정확히 언제 어디서 기원했는지는 분명하지 않을 때가 많다.

여기서 계통분류학적 접근법이 유용할 수 있다. 테흐라니는 '빨간 모자'와 그 변종의 진화를 조사하기 위해 여러 대륙에 걸친 서로 다른 판본을 거의 60개나 모았다. 유전자 염기서열 대신 각 이야기를 주인공의 유형과 주인공을 속이는 데 사용한 계교, 이야기가 끝나는 방식 같은 72가지 플롯 특징에 따라 요약했다. 테흐라니는 이런 특징의 진화 과정을 추정해 각 이야기 사이의 관계를 나타낸 계통수를 그렸다.[19] 테흐라니의 분석은 예상치 못한 결론을 내놓는다. 계통수에 따르면 '늑대와 아이들'과 '빨간 모자'가 먼저 나타난 듯했다. 일반적인 믿음과 반대로 '호랑이 할머니'는 다른 이야기로 진화한 시초가 아니라 기존 이야기를 짜깁기한 것이 분명했다.

진화론적 사고는 언어와 문화 연구에서 역사가 오래됐다. 다윈이 생명의 나무를 그리기 수십 년 전 언어학자 윌리엄 존스William Jones(1783~1794)는 언어가 어떻게 나타났는지에 흥미를 느꼈다. '문헌학'이라고 하는 분야다. 1786년 존스는 그리스어와 산스크리트어, 라틴어 사이에 유사성이 있다는 사실을 지적했다. "어떤 문헌학자라도 이 세 언어를 조사하면 모두 지금은 존재하지 않을 공통의 근원에서 나왔다는 사실을 믿지 않을 수 없다."[20] 진화론의 용어로 말하면 존스는 언어가 하나의 공통 조상에서 진화했다고 주장하는 것이다. 존스의 아이디어는 훗날 많은 학자에게 영향을 미쳤는데, 그중에는 열정적 언어학자였던 그림 형제도 있었다. 그림 형제는 민담의 서로 다른 변종을 수집하는 한편 언어가 시간 흐름에 따라 어떻게 바뀌었는지 연구했다.[21]

현대의 문헌학적 접근법은 그런 이야기를 더 자세히 분석할 수 있게 해준다. 테흐라니는 '빨간 모자'를 연구한 뒤 리스본대학교의 사라 그라카다 실바와 함께 더욱 다양한 총 275개 이야기의 진화 과정을 추적했다. 두 사람은 몇몇 이야기는 역사가 오래됐다는 사실을 알아냈다. 〈룸펠슈틸츠헨〉과 〈미녀와 야수〉는 원래 4,000년 전에 나타났을 가능성도 있었다. 이는 이 이야기가 전달 매개체인 인도-유럽어만큼이나 오래됐다는 뜻이 된다. 비록 많은 민담이 궁극적으로는 널리 퍼졌지만 다 실바와 테흐라니는 지역에서 일어난 이야기 경쟁의 흔적도 발견했다. "공간적인 가까움은 이야기 유통에 부정적 효과를 준 것으로 보인다. 이는 사회가 이웃 지역에서 이런 이야기를 받아들이기보다는 거부할 가능성이 더 크다는 사실을 시사한다."[22]

기원은 그렇지 않다 해도 흔히 민담은 어떤 국가의 정체성과 엮여 있다. 한 예로 독일의 전통 이야기를 수집한 그림 형제는 인도에서 아랍에 이르는 다른 많은 문화권의 이야기와 유사성이 있다는 사실을 알아챘다. 문헌학적 분석은 이야기를 빌려오는 일이 얼마나 흔했는지 확인해주었다. 테흐라니는 이렇게 말했다. "어느 한 나라의 구전 전통에 특별한 건 많지 않다. 사실 이야기는 대단히 세계화되어 있다."

애초에 사람은 왜 이야기를 했을까? 한 가지 설명은 이야기가 유용한 정보를 보존하는 데 도움이 된다는 것이다. 수렵·채집 사회에서는 이야기가 고도로 가치 있는 기술이라는 증거가 있다. 이는 인류 역사 초기에 좋은 이야기꾼이 짝으로 더욱 바람직했기 때문에 이야기가 자리 잡았다는 주장으로 이어진다.[23]

우리가 어떤 이야기 기반의 정보를 가치 있게 여기도록 진화했는지는 두 가지 경쟁 이론이 있다. 어떤 연구자들은 생존과 연관된 이야기가 가장 중요하다고 주장한다. 우리는 마음속 깊은 곳에서 식량과 위험이 어디에 있는지 알려주는 정보를 원한다는 것이다. 이는 이야기가 불쾌한 것을 기억해야 한다는 식의 반응을 일으키는 이유를 설명해준다. 독을 먹고 싶지 않아서다. 다른 이들은 사회적 소통이 인간의 삶을 지배하므로 사회생활과 연관된 정보가 가장 유용하다고 주장한다. 이는 우리가 인간관계나 사회 규범을 깨뜨리는 행동에 대한 상세한 내용을 우선 기억한다는 사실을 암시한다.[24]

수학자가 알려주는 전염의 원리

테흐라니와 동료 연구진은 이 두 이론을 시험하려고 도시 전설의 전파 과정을 관찰하는 실험을 수행했다. 이들 연구는 어린이들이 하는 게임인 '망가진 공중전화'를 흉내 낸 것이다. 한 사람에게서 다른 사람에게, 또 다른 사람에게 계속 이야기를 전달한다. 그리고 마지막에 들은 사람이 이야기를 얼마나 기억하는지 보는 것이다. 연구진은 생존이나 사회적 정보가 담긴 이야기가 중립적 이야기보다 더 기억에 남고 사회적 이야기가 생존 이야기보다 더 뛰어나다는 사실을 알아냈다.

다른 요인도 이야기 성공에 도움이 될 수 있다. 앞선 망가진 공중전화 실험에서는 이야기가 퍼져나갈수록 더 짧고 단순해지는 경향이 있었다. 사람들은 요점은 기억하지만 세부 내용은 잊었다. 놀라움이 이야기에 도움이 되기도 한다. 반직관적인 생각이 담긴 이야기가 더 귀에 잘 들어온다는 증거가 있다. 그러나 균형이 맞아야 한다. 이야기에는 놀라운 특징이 좀 있어야 하지만 너무 많으면 안 된다. 성공적인 민담에는 으레 수많은 익숙한 요소와 몇 가지 터무니없이 이상한 내용이 함께 들어 있다. 엄마와 아빠, 아기 곰이 사는 가정집에 들어가는 소녀 이야기인 《골디락스와 곰 세 마리》를 보자. 물론 여기서 이상한 내용은 그 집 주인이 곰 가족이라는 점이다. 이런 서술 트릭은 현실 사건의 세계를 가져와 예상치 못한 관점을 덧붙이는 음모론의 흡입력을 설명해주기도 한다.[25]

그리고 이야기 구조가 있다. 《골디락스와 곰 세 마리》의 인기는 주인공 골디락스보다는 곰 세 마리에서 기인한다. 이들은 이야기를 3의 연속으로 만들어 기억에 남게 한다. 죽은 너무 뜨겁고, 너무 차갑고, 딱 맞는다. 침대는 너무 부드럽고, 너무 딱딱하고, 딱 맞는 식이다. 이런 수사학적 기법은 '3의 법칙'이라고 하며, 에이브러햄 링컨Abraham Lincoln(1809~1865)에서 버락 오바마에 이르기까지 정치가 연설에서 늘 나온다.[26] 3의 목록은 왜 그렇게 강력할까? 어쩌면 3의 수학적 중요성과 관련이 있을 수 있다. 보통 수열의 패턴을 만들려면(혹은 알아내려면) 적어도 세 가지 항이 있어야 한다.[27]

패턴은 개별 단어의 전파를 도울 수도 있다. 언어가 진화하면서 새 단어는 으레 이미 널리 쓰이는 단어를 밀어내기 위해 경쟁해야 한다. 그런 상황에서 우리는 사람들이 일정한 규칙에 따르는 단어를 선호한다고 생각할 수 있다. 예를 들어 과거형은 흔히 '~ed'로 끝난다. 따라서 과거의 단어 'smelt'가 'smelled'에게 자리를 내주었고 'wove'가 서서히 'weaved'가 된 것도 일리가 있다.[28]

어떤 단어는 반대 방향으로 진화했다. 1830년대에 사람들은 초에 불을 붙였다[lighted]. 오늘날 우리는 lit이라고 쓴다. 펜실베이니아대학교 생물학자와 언어학자들은 운율이 어떤 관련이 있을지도 모른다고 생각했다. 연구진은 20세 중반 미국인은 'dive'의 과거형으로 'dived' 대신 'dove'를 쓴다는 사실에 주목했다. 비슷한 시기에 새로 인기를 끈 자동차 때문에 사람들은 'drive'와 'drove' 같은 단어를 받아들였다. 그와 비슷하게 사람들은 이제 떠난다고 말할 때 'split'이라는 단어를 즐겨 쓰게 된 시기에 'lighted'와 'quitted' 대신 'lit'과 'quit'을 쓰기 시작했다.

새로운 단어와 이야기가 인구 집단에 퍼져나가는 두 가지 주요 방식이 있다. 하나는 세대에서 세대로 전해 내려가는 것이다. 그 과정에서 변종이 생길 수도 있는데 이를 '수직 전파'라고 한다. 이와 달리 이야기가 같은 세대의 여러 공동체 사이에서 '수평 전파' 과정을 겪으며 섞일 수도 있다. 다 실바와 테흐라니는 두 가지 전파 유형이 민담 전파에 영향을 주었지만 대다수 이야기는 수직 경로가 더 중요했다는 사실을 알아냈다. 그러나 삶의 다른 영역에서는 수평 전파가 지배적일 수 있다. 컴퓨터 프로그램 개발자는 자신에게 필요한 유용한 특징이 있거나 시간을 절약할 수 있다는 이유로 으레 기존 코드를 재사용한다. 진화론의 용어로 말하면 이는 오래된 프로그램이나 언어의 단편이 갑자기 새로운 것에 나타나는 식으로 컴퓨터 코드가 '시간여행'을 할 수 있다는 뜻이다.[29]

만약 한 세대에서 이야기나 컴퓨터 코드 일부가 섞이면 진화의 나무를 깔끔하게 그리기가 어려워진다. 어떤 부모가 아이에게 전통적인 가족 이야기를 들려주었고, 그 아이는 그걸 친구들의 가족 이야기와 섞었다고 하자. 그러면 이 새로운 이야기는 사실상 여러 이야기의 서로 다른 가지를 하나로 융합한 것이 된다. 생물학자들도 똑같은 문제를 잘 알고 있다. 2009년의 '돼지인플루엔자' 팬데믹을 보자. 네 가지—조류인플루엔자, 인간독감 그리고 서로 다른 두 돼지인플루엔자—바이러스에서 나온 유전자가 멕시코에서 감염된 돼지 한 마리의 몸속에서 뒤죽박죽으로 엉키며 새로운 하이브리드 바이러스가 나왔고, 이 바이러스가 인간 사이에서 퍼지며 아웃브레이크가 일어났다.[30] 유전자 하나는 다른 인간독감 바이러스와 밀접하게 연관되어 있고, 다른 한 유전자는 돌아다니던 조류인플루엔자와 비슷했으며, 나머지는 돼지인플루엔자 바이러스와 비슷했다. 그러나 한 덩어리가 된 이 새로운 독감 바이러스는 다른 무엇과도 달랐다. 이런 변화는 간단한 나무 비유의 한계를 보여준다. 다윈이 그린 생명의 나무는 진화의 여러 특징을 잘 나타냈지만, 유전자가 한 세대 안에서만이 아니라 세대와 세대를 건너뛰며 움직일 수도 있는 현실은 기이하고 난잡한 장애물에 더 가까웠다.[31]

수평 전파와 수직 전파는 어떤 특성이 인구집단 사이로 퍼져나가는 과정에 큰 차이를 만들 수 있다. 호주 서부 해안에서 조금 떨어진 샤크베이에서 몇몇 큰돌고래가 먹이를 찾을 때 도구를 사용했다. 해양생물학자들은 1984년에 이 행동을 알아챘다. 돌고래들이 해면동물의 일부를 떼어낸 뒤 해저에서 먹이를 찾아 뒤질 때 보호 마스크처럼 쓴 것이다. 그리고 샤크베이의 모든 돌고래가 '마스크'를 사용하는 건 아니었다. 1/10 정도만 그 기술을 받아들였다.[32]

왜 그 행동은 더 널리 퍼지지 않았을까? 생물학자들이 마스크를 처음 목격한 지 20년이 지났을 때 한 연구진이 유전자 데이터를 이용해 그 수법이 거의 전적으로 수직 전파의 결과라는 사실을 밝혔다. 돌고래는 사회적 동물로 유명하다. 하지만 초기에 한 돌고래가 혁신적인 방법을 찾아낸 뒤 그 방법은 가계 안에서만 퍼져나간 듯했다. 그 가족과 관련이 없는 돌고래는 계속 마스크 없이 먹이를 찾았다. 사실상 이 돌고래 가족이 유일무이한 전통을 만들어낸 것이다.

생태학자 루시 애플린에 따르면 문화의 수직 전파와 수평 전파는 동물 세계에서도 일어날 수 있다. "실은 종에 따라 그리고 학습 대상이 되는 행동에 따라 달라진다." 애플린은 전파 유형이 새로운 정보가 퍼져나가는 범위에 영향을 미친다고 지적했다. "가령 학습이 대부분 수직으로 일어나는 돌고래라면 특정 가족에 국한된 행동에 그친다고 생각할 수 있고, 그러면 행동이 인구집단 속으로 더 널리 퍼지기는 상당히 어렵다." 반대로 수평 전파는 혁신을 훨씬 더 빨리 도입하는 결과를 낳을 수 있다. 그런 전파는 박새 같은 새에게서 흔히 나타난다. 애플린은 이렇게 말했다. "박새의 사회적 학습은 대부분 수평적으로 이루어진다. 겨울철에 무리 지어 사는 동안 혈연관계가 없는 다른 개체를 관찰하며 정보를 얻는다."**33**

어떤 동물은 전파 유형 차이가 생존에 결정적이라는 사실을 알게 될 수도 있다. 인간이 자연환경을 더욱더 많이 바꾸면서 혁신을 효율적으로 전파할 수 있는 종은 변화에 적응하기에 더 유리할 수 있다. "어떤 종은 변하는 환경 속에서 행동할 때 상당히 수준 높은 유연성을 보여준다는 증거가 점점 늘고 있다. 그 결과 그런 종은 인간이 바꾸어놓은 서식지와 인간이 초래한 변화에 성공적으로 대처하는 것처럼 보인다."

효율적 전파는 미생물 수준에서도 인간이 만든 변화에 저항하는 데 도움이 된다. 몇몇 세균은 항생제에 저항성을 갖추는 돌연변이를 일으켰다. 이런 유전자 돌연변이는 세균이 번식할 때 수직으로 퍼질 뿐만 아니라 종종 같은 세대 안에서 수평적으로 전달된다. 소프트웨어 개발자가 파일에서 파일로 코드를 복사해 붙일 수 있듯이 세균도 서로 유전 물질 조각을 주고받을 수 있다.

최근 들어 연구자들은 수평 전파가 MRSA 같은 슈퍼세균과 약제내성을 갖춘 성병균 등장에 기여한다는 사실을 알아냈다.**34** 예를 들어 2018년 영국의 한 남자는 표준 항생제 전부에 내성이 있는 이른바 '슈퍼임질'에 걸렸다는 진단을 받았다. 그 남자는 아시아에서 병에 옮았지만 다음 해 영국에서 두 건이 더 발생했다. 이번에는 유럽과 연관이 있었다.**35** 연구자들이 이와 같은 감염을 성공적으로 추적해 예방하려면 가능한 한 많은 데이터가 필요하다.

유전자 염기서열 같은 새로운 정보를 사용하게 된 덕분에 우리는 서로 다른 질병과 특성이 인구 집단에 퍼지는 과정을 갈수록 더 자세히 밝혀내고 있다. 사실 21세기 들어 공중보건 분야에 생긴 가장 큰 변화는 빠르고 저렴하게 유전체의 염기서열을 밝히고 분석하는 능력일 것이다. 연구자들은 아웃브레이크의 비밀을 밝힐 뿐만 아니라 인간의 유전자가 알츠하이머에서 암에 이르는 질병에 어떤 영향을 주는지도 조사할 것이다.[36] 유전학을 사회적으로 응용할 수도 있다. 유전체는 가계와 같은 특징을 드러내므로 유전자 검사 키트는 가족의 역사에 관심 있는 사람에게 인기 있는 선물이 됐다.

그러나 그런 데이터를 사용하면서 뜻하지 않게 사생활에 악영향이 생기기도 한다. 친척과 유전적 특징을 아주 많이 공유하다 보니 유전자 검사를 받지 않은 사람에 대한 정보를 얻는 게 가능하기 때문이다. 예를 들어 2013년 〈타임스〉는 외가 쪽 먼 친척 두 사람의 유전자를 검사한 뒤 윌리엄 왕자에게 인도계 조상이 있다고 보도했다. 유전학 연구자들은 곧 그 기사를 비판했다. 동의 없이 왕자의 개인 정보를 누설했기 때문이다.[37] 어떤 때는 조상을 드러내는 게 끔찍한 결과를 낳을 수도 있다. 크리스마스를 맞아 조상을 검사했다가 입양이나 간통 사실이 드러나 불화를 겪는 가족을 다룬 언론 보도가 몇 차례 있었다.[38]

우리는 이미 기업들이 우리의 온라인 행동에 대한 데이터를 모으고 공유해 맞춤형 광고를 제공한다는 사실을 살펴보았다. 마케터는 단순히 얼마나 많은 사람이 광고를 클릭했는지만 헤아리는 게 아니다. 그 사람들이 어떤 유형이고, 어디서 왔으며, 다음에 무엇을 했는지도 안다. 이런 데이터세트를 조합해 한 가지 행동이 다른 행동에 어떤 영향을 미쳤는지 종합할 수 있다. 인간의 유전자 데이터를 분석할 때도 흔히 똑같은 접근법이 쓰인다. 과학자들은 분리한 유전자 염기서열을 조사하기보다는 민족적 배경이나 의료 이력 같은 정보와 비교한다.

그 목적은 서로 다른 데이터세트를 연결하는 패턴을 밝히는 것이다. 만약 이 패턴의 모습을 알아낸다면 연구자들은 기본적 유전자 코드에서 민족이나 병에 걸릴 위험 같은 것을 예측할 수 있다. 그래서 23andMe 같은 유전자 검사 기업이 수많은 투자자를 유치하는 것이다. 이들은 단순히 고객의 유전자 데이터만 수집하는 게 아니라 고객 정보를 수집하는데, 이는 고객의 건강을 더 심층적으로 이해하게 해준다.[39]

그런 데이터세트를 축적하는 건 상업 기업만이 아니다. 2006~2010년 영국에서는 50만 명이 앞으로 수십 년 동안 유전과 건강 패턴을 연구하는 게 목적인 바이오뱅크 계획에 자원했다. 이 데이터세트는 양과 범위가 점점 커지면서 앞으로 전 세계 연구자가 이용하게 되어 과학계의 귀중한 자원이 될 것이다. 2017년 이후 질병, 부상, 영양, 건강, 정신건강 연구에 이 데이터를 이용하려고 연구자 수천 명이 등록했다.[40]

연구자들이 건강 정보를 공유하는 데는 큰 이점이 있다. 그러나 다수가 데이터세트를 이용하면 우리는 사생활 보호 방법을 생각해야 한다. 위험을 줄일 한 가지 방법은 참가자 신원을 확인하는 데 필요한 정보를 삭제하는 것이다. 예를 들어 연구자가 의료 데이터세트를 이용할 때 이름이나 주소 같은 개인 정보는 흔히 삭제되어 있다. 하지만 그런 데이터가 없어도 신원을 확인하는 건 여전히 가능하다. 1990년대 중반 MIT 대학원생 라타냐 스위니는 만약 한 미국 시민의 나이와 성별, 우편번호를 안다면 많은 경우 그 사람을 지목할 수 있다고 추측했다. 당시 몇몇 의료 데이터베이스에는 이 세 가지 정보가 들어 있었다. 스위니는 이 정보를 선거인 명부와 합치면 아마도 눈앞에 있는 게 누구 의료기록인지 알 수 있을 거라고 생각했다.[41]

그래서 스위니는 그렇게 했다. "내 가설을 시험하기 위해 나는 데이터에서 누군가를 찾아 보여야 했다." 스위니는 나중에 이렇게 회고했다.[42] 매사추세츠주는 최근 '익명'의 진료 기록을 연구자가 무료로 이용하게 해 두었다. 윌리엄 웰드 주지사는 환자의 사생활이 여전히 보호받는다고 주장했지만 스위니의 분석 결과 전혀 그렇지 않았다. 스위니는 20달러를 내고 웰드가 사는 케임브리지의 유권자 기록을 받아서 웰드의 나이와 성별, 우편번호를 병원의 데이터세트와 상호비교했다. 그리고 곧 웰드의 의료 기록을 찾아내 웰드에게 이메일로 사본을 보냈다. 이 실험과 그에 따른 홍보 효과는 결국 미국에서 건강 정보를 저장하고 공유하는 방식에 큰 변화를 이끌어냈다.[43]

데이터가 한 컴퓨터에서 다른 컴퓨터로 퍼지면서 사람들 삶에 대한 깊이 있는 이해도 함께 퍼진다. 우리가 조심해야 하는 건 의료나 유전 정보만이 아니다. 별것 아닌 것 같은 데이터세트에도 놀라울 정도로 개인적인 내용이 있을 수 있다. 2014년 3월 크리스 횡이라는 자칭 '데이터 중독자'가 정보공개법을 이용해 지난해 뉴욕시에서 이루어진 모든 택시 탑승에 대한 상세 정보를 요청했다. 뉴욕시 택시리무진위원회NYC TLC가 데이터세트를 공개했을 때 그 안에는 시각과 타고 내린 장소, 요금, 각 승객이 준 팁의 액수가 있었다.[44] 총 탑승 횟수는 1억 7,300만 건이 넘었다. 실제 차량 번호 대신 무작위로 만든 게 분명한 숫자로 각 택시를 구분했다. 하지만 택시 이동은 결코 익명이 아니었다는 사실이 드러났다. 데이터세트를 공개한 지 3개월 뒤 컴퓨터과학자 비자이 판두란간은 택시 코드를 해독해 암호화된 숫자를 원래 차량 번호로 바꾸는 방법을 보여주었다. 곧이어 대학원생인 앤서니 토카가 또 무엇을 알아낼 수 있는지 설명하는 글을 블로그에 올렸다. 토카는 간단한 방법으로 그 파일에서 민감한 정보를 많이 추출할 수 있다는 사실을 알아내곤 먼저 유명인을 스토킹하는 방법을 보여줬다.[45]

'2013년 맨해튼에서 택시를 탄 유명인'으로 몇 시간 동안 이미지를 검색한 끝에 토카는 번호판이 시야에 들어온 사진 몇 장을 찾았다. 이 사진과 유명인의 블로그, 잡지를 상호비교한 결과 출발지 또는 목적지를 알아낼 수 있었고 이를 익명이어야 할 택시 데이터세트와 맞추어 보았다. 토카는 유명인들이 팁을 얼마나 주었는지 혹은 주지 않았는지도 볼 수 있었다. 토카는 이런 글을 남겼다. "특히 1년 정도 지난 지금 시점에는 이 정보가 비교적 문제없어 보이지만 나는 이전에 대중으로부터 알려진 적이 없는 정보를 공개한 것이다."

토카는 대부분 사람이 그런 분석에 별걱정을 하지 않을지도 모른다고 생각하고 좀 더 깊이 파보기로 했다. 그리고 헬스키친 지역의 스트립 클럽으로 관심을 돌려 이른 시각의 택시 탑승 기록을 찾아보았다. 토카는 곧 단골 고객을 확인하고 그 사람의 이동을 역추적해 집 주소를 알아냈다. 온라인에서 그 정보를 찾는 데는 오래 걸리지 않았다. 그리고 소셜 미디어에서 잠깐 검색한 결과 토카는 그 남자 생김새와 그가 사는 집 가격, 연애 상태를 알게 됐다. 토카는 이 정보를 조금도 공개하지 않았지만 다른 누군가도 큰 노력을 들이지 않고 똑같은 결론에 이르렀을 것이다. "이 분석의 잠재적 결과를 대수롭지 않게 생각하면 안 된다." 토카는 이렇게 지적했다.

GPS 데이터가 있으면 사람을 확인하기가 아주 쉬울 수 있다.[46] GPS 추적으로 우리가 어디에 사는지, 어떤 길로 출근하는지, 무슨 약속이 있는지, 누구를 만났는지 쉽게 밝힐 수 있다. 뉴욕시의 택시 데이터와 마찬가지로 그런 정보가 스토커와 강도, 협박범에게 보물이 될 수 있다는 건 어렵지 않게 알 수 있다. 2014년의 한 조사에서 미국 가정폭력보호소의 85%는 GPS로 학대자에게 스토킹당한 사람들을 보호한다고 말했다.[47] 소비자 GPS 데이터는 심지어 군사 작전을 위험하게 만들 수도 있다. 2017년에는 사제 피트니스 트래커를 착용한 장교들이 달리기와 사이클 경로를 업로드하면서 무심코 군사 기지의 정확한 배치를 유출했다.[48]

이런 위험에도 이동 데이터 사용은 귀중한 과학적 통찰력도 가져다주었다. 바이러스가 다음에 어디로 퍼질지 연구자가 예측할 수 있게 해준다거나 자연재해가 일어났을 때 구조팀이 피난민을 원조하는 데 도움이 된다거나 도시 운송 네트워크 개선 방법을 도시설계자에게 보여줄 수 있다.[49] 고해상도 GPS 데이터를 이용해 특정 집단 사이의 소통을 분석하는 일도 가능해졌다. 예를 들어 휴대전화 데이터를 이용해 미국에서 중국에 이르는 여러 국가에서 사회적 분리와 정치 집단화, 불평등을 추적하는 연구가 이루어졌다.[50]

만약 저 마지막 문장이 여러분을 약간 불편하게 만들었다면 여러분 혼자만 그런 건 아니다. 사용할 수 있는 디지털 데이터의 양이 늘어나면서 사생활에 대한 우려도 커지고 있다. 불평등 같은 문제는 중요한 사회적 과제이고 당연히 연구할 가치가 있다. 하지만 그런 연구가 우리의 수입이나 정치, 사회생활을 얼마나 상세히 파고들어야 할지는 치열한 논쟁이 벌어지고 있다. 인간의 행동을 이해할 때 우리는 종종 지식에 대한 대가를 어디까지 치를지 결정해야 한다.

나와 내 동료들이 이동 데이터를 이용해 연구할 때마다 사생활 문제는 대단히 중요하다. 한편으로는 가능한 한 가장 유용한 데이터를 모으고 싶다. 아웃브레이크로부터 공동체를 보호하는 데 도움이 되는 데이터라면 특히 그렇다. 반면 우리가 수집하거나 발표할 수 있는 정보에 제한이 생긴다 해도 그 공동체에 속한 개개인의 사생활을 보호해야 한다. 독감이나 홍역 같은 질병의 경우 우리는 특별한 도전에 직면한다. 감염 위험이 큰 어린이는 감시 대상으로 놓기에는 취약한 연령대이기도 하기 때문이다.[51] 우리에게 사회적 행동에 대해 유용하고 흥미로운 사실을 알려줄 연구는 많지만 사생활 침해 우려 때문에 그런 연구를 정당화하기는 어렵다.

우리가 실제로 고해상도 GPS를 얻는 드문 경우에 연구 참가자는 우리 연구진이 그들의 정확한 위치를 알게 된다는 점을 인지하고 동의한다. 그러나 모든 사람이 사생활에 똑같은 태도를 보이는 건 아니다. 휴대전화가 여러분 모르게 GPS 데이터를 끊임없이 여러분이 들어본 적도 없는 기업에 유출한다고 상상해보라. 이런 일이 일어날 가능성은 생각보다 크다. 최근에 거의 알려지지 않았던 GPS 데이터 브로커들의 네트워크가 모습을 드러냈다. 이런 기업들은 사람들이 GPS 접근 권한을 준 수백 개 애플리케이션에서 이동 데이터를 사들여 마케터와 연구자를 비롯한 여러 집단에 팔아왔다.[52] 많은 사용자는 끊임없는 추적에 동의한 건 고사하고 운동이나 일기예보, 게임 등의 용도로 애플리케이션을 설치한 사실조차 오래전에 잊었을 것이다. 2019년 미국의 저널리스트 조셉 콕스는 자신이 포상금 사냥꾼에게 돈을 주고 간접적으로 얻은 위치 데이터를 이용해 휴대전화 위치를 추적했다고 보도했다.[53] 비용은 300달러였다.

위치 데이터에 접근하기 쉬워지면서 새로운 유형의 범죄도 나타났다. 사기꾼들은 오래전부터 고객을 속이는 '피싱' 메시지를 보내 민감한 정보를 얻었다. 이제 그런 사기꾼은 사용자 맞춤형 데이터를 이용하는 '스피어 피싱'이라는 방법을 개발하고 있다. 2016년 미국 펜실베이니아주 주민 몇 명은 최근에 범한 속도위반으로 벌금을 내라는 이메일을 받았다. 이메일에는 그 사람의 차량 속도와 위치가 정확히 담겨 있었다. 하지만 그건 진짜가 아니었다. 경찰은 사기꾼이 어떤 애플리케이션에서 유출된 GPS 데이터를 획득한 뒤 이를 이용해 국도에서 너무 빠르게 달린 사람을 찾아냈다고 추정했다.[54]

이동 데이터세트가 놀라울 정도로 강력하다는 사실이 드러났어도 여전히 한계는 있다. 아무리 상세한 이동 정보가 있어도 파악하기 거의 불가능한 유형의 상호작용이 한 가지 있다. 그건 짧고 으레 보이지 않으며 아웃브레이크 초기 단계에는 특히 더 파악하기 어려운 사건이다. 그리고 의학 역사에서 손꼽을 정도로 악명 높은 몇몇 사건에 불을 붙이기도 했다.

━━━

한 의사가 힘든 한 주를 마치고 홍콩 메트로폴호텔 911호에 투숙했다. 몸이 좋지 않았지만 주말에 열리는 조카 결혼식에 참석하기 위해 중국 남부에서 세 시간 동안 버스를 타고 왔다. 며칠 전 독감 같은 병에 걸렸지만 아직 떨쳐내지 못했는데 몸이 점점 안 좋아졌다. 24시간 뒤 그는 중환자실에 들어갔고 10일 안에 목숨을 잃었다.[55]

그날은 2003년 2월 21일이었다. 그 의사는 홍콩의 첫 번째 사스 감염 사례였다. 궁극적으로 메트로폴호텔과 관련 있는 사스 감염 사례는 16건으로 늘어났다. 의사의 맞은편 방이나 옆방 그리고 같은 층에서 머문 사람들이었다. 사스가 퍼져나가면서 그 병을 일으키는 새로운 바이러스를 서둘러 이해해야 했다. 과학자들은 감염 이후 증상이 나타날 때까지 걸리는 시간(잠복기) 같은 기본 정보도 몰랐다. 동남아시아에서 감염 사례가 계속 나타나자 통계학자 크리스틀 도넬리는 임페리얼칼리지런던과 홍콩의 동료들과 함께 이 핵심 정보를 추정하러 나섰다.[56]

잠복기를 알아낼 때 문제는 실제 감염 순간을 보기가 어렵다는 점이다. 우리 눈에는 사람들이 나중에 증상을 나타내는 모습만 보인다. 평균 잠복기를 추정하려면 특정 시기에 감염된 것이 분명한 사람을 찾아야 한다. 예를 들어 메트로폴호텔에서 묵은 한 사업가는 그 중국인 의사와 단하루만 투숙 날짜가 겹쳤지만 6일 뒤 사스에 걸렸다. 따라서 이 시간 간격이 그 남자의 잠복기였다. 도넬리와 동료 연구진은 이와 같은 사례를 더 수집하려고 노력했지만 그다지 많지 않았다. 4월 말까지 홍콩에서 나온 사스 감염 사례 1,400건 중 57명만이 바이러스 노출 경로가 명확했다. 이 사례를 종합하면 사스의 평균 잠복기는 대략 6.4일이라는 뜻이 된다. 그 후 2009년의 독감과 2014년의 에볼라 팬데믹을 포함해 새로운 감염병의 잠복기를 추정하는 데 똑같은 방법이 쓰였다.[57]

물론 다른 방법으로 잠복기를 알아낼 수도 있다. 누군가를 일부러 감염시킨 뒤 어떻게 되나 관찰하는 것이다. 이런 접근법의 가장 악명 높은 사례는 1950년대와 1960년대에 뉴욕시에서 있었다. 스태튼아일랜드에 있는 윌로우브룩주립학교에는 지적장애 어린이가 6,000명 이상 다녔다. 빽빽하고 지저분한 이 학교에서는 간염 아웃브레이크가 빈번하게 일어났다. 그러자 소아과의사 사울 크루그먼은 간염을 연구할 계획을 세웠다.[58] 공동연구자 로버트 맥콜럼과 조안 가일스와 함께한 이 연구는 감염이 진행되고 퍼져나가는 과정을 이해하기 위해 일부러 어린이를 간염에 걸리게 하는 방식으로 이루어졌다. 연구진은 잠복기를 측정하는 한편 자신들이 사실 두 가지 유형의 간염 바이러스를 상대한다는 사실을 알아냈다. 하나는 현재 우리가 A형 간염이라고 하는 것으로 사람에게서 사람으로 옮겨간다. 그와 달리 B형 간염은 혈액을 통해 옮는다.

이 연구는 새로운 발견뿐만 아니라 논란도 가져왔다. 1970년대 초 이 연구에 대한 비판이 커지면서 결국 실험은 중단됐다. 연구진은 연구가 윤리적으로 건전했다고 주장했다. 몇몇 의료윤리위원회의 승인을 받았고, 아이 부모의 동의도 받은 것이다. 그리고 학교 환경이 열악해 상당수 아이는 어느 시기에든 간염에 걸렸을 터였다. 비판론자들은 동의서 양식에 상세한 실험 내용이 겉핧기로만 들어갔고 크루그먼이 아이들이 자연스럽게 감염될 확률을 과장했다고 대꾸했다. 백신 개척자 모리스 힐먼은 이렇게 주장했다. "그건 미국에서 어린이를 대상으로 한 의료 실험 중 가장 비윤리적이었다."[59]

여기서 일단 얻어낸 그런 지식으로 무엇을 할 것이냐는 질문이 생긴다. 윌로우브룩주립학교 연구로 나온 논문들은 수백 번이나 인용됐다. 그러나 그것들이 이런 식으로 인정받아야 한다는 데 모든 사람이 동의하는

수학자가 알려주는 전염의 원리

건 아니다. "크루그먼과 가일스 연구를 새로 인용할 때마다 그 연구의 명백한 윤리적 책임은 점점 무거워진다. 내 생각에 그런 인용을 그만두어야 한다. 아니면 적어도 크게 제한해야 한다." 물리학자 스티븐 골드비는 〈랜싯〉에 보낸 편지에 이렇게 적었다.[60]

기원이 불편한 의료 지식의 사례는 많다. 19세기 초 영국에서는 의대가 많아지면서 해부학 수업에서 쓸 시신에 대한 수요가 크게 늘어났다. 합법적 공급이 한계에 부딪히자 불법 시장이 끼어들었다. 무덤에서 파낸 시신이 강사에게 팔리는 일이 점점 늘어났다.[61] 그러나 정말로 충격적인 사실은 살아 있는 사람에게 실험한 것이다. 제2차 세계대전 당시 나치의 의사들은 아우슈비츠에서 사람들을 발진티푸스와 콜레라를 비롯한 질병에 일부러 감염시키고 잠복기와 같은 특징을 파악했다.[62] 전쟁이 끝난 뒤 의료계는 윤리적 실험을 위한 원칙의 큰 틀을 잡은 뉘른베르크 강령을 만들었다. 그런데도 논쟁은 끝나지 않았다. 타이포이드에 대해 우리가 아는 많은 내용은 1950년대와 1960년대에 미국에서 죄수를 대상으로 진행한 실험에서 나왔다.[63] 그리고 물론 간염에 대한 우리 지식을 바꿔놓은 윌로우브룩이 있었다.

때때로 인체 실험이라는 끔찍한 역사가 있었지만 고의 감염을 다루는 연구는 추세가 되고 있다.[64] 전 세계에서 자원자들이 말라리아, 인플루엔자, 뎅기열 등을 연구하는 데 참여하겠다고 지원했다. 2019년에는 그런 실험 수십 개가 진행 중이었다. 비록 몇몇 병원체는 너무 위험하지만—에볼라는 당연히 고려 대상도 아니다—고의 감염 실험의 사회적·과학적 이익이 참가자가 겪는 작은 위험보다 중요한 상황도 있을 수 있다. 현대의 고의 감염 실험은 훨씬 더 엄격한 윤리 지침에 따라야 한다. 참가자에게 정보를 제공하고 동의를 얻는 과정에서는 특히 더 그렇다. 그러나 여전히 이익과 위험 사이의 균형을 맞추어야 한다. 이런 균형 잡기는 삶의 다른 영역에서도 나날이 중요해진다.

8장

얼룩진 데이터

그린빌 클라크가 막 회의실의 자기 자리에 앉았을 때 누군가가 접힌 쪽지를 건넸다.[1] 경험이 풍부한 변호사 클라크는 갓 생긴 UN의 미래와 UN이 세계 평화에 갖게 될 의미를 논의하려고 회의를 조직했다. 대표 60명은 이미 프린스턴대학교에 있는 회의 장소에 도착했지만, 참석하고 싶어 하는 사람이 한 명 더 있었다. 클라크가 손에 쥔 쪽지는 근처의 고등과학연구소에 있는 알베르트 아인슈타인Albert Einstein(1879~1955)이 보낸 것이었다.

1946년 1월, 물리학계의 많은 사람이 히로시마와 나가사키에 원자폭탄을 떨어뜨리는 과정에서 자신들이 한 일 때문에 망령에 시달렸다.[2] 오래전부터 평화주의자였던 아인슈타인은 폭격에 반대했지만 1939년에 나치가 원자폭탄을 만들 수 있다고 경고하며 루스벨트 대통령에게 보낸 편지는 미국의 핵무기 개발 계획에 방아쇠를 당겼다.[3] 프린스턴에서 열린 회의에서 한 참석자가 아인슈타인에게 새로운 기술을 다루지 못하는 인간의 무능력에 대해 질문했다.[4] "인간의 지성은 원자의 구조를 알아내는 수준에 이르렀는데도 그 원자가 우리를 멸망시키지 못하게 막을 정치적 수단은 왜 생각하지 못할까요?" 아인슈타인은 이렇게 대답했다. "간단합니다. 정치가 물리학보다 더 어렵기 때문입니다."

핵물리학은 '군민 겸용 기술'의 대표적 사례다.[5] 관련 연구는 과학과 사회에 막대한 이익을 가져왔지만 매우 해로운 사용법 또한 생겨났다. 앞선 장에서 우리는 긍정적 용도와 부정적 용도가 모두 있는 기술의 사례를 몇 가지 살펴보았다. 소셜 미디어는 우리에게 옛 친구는 물론 새롭고 유용한 아이디어도 만나게 해준다. 그러나 잘못된 정보와 다른 해로운 콘텐츠가 퍼지게 할 수도 있다. 범죄 아웃브레이크를 분석하면 위험에 처한 사람을 파악해 아웃브레이크 전파를 막을 수 있다. 하지만 편향된 치안 알고리즘을 강화해 과도하게 소수집단을 표적으로 삼을 수도 있다. 많은 GPS 데이터는 재난에 효율적으로 대응하는 방법과 교통 체계를 개선하는 방법, 새로운 질병이 퍼지는 과정을 보여준다.[6] 하지만 우리가 모르는 사이에 개인 정보가 유출되어 사생활과 더 나아가 안전을 위험에 빠뜨린다.

2018년 3월 〈옵서버〉는 케임브리지애널리티카가 미국과 영국 유권자의 심리 프로파일을 만들려고 비밀리에 페이스북 사용자 수천만 명의 데이터를 수집했다고 보도했다.[7] 그런 프로파일이 얼마나 효과적인지는 통계학자들 사이에서 논란이 됐지만[8] 추문 자체는 기술 기업에 대한 대중의 신뢰를 갉아먹었다. 소프트웨어 엔지니어이자 전직 물리학자인 요나탄 정거에 따르면 그것은 과거 핵물리학이나 의학 같은 분야에서 일어났던 윤리 논쟁의 현대식 변형이었다.[9] "다른 과학 분야와 달리 컴퓨터과학은 아직 연구자들이 하는 일 때문에 중대한 부정적 결과가 나오는 경험을 한 적이 없다." 정거는 당시 이런 글을 남겼다. 우리는 새로운 기술이 등장할 때마다 과거에 다른 분야 연구자들이 어렵게 배운 교훈을 잊으면 안 된다.

21세기 초 '빅 데이터'가 유행하는 전문용어가 되면서 여러 용도로 쓸 수 있는 빅 데이터의 잠재성이 낙관론을 불러왔다. 한 가지 목적으로 수집한 데이터가 삶의 다른 영역에서 생긴 문제에 대처하는 데 도움이 될

수학자가 알려주는 전염의 원리

거라는 희망이 있었다. 이를 가장 잘 보여주는 사례가 구글 독감 유행GFT 이다.[10] 연구자들은 사용자 수백만 명의 검색 패턴을 분석하면 미국의 공식 질병 기록이 나올 때까지 1~2주를 기다릴 필요 없이 독감의 활동을 실시간으로 파악할 수 있다고 주장했다.[11] GFT 초기 버전은 2009년 초에 나왔는데 전망이 괜찮은 결과를 내놓았다. 그러나 얼마 지나지 않아 비판론이 떠올랐다.

GFT에는 세 가지 한계가 있었다. 첫째, 예측이 항상 그렇게 잘되지는 않았다. GFT는 2003~2008년 미국의 계절성 겨울 독감의 정점을 재현했지만 2009년 봄에 예상하지 못했던 팬데믹이 발생하자 그 규모를 크게 과소평가했다.[12] 어떤 학계에서는 이렇게 표현하기도 했다. "GFT의 초기 버전은 독감 감지기이기도 하고, 겨울 감지기이기도 하다."[13]

두 번째 문제는 그런 예측을 실제로 어떻게 하는지 명확하지 않다는 점이다. GFT는 근본적으로 불투명한 장치다. 한쪽으로 검색 데이터가 들어가면 반대쪽에서 예측이 나온다. 구글은 원본 데이터나 방법을 더 광범위한 연구 공동체에 공유하지 않았다. 따라서 다른 이들이 분석 과정을 조목조목 뜯어보고 알고리즘이 왜 어떤 상황에서는 잘 작동하고 어떤 상황에서는 형편없는지 알아낼 수 없었다.

그리고 마지막이자 어쩌면 가장 큰 문제가 있다. GFT는 별로 야심이 없어 보인다. 바이러스가 진화하기 때문에 해마다 독감이 유행하고 지금 사용하는 백신은 점점 효과가 떨어진다. 마찬가지로, 정부가 미래의 독감 팬데믹을 걱정하는 핵심 이유는 새로운 바이러스에 효과적인 백신이 없을 것이기 때문이다. 팬데믹이 일어나면 백신을 개발하는 데 6개월이 걸린다.[14] 그사이에 바이러스는 널리 퍼질 것이다. 독감 아웃브레이크의 양상을 예측하려면 바이러스가 어떻게 진화하는지, 사람들이 어떻게 소통하는지, 인구집단이 어떻게 면역력을 갖추는지를 잘 이해해야 한다.[15] 이렇게 엄청난 과제가 있는데 GFT의 목표는 고작 독감의 활동을 이번보다 일주일 정도 빨리 알아낸다는 것이었다. 데이터 분석이라는 측면에서 보면 흥미롭지만 아웃브레이크에 대처하는 데는 혁명적인 아이디어가 아니었다.

이는 연구자나 기업이 대규모 데이터세트를 삶의 다른 측면으로 확장하는 일을 이야기할 때 흔히 빠지는 함정이다. 데이터가 그렇게 많으니까 그 데이터로 다른 중요한 질문에 답할 수 있다는 경향이 있다. 실제로 그것은 문제를 찾는 해결책이 된다.

━━━

2016년 말 역학자 캐롤린 버키는 한 기술 투자유치 행사에 참석해 실리콘 밸리의 내부자들에게 자신의 연구 결과를 발표했다. 버키는 기술을 이용해 아웃브레이크를 연구한 경험이 풍부했다. 최근 버키는 GPS 데이터를 이용해 말라리아 전파를 조사하는 몇 가지 연구에 참여했다. 하지만 그런 기술에 한계가 있다는 사실도 잘 알았다. 행사 도중 버키는 돈과 프로그래머만 충분하면 기업들이 세계의 보건 문제를 해결할 수 있다는 태도가 만연한 것에 실망했다. 버키는 훗날 이런 글을 남겼다. "기술계 거물들이 주요 연구의 후원자가 되는 세상에서 우리는 젊고 기술에 정통한 대학 졸업자들이 컴퓨터를 가지고 혼자서 공중보건 문제를 해결할 수 있다는 유혹적인 생각에 빠져서는 안 된다."[16]

많은 기술적 접근법은 실행 가능하지도 지속 가능하지도 않다. 버키는 전통적인 방법을 '뒤흔들겠다는' 기대를 품고 시도했다가 실패한 여러 예비 연구 혹은 애플리케이션을 지적했다. 그리고 그저 좋은 아이디어가 성공적인 스타트업처럼 자연스럽게 나타날 거라고 가정하는 대신 보건 대책이 실제로 얼마나 효과가 있는지 평가할 필요가 있다. 버키의 표현에 따르면 "팬데믹을 준비하려면 뒤흔들 것이 아니라 정치적으로 복잡하고 다차원적인 문제와 장기적으로 싸워야 한다."

기술은 여전히 현대의 아웃브레이크 분석에서 중요한 역할을 한다. 연구자들은 일상적으로 수학 모형을 이용해 관리 대책을 만드는 일을 돕고, 스마트폰을 이용해 환자 데이터를 모으며, 병원체의 유전자 염기서열을 이용해 감염의 전파를 추적한다.[17] 그러나 가장 큰 과제는 계산하는 것이 아니라 실행하는 것이다. 데이터를 수집하고 분석하는 것과 아웃브레이크를 포착하고 대책을 마련할 자원을 보유하는 것은 아주 다른 일이다.

2014년에 첫 번째 대규모 유행을 일으킨 에볼라는 세계적으로 가난한 상위 3개 국가인 시에라리온, 라이베리아, 기니에서 집중적으로 번졌다. 2018년에 일어난 두 번째 대규모 유행은 콩고민주공화국 북동부의 분쟁 지역을 강타했다. 2019년 7월까지 감염 사례가 2,500건 발생했을 뿐 아니라 계속 수치가 올라가자 WHO는 국제공중보건 비상사태를 선언한다.[18] 보건 역량의 세계적 불균형은 과학 용어에까지 영향을 미친다. 2009년의 독감 팬데믹은 멕시코에서 나타났지만 공식 명칭은 'A/캘리포니아/7/2009[H1N1]'이었다. 새로운 바이러스를 처음 확인한 연구실이 그곳에 있었기 때문이다.[19]

이와 같은 지역별 차이는 연구가 새로운 아웃브레이크를 따라잡는 데 힘겨울 수도 있다는 사실을 나타낸다. 2015~2016년에 지카가 널리 퍼졌을 때 연구자들은 서둘러서 대규모 임상시험과 백신 테스트를 계획했다.[20] 하지만 상당수 연구를 시작할 준비가 됐을 때 유행이 멈추었다. 이는 아웃브레이크 연구에서 흔히 생기는 어려움이다. 감염이 끝나는 단계에 이르면 감염의 근본적 의문에 대한 답은 알지 못하는 상태로 남을 수 있다. 그래서 장기적인 연구 능력을 반드시 갖춰야 한다. 우리 연구진은 피지에서 일어난 지카 아웃브레이크에 대해 많은 데이터를 만들어냈지만 이는 우리가 뎅기열을 조사하려고 마침 그곳에 있었기에 가능한 일이었다. 이와 마찬가지로 지카에 대한 가장 좋은 일부 데이터는 캘리포니아대학교 버클리캠퍼스의 에바 해리스가 오랫동안 진행한 니카라과 뎅기열 연구에서 나왔다.[21]

다른 분야 연구자들도 아웃브레이크보다 뒤처지곤 했다. 2016년 미국 대선 기간에 퍼진 잘못된 정보에 대한 많은 연구는 2018년 또는 2019년까지도 발표되지 않았다. 선거 개입을 살펴보는 다른 연구 계획은 시작부터 힘들었고 몇몇은 이제 불가능해졌다. 소셜 미디어 기업들이 필수 데이터를 무심코 혹은 일부러 삭제했기 때문이다.[22] 동시에 파편적이고 믿을 수 없는 데이터가 은행 위치와 총기 폭력, 마약 사용에 관한 연구를 어렵게 한다.[23]

그러나 데이터 수급은 많은 문제의 일부일 뿐이다. 아무리 좋은 아웃브레이크 데이터라도 그 안에는 엉뚱하고 주의가 필요한 내용이 들어 있어 분석을 방해할 수 있다. 방사선과 암의 관계를 추적한 앨리스 스튜어트는 역학자가 완벽한 데이터세트라는 사치를 누리는 일은 드물다고 지적했다. "흠집 하나 없는 배경에서 문제가 되는 얼룩을 찾는 것이 아니다. 아주 지저분한 배경에서 얼룩을 찾는 것이다."[24]

다른 여러 분야에서도 같은 문제가 생긴다. 친구 관계 데이터를 바탕으로 비만의 전파를 파악하려 하든 아편 전염병에서 약물 사용 패턴을 밝히려 하든 여러 소셜 미디어 플랫폼에 걸쳐 정보의 효과를 추적하려 하든 마찬가지다. 우리 생활은 지저분하고 복잡하며 거기서 생기는 데이터 세트 역시 마찬가지다.

감염에 대해 더 잘 알고 싶다면 우리는 감염의 동역학적 성질을 설명해야 한다. 이는 서로 다른 아웃브레이크에 우리 연구를 맞추고 결과가 가능한 한 유용해지도록 재빨리 움직여야 하며, 여러 정보의 실을 한데 뀔 방법을 찾아야 한다는 뜻이다. 예를 들어 오늘날 질병 연구자들은 감염 사례, 인간 행동, 집단면역, 병원체 진화 관련 데이터를 종합해서 파악하기 어려운 아웃브레이크를 조사한다. 하나씩 살펴보면 각각의 데이터세트에는 저마다 결함이 있다. 하지만 합치면 좀 더 완전한 감염의 모습을 보여줄 수 있다. 버키는 그런 접근법을 설명하며 영국의 소설가 버지니아 울프Virginia Woolf(1882~1941)가 한 말을 인용했다. "진실은 수많은 오류를 한데 모아야만 얻을 수 있다."[25]

우리는 사용 방법을 개선할 뿐만 아니라 정말로 중요한 질문에도 집중해야 한다. 사회적 전염을 생각해보자. 현재 사용할 수 있는 데이터양을 고려할 때 새로운 생각이 퍼지는 과정에 대해 우리가 아는 건 여전히 놀라울 정도로 제한적이다. 한 가지 이유는 우리가 관심을 두는 결과가 항상 기술 기업의 우선순위가 되지는 않는다는 것이다. 궁극적으로 기업은 광고 매출을 가져다주는 방식으로 사용자가 제품과 상호작용하기를 원한다. 이는 우리가 온라인 전염을 이야기하는 방식에도 반영된다. 실제로 우리를 더욱 건강하게, 행복하게, 성공적으로 만들어줄 결과보다 소셜 미디어 기업이 설계한 기준에(어떻게 해야 '좋아요'를 더 받을 수 있을까? 어떻게 해야 이 글이 '바이럴'이 될 수 있을까?) 초점을 맞추는 경향이 있다.

현대의 계산 도구를 이용하면 사회적 행동에 대한 유례없는 통찰력을 얻을 수 있다. 올바른 질문을 던지기만 한다면 말이다. 물론 우리가 관심을 두는 질문이 논란으로 이어질 개연성이 큰 질문이기도 하다는 점은 얄궂은 일이다. 페이스북에서 감정의 전파를 관찰한 연구를 떠올려보자. 연구진은 더 즐겁거나 더 슬픈 글을 보여주도록 사람들의 뉴스피드를 바꾸었다. 이 연구를 설계하고 수행한 방법에는 비판이 있었지만 연구진은 중요한 질문을 던졌다. 우리가 소셜 미디어에서 보는 콘텐츠가 우리 감정 상태에 어떤 영향을 줄까?

감정과 개성은 단어의 뜻만 보아도 알 수 있듯이 감정적·개인적 화제다. 2013년 심리학자 마이클 코신스키와 동료 연구진은 사람들이 '좋아요'를 누른 페이스북 페이지로 외향성이나 지성 같은 개인의 특징을 예측할 수 있다는 연구 결과를 발표했다.[26] 케임브리지애널리티카도 그 이후 비슷한 아이디어를 이용해 유권자의 심리 프로파일을 만들었는데, 이는 광범위한 비판을 불러일으켰다.[27] 코신스키의 연구진은 처음 발표할 때 이미 그 방법을 좋지 못한 데 사용할 수 있음을 알았다. 원래 논문에서 이들은 기술 기업들이 받을지도 모르는 역풍을 예상했다. 연구진은 데이터에서 무엇을 뽑아낼지 알면 사람들 가운데 일부는 디지털 기술에 완전히 등을 돌릴 수 있다고 추측했다.

만약 사용자가 자신의 데이터를 정확히 어떻게 쓰는지에 대해 불편해

한다면 연구자와 기업은 두 가지 중 하나를 선택할 수 있다. 하나는 그냥 말하지 않는 것이다. 사생활 침해 우려를 접한 많은 기술 기업은 부정적 언론 보도와 사용자 항의가 두려워 데이터 수집과 분석의 범위를 줄였다. 한편, 데이터 브로커(우리는 대부분 들어보지 못한 말이다)들은 데이터(우리는 그게 그 사람들 손에 있는지도 몰랐다)를 외부 연구자(우리는 연구자가 그런 것을 분석하는지도 몰랐다)들에게 팔아 돈을 벌었다. 이 경우는 사람들에게 데이터로 무엇을 할지 알려준다면 사람들이 그렇게 하라고 허락하지 않을 거라는 가정을 바탕에 두었을 것이다. 유럽의 일반데이터보호규정GDPR과 캘리포니아의 소비자사생활보호법과 같은 새로운 사생활보호법 덕분에 이런 활동은 점점 더 어려워지고 있다. 그러나 연구진이 계속 연구 윤리를 가볍게 여긴다면 추문은 더 생겨 결국 신뢰가 사라질 것이다. 아무리 가치 있는 연구를 위해서라고 해도 사용자들은 점점 더 데이터 공유를 꺼릴 테고, 연구자들은 데이터를 분석하려는 노력과 논쟁에서 소극적으로 될 것이다.[28] 그 결과 우리가 행동을 이해하는 일은 그런 통찰에서 나올 수 있는 사회와 보건 분야의 이익과 함께 정체될 것이다.

이에 대한 대안은 투명성을 높이는 것이다. 당사자 모르게 사람들의 삶을 분석할 것이 아니라 스스로 이익과 위험을 저울질하게 해야 한다. 대중이 논쟁에 참여하게 하고 용서가 아니라 허락을 구한다는 생각으로 하는 것이다. 사회적 이익이 목적이라면 연구를 사회 운동으로 만들자. 2013년 이른바 'Care.data 계획'을 발표한 NHS는 데이터 공유가 더 잘되면서 더 나은 보건 연구에 도움이 될 거라는 희망을 품었다. 3년 뒤 대중과 의사들이 데이터가 쓰이는 방식을 신뢰하지 않자 그 계획은 취소됐다. 이론적으로 이 계획은 막대한 이익을 가져다줄 수 있었지만 환자들은 그

계획을 잘 모르는 듯했고 혹은 알아도 믿지 않았다.[29]

혹시 실제로 진행되는 방식을 잘 안다면 아무도 데이터 중점 연구에 동의하지 않는 것은 아닐까? 내 경험으로 볼 때 반드시 그렇지만은 않다. 지난 10년 동안 동료들과 나는 전염 연구를 아웃브레이크와 데이터, 윤리에 대한 더욱 폭넓은 논의와 결합하는 몇 가지 '시민 참여 과학' 계획을 운영했다. 우리는 소통의 네트워크가 어떤 모습인지, 사회적 행동이 시간에 따라 어떻게 변하는지, 이게 감염병 패턴에 어떤 의미가 있는지 연구했다.[30]

그중에서 가장 야심 찬 계획은 2017~2018년 BBC와 함께했던 대량의 데이터 수집 운동이었다.[31] 우리는 대중에게 하루 동안의 움직임을 킬로미터 단위로 추적하는 스마트폰 애플리케이션을 내려받으라고 요청한 뒤 사회적 소통을 기록해달라고 했다. 일단 연구가 끝나면 이 데이터세트는 연구자가 자유롭게 이용할 수 있는 자원을 만드는 데 도움이 될 터였다. 이 계획에 참여한다고 해서 곧바로 어떤 이익이 생기는 것이 아닌데 놀랍게도 수만 명이 자원했다. 한 연구에 불과할 뿐이지만 대규모 데이터 분석이 투명하고 사회적으로 이익이 되는 방식으로도 가능하다는 사실을 보여준다.

2018년 3월 BBC는 우리가 수집한 초기 데이터세트를 소개했다. 그 주에 방송을 탄 대규모 데이터 수집 이야기는 그것만이 아니었다. 그보다 며칠 전 케임브리지애널리티카 추문이 터진 것이다. 우리가 연구자들이 질병 아웃브레이크를 이해하는 데 도움이 되도록 자발적으로 데이터를 제공해달라고 요청한 반면, 케임브리지애널리티카는 정치가들을 도와 유권자에게 영향을 주기 위해 방대한 페이스북 데이터를 사용자 몰래 수집했다.[32] 이 둘은 행동을 연구하고 대량의 데이터세트를 다루었으며 아주 다른 두 가지 결과를 내놓았다. 몇몇 논평가는 이 차이점을 놓치지 않았다. 그중 한 명인 저널리스트 휴고 리프카인드는 〈타임스〉에 실린 TV 리뷰에서 이렇게 말했다. "데이터와 인터넷 감시가 세상을 망친다고 우리가 동의한 그 주에 '감염'은 반대로 그게 세상을 조금 구할 수도 있다는 반가운 생각을 떠올리게 했다."[33]

━━━

여러분이 이 책을 읽는 동안 지구에서 300명 정도가 말라리아에 걸려 죽었을 것이다. HIV/에이즈로는 500명 이상 죽었을 테고 홍역으로는 약 80명이 죽었을 것이다. 홍역으로 죽은 사람은 대부분 아이들이다. 여러분이 들어본 적이 없을 유비저Melioidosis라는 세균 감염증은 60명 이상을 죽였을 것이다.[34]

감염성 질병은 여전히 세계적으로 큰 피해를 주고 있다. 우리는 알려진 위협 말고도 언제나 새로운 팬데믹과 점점 늘어나는 약물 저항성 감염병이라는 위험을 마주하고 있다. 그러나 전염에 대한 지식이 발전하면서 감염병은 전반적으로 줄어들고 있다. 그런 질병에 따른 전 세계 사망률은 지난 20년 사이에 반으로 줄어들었다.[35]

감염병이 줄어들면서 관심은 서서히 다른 위협을 향한다. 그중 대부분은 역시 전염성이다. 1950년 결핵은 30대 영국 남성의 주요 사망 원인이었다. 1980년대 이후로는 자살이 그렇다.[36] 최근 들어 시카고의 젊은이들은 살인 사건으로 죽을 확률이 가장 높다.[37] 그리고 전염에는 그보다 광범위한 사회적 부담도 있다. 2014년 내가 넥노미네이션 게임을 분석했을 때 온라인 전파는 곁가지 주제, 단순한 호기심의 대상 정도로 보였다. 3년이 지나자 그것은 가짜 정보가 전파될 우려, 소셜 미디어의 역할과 함께 신문 1면을 장식하며 많은 정부 조사를 끌어냈다.[38]

전염을 의식하는 수준이 높아지면서 감염병 연구 과정에서 갈고닦은 아이디어 상당수가 다른 유형의 아웃브레이크에도 적용되고 있다. 2008년 금융 위기 이후 중앙은행들은 네트워크 구조가 전염을 증폭할 수 있다는 1980년대와 1990년대 성병 연구자들이 개척한 이론을 열정적으로 받아들였다. 최근 폭력을 단순히 '나쁜 사람들'이 저지르는 일로 보지 않고 감염병처럼 치료하려고 노력하는데, 이는 1880년대와 1890년대에 '나쁜 공기' 때문에 병에 걸린다는 생각을 거부하던 일이 반복되는 것이다. 감염재생산수인 R과 같은 개념은 연구자가 혁신이나 온라인 콘텐츠의 전파를 계량하는 데 도움이 되는 한편, 병원체의 염기서열 분석에 쓰이는 방법은 문화의 전달과 진화 과정을 밝히고 있다. 그 과정에서 우리는 이로운 생각을 빨리 퍼뜨리고 해로운 생각을 느리게 만드는 새로운 방법을 찾고 있다. 1916년에 로스가 바랐듯이 현대의 '사건 이론'은 이제 우리가 질병과 사회적 행동에서 정치와 경제에 이르는 모든 것을 분석할 수 있게 돕는다.

많은 경우 이는 널리 알려진 아웃브레이크 원리의 개념을 뒤집어야 한다는 뜻이었다. 말라리아를 관리하기 위해 모기를 마지막 한 마리까지 없애야 한다는 생각이나 전염병을 예방하기 위해 모든 사람에게 예방접종을 해야 한다는 생각처럼 말이다. 혹은 은행 시스템은 당연히 안정적이고 온라인 콘텐츠는 전염성이 대단히 높다는 가정도 있다. 또한 새로운 설명 방법을 찾아 헤매야 한다는 뜻이기도 했다. 왜 GBS의 사례가 태평양의 섬에서 나타났을까? 왜 컴퓨터 바이러스는 그렇게 오랫동안 끈질기게 살아남을까? 왜 생각은 질병처럼 쉽게 퍼지지 않을까?

아웃브레이크 분석에서 가장 중요한 순간은 우리가 옳을 때가 아니라 틀렸다는 사실을 깨달을 때다. 어딘가 조금 이상해 보이는 순간이다. 패턴은 우리 눈길을 끌고 예외는 우리가 법칙이라고 생각한 것을 깨뜨린다. 혁신을 퍼뜨리고 싶든 감염병을 줄이고 싶든 우리는 약한 연결고리, 사라진 연결고리, 비정상적 연결고리를 찾아 전파 사슬을 밝히게 해주는 순간, 과거에 아웃브레이크가 실제로 어떻게 진행됐는지 알아내려고 뒤를 돌아보게 해주는 순간에 가능한 한 빨리 도달해야 한다. 그러고 나서 미래에 일어날 전염의 모습을 바꾸기 위해 앞을 내다보자.

감사의 말

내가 이 책을 쓰려고 조사하는 과정에서 기꺼이 시간을 들여 자신의 전문성과 경험을 나누어준 루시 애플린, 님 아리나미파티, 웬디 바클레이, 바바라 카수, 니콜라스 크리스타키스, 토비 데이비스, 딘 에클스, 폴 파인, 젬마 게헤건, 앤드 홀데인, 하이디 라슨, 로잘리 리카르도 파쿨라, 크리스티안 럼, 브렌던 니한, 앤드루 오들리즈코, 휘트니 필립스, 존 포터랫, 찰리 롬포드, 게리 슬럿킨, 브리오니 스와이어톰슨, 제이미 테흐라니, 멜리사 트레이시, 알렉스 베스피그나니, 샬롯 와츠, 덩컨 와츠 등에게 감사의 인사를 전한다.

또한 역사적인 자료와 문헌을 찾을 수 있도록 도와준 런던 위생 열대의학 대학원LSHTM 도서관 및 아카이브 서비스의 빅토리아 크라나와 앨리슨 포세이, 왕립연구소의 리나 헐트그렌, 존 스노 아카이브 및 연구회의 피터 빈텐요한센에게도 고마움의 뜻을 전한다. 이 책에 오류가 있다면, 그건 전적으로 내 탓이다.

지금까지 내가 연구자로 성장할 수 있게 도와주었을 뿐만 아니라 더 많은 대중과 교류할 수 있도록 격려해준 훌륭한 스승, 케임브리지대학교의 줄리아 고그, 임페리얼칼리지런던의 스티븐 라일리, LSHTM의 존 에드문즈와 같은 분을 만날 수 있었던 건 행운이었다. 오랫동안 함께 일하며 내게 많은 가르침을 준 수많은 공동연구자와 동료들에게도 감사의 말을 전한다. 특히 이 책에 담긴 여러 아이디어는 LSHTM 전염병수학모형

수학자가 알려주는 전염의 원리

센터의 영민한 동료들과 논의하는 과정에서 직접 또는 간접적으로 얻을 수 있었다. 대중 과학작가라면 누구나 알겠지만, 나 역시 세상에는 책 한 권에 다 담을 수 없을 정도로 훌륭한 연구가 많다는 문제와 맞닥뜨렸다. 어쩔 수 없이 글을 쓰고 편집하는 과정에서 몇몇 연구자와 연구 결과를 뺄 수밖에 없었다. 이는 당연히 과학 연구의 품질에 관한 내 견해를 반영하는 게 아니다.

그리고 글을 쓰는 과정에 참여해준 모든 이에게 감사하고 싶다. 프로파일북스의 뛰어난 편집자 세실리 게이포드와 웰컴콜렉션의 프랜 배리는 글을 쓰는 내내 귀중한 아이디어와 의견을 제공했다. 완성된 원고를 함께 편집해준 조 스테인스에게도 감사의 인사를 전한다. 그리고 지난 몇 년 동안 나를 지지하고 조언을 제공한 내 대리인 피터 톨락에게도.

초반부 원고에 의견을 제시해준 클레어 프레이저, 레이첼 험비, 무니르 자한기르, 스티븐 라이스, 그레이엄 휠러와 초고를 읽고 많은 이야기를 해준 부모님에게도 고마움을 전한다. 마지막으로, 내게 영감을 주는 놀라운 존재, 아내인 에밀리에게도 고맙다고 말하고 싶다. 나는 지난번 책을 쓰는 동안 에밀리를 만나는 행운을 얻었고, 이 책을 쓰는 동안 결혼하는 행운을 얻었다.

주석

들어가며

1. Original tweet, which had 49,090 impressions in total. Unsurprisingly, several users would subsequently 'unretweet' it: https://twitter.com/AdamJKucharski/status/885799460206510080(Of course, a large number of impressions does not necessarily mean that users read the tweet, as we shall see in Chapter 5.)

2. Background on 1918 pandemic: Barry J.M., 'The site of origin of the 1918 influenza pandemic and its public health implications' *Journal of Translational Medicine*, 2004; Johnson N.P.A.S. and Mueller J., 'Updating the Accounts: Global Mortality of the 1918–1920 "Spanish" Influenza Pandemic' *Bulletin of the History of Medicine*, 2002; World War One casualty and death tables. PBS, Oct 2016. https://www.uwosh.edu/faculty_staff/henson/188/WWI_Casualties%20and%20 Deaths%20%20PBS.html. Note that there have recently been other theories about the source of the 1918 flu pandemic, with some arguing that the introduction was much earlier than previously thought e.g. Branswell H., 'A shot-inthe-dark email leads to a century-old family treasure–and hope of cracking a deadly flu's secret', *STAT News*, 2018.

3. Examples of quote in media: Gerstel J., 'Uncertainty over H1N1 warranted, experts say' *Toronto Star*, 9 October 2009; Osterholm M.T., 'Making sense of the H1N1 pandemic: What's going on?' Center for Infectious Disease Research and Policy, 2009.

4. Eames K.T.D. et al., 'Measured Dynamic Social Contact Patterns Explain the Spread of H1N1v Influenza', *PLOS Computational Biology*, 2012; Health Protection Agency, 'Epidemiological report of pandemic (H1N1) 2009 in the UK', 2010.

5. Other groups reached similar conclusions, e.g. WHO Ebola Response Team, 'Ebola Virus Disease in West Africa–The First 9 Months of the Epidemic and Forward Projections', *The New England Journal of Medicine (NEJM)*, 2014.

6. 'Ransomware cyber-attack: Who has been hardest hit?', BBC News Online, 15 May 2017; 'What you need to know about the WannaCry Ransomware', Symantec Blogs, 23 October 2017. Exploit attempts increased from 2000 to 80000 in 7 hours, implying doubling time = 7/ $\log_2(80000/2000)$ = 1.32 hours.

7. Media Metrics #6: The Video Revolution. The Progress & Freedom Foundation Blog, 2 March 2008. http://blog.pff.org/archives/2008/03/print/005037.html. Adoption went from 2.2% of homes in 1981 to 18% homes in 1985, implying doubling time = 365 × $4/\log_2(0.18/0.02)$ = 481 days.

8. Etymologia: influenza. *Emerging Infectious Diseases* 12(1):179, 2006.

1장 모기의 날갯짓

1. Dumas A., *The Count of Monte Cristo* (1844–46), Chapter 117.

2. Kucharski A.J. et al., 'Using paired serology and surveillance data to quantify dengue transmission and control during a large outbreak in Fiji', *eLIFE*, 2018.

3. Pastula D.M. et al., 'Investigation of a Guillain-Barré syndrome cluster in the Republic of Fiji', *Journal of the Neurological Sciences*, 2017; Musso D. et al., 'Rapid spread of emerging Zika virus in the Pacific area', *Clinical Microbiology and Infection*, 2014; Sejvar J.J. et al., 'Population incidence of Guillain-Barré syndrome: a systematic review and meta-analysis', *Neuroepidemiology*, 2011.

4. Willison H.J. et al., 'Guillain-Barré syndrome', *The Lancet*, 2016.

5. Kron J., 'In a Remote Ugandan Lab, Encounters With the Zika Virus and Mosquitoes Decades Ago', *New York Times*, 5 April 2016.

6. Amorim M. and Melo A.N., 'Revisiting head circumference of Brazilian newborns in public and private maternity hospitals', *Arquivos de Neuro-Psiquiatria*, 2017.

7. World Health Organization, 'WHO statement on the first meeting of the International Health Regulations (2005) (IHR 2005) Emergency Committee on Zika virus and observed increase in neurological disorders and neonatal malformations', 2016.

8. Rasmussen S.A. et al., 'Zika Virus and Birth Defects–Reviewing the Evidence for Causality', *NEJM*, 2016.

9. Rodrigues L.C., 'Microcephaly and Zika virus infection', *The Lancet*, 2016.

10. Unless otherwise stated, background information is from: Ross R., *The Prevention of Malaria* (New York, 1910); Ross R., Memoirs, *With a Full Account of the Great Malaria Problem and its Solution* (London, 1923).

11. Barnes J., *The Beginnings Of The Cinema In England, 1894–1901: Volume 1: 1894–1896* (University of Exeter Press, 2015).

12. Joy D.A. et al., 'Early origin and recent expansion of Plasmodium falciparum', *Science*, 2003.

13. Mason-Bahr P., 'The Jubilee of Sir Patrick Manson: A Tribute to his Work on the Malaria Problem', *Postgraduate Medical Journal*, 1938.

14. To K.W.K. and Yuen K-Y., 'In memory of Patrick Manson, founding father of tropical medicine and the discovery of vectorborne infections' *Emerging Microbes and Infections*, 2012.

15. Burton R., *First Footsteps in East Africa* (London, 1856).

16. Hsu E., 'Reflections on the "discovery" of the antimalarial qinghao', *British Journal of Clinical Pharmacolology*, 2006.

17. Sallares R., *Malaria and Rome: A History of Malaria in Ancient Italy* (Oxford University Press, 2002).

18. Ross claimed that the participants had been told what was involved, and that risks of the experiments were justified: 'I think myself justified in making this experiment because of the vast importance a positive result would have and because I have a specific in quinine always at hand.' (source: Ross, 1923). However, it is not clear how fully the risks were actually explained to participants; quinine is not as effective as the treatments used in modern studies of malaria (source:

Achan J. et al., 'Quinine, an old anti-malarial drug in a modern world: role in the treatment of malaria' *Malaria Journal*, 2011.) We will look at the ethics of human experiments in more detail in Chapter 7.

19. Bhattacharya S. et al., 'Ronald Ross: Known scientist, unknown man', *Science and Culture*, 2010.

20. Chernin E., 'Sir Ronald Ross vs. Sir Patrick Manson: A Matter of Libel', *Journal of the History of Medicine and Allied Sciences*, 1988.

21. Manson-Bahr P., *History Of The School Of Tropical Medicine In London, 1899–1949*, (London, 1956).

22. Reiter P., 'From Shakespeare to Defoe: Malaria in England in the Little Ice Age', *Emerging Infectious Diseases*, 2000.

23. High R., 'The Panama Canal–the American Canal Construction', *International Construction*, October 2008.

24. Griffing S.M. et al., 'A historical perspective on malaria control in Brazil', *Memórias do Instituto Oswaldo Cruz*, 2015.

25. Jorland G. et al., *Body Counts: Medical Quantification in Historical and Sociological Perspectives* (McGill-Queen's University Press, 2005).

26. Fine P.E.M., 'John Brownlee and the Measurement of Infectiousness: An Historical Study in Epidemic Theory', *Journal of the Royal Statistical Society, Series A*, 1979.

27. Fine P.E.M., 'Ross's a priori Pathometry–a Perspective', *Proceedings of the Royal Society of Medicine*, 1975.

28. Ross R., 'The Mathematics of Malaria', *The British Medical Journal*, 1911.

29. Reiter P., 'From Shakespeare to Defoe: Malaria in England in the Little Ice Age', *Emerging Infectious Diseases*, 2000.

30. McKendrick background from: Gani J., 'Anderson Gray McKendrick', StatProb: *The Encyclopedia Sponsored by Statistics and Probability Societies*.

31. Letter GB 0809 Ross/106/28/60. Courtesy, Library & Archives Service, London School of Hygiene & Tropical Medicine. © Ross Family.

32. Letter GB 0809 Ross/106/28/112. Courtesy, Library & Archives Service, London School of Hygiene & Tropical Medicine. © Ross Family.

33. Heesterbeek J.A., 'A Brief History of R0 and a Recipe for its Calculation', *Acta Biotheoretica*, 2002.

34. Kermack background from: Davidson J.N., 'William Ogilvy Kermack', *Biographical Memoirs of Fellows of the Royal Society*, 1971; Coutinho S.C., 'A lost chapter in the pre-history of algebraic analysis: Whittaker on contact transformations', *Archive for History of Exact Sciences*, 2010.

35. Kermack W.O. and McKendrick A.G., 'A Contribution to the Mathematical Theory of Epidemics', *Proceedings of the Royal Society A*, 1927.

36. Fine P.E.M., 'Herd Immunity: History, Theory, Practice', *Epidemiologic Reviews*, 1993; Farewell V. and Johnson T., 'Major Greenwood (1880–1949): a biographical and bibliographical study', *Statistics in Medicine*, 2015.

37. Dudley S.F., 'Herds and Individuals', *Public Health*, 1928.

38. Hendrix K.S. et al., 'Ethics and Childhood Vaccination Policy in the United States', *American Journal of Public Health*, 2016.

39. Fine P.E.M., 'Herd Immunity: History, Theory, Practice', *Epidemiologic Reviews*, 1993.

40. Mallet H-P. et al., 'Bilan de l'épidémie à virus Zika survenue en Polynésie française, 2013–14', *Bulletin d'information sanitaires, épidémiologiques et statistiques*, 2015.

41. Duffy M.R. et al., 'Zika Virus Outbreak on Yap Island, Federated States of Micronesia' *NEJM*, 2009.

42. Cao-Lormeau V.M. et al., 'Guillain-Barré Syndrome outbreak associated with Zika virus infection in French Polynesia: a casecontrol study', *The Lancet*, 2016.

43. Stoddard S.T. et al., 'House-to-house human movement drives dengue virus transmission', *PNAS*, 2012.

44. Kucharski A.J. et al., 'Transmission Dynamics of Zika Virus in Island Populations: A Modelling Analysis of the 2013–14 French Polynesia Outbreak', *PLOS Neglected Tropical Diseases*, 2016.

45. Faria N.R. et al., 'Zika virus in the Americas: Early epidemiological and genetic findings', *Science*, 2016.

46. Andronico A. et al., 'Real-Time Assessment of Health-Care Requirements During the Zika Virus Epidemic in Martinique', *American Journal of Epidemiology*, 2017.

47. Rozé B. et al., 'Guillain-Barré Syndrome Associated With Zika Virus Infection in Martinique in 2016: A Prospective Study', *Clinical Infectious Diseases*, 2017.

48. Fine P.E.M., 'Ross's a priori Pathometry–a Perspective', *Proceedings of the Royal Society of Medicine*, 1975.

49. Ross R., 'An Application of the Theory of Probabilities to the Study of a priori Pathometry–Part I', *Proceedings of the Royal Society A*, 1916.

50. Clarke B., 'The challenge facing first-time buyers', *Council of Mortgage Lenders*, 2015.

51. Rogers E.M., *Diffusion of Innovations*, 3rd Edition (New York, 1983).

52. Background from: Bass F.M., 'A new product growth for model consumer durables', *Management Science*, 1969.

53. Bass F.M. Comments on 'A New Product Growth for Model Consumer Durables', *Management Science*, 2004.

54. Ross' simple 'susceptible-infected' model can be written as: $dS/dt = -bSI$, $dI/dt = bSI$, where b is the infection rate. The peak rate of new infections occurs when dI/dt is increasing fastest, i.e. the second derivative of dI/dt is equal to zero. Using the product rule, we obtain: $I = (3-\mathrm{sqrt}(3))/6 = 0.21$.

55. Jackson A.C., 'Diabolical effects of rabies encephalitis', *Journal of NeuroVirology*, 2016.

56. Robinson A. et al., 'Plasmodium-associated changes in human odor attract mosquitoes', *PNAS*, 2018.

57. Van Kerckhove K. et al., 'The Impact of Illness on Social Networks: Implications for Transmission and Control of Influenza', *American Journal of Epidemiology*, 2013.

58. Hudson background from: O'Connor J.J. et al., 'Hilda Phoebe Hudson', JOC/EFR, 2002; Warwick A., *Masters of Theory: Cambridge and the Rise of Mathematical Physics* (University of Chicago Press, 2003).

59. Hudson H., 'Simple Proof of Euclid II. 9 and 10', *Nature*, 1891.

60. Chambers S., 'At last, a degree of honour for 900 Cambridge women', *The Independent*, 30 May 1998.

61. Ross R. and Hudson H., 'An Application of the Theory of Probabilities to the Study of a priori Pathometry. Part II and Part III', *Proceedings of the Royal Society A*, 1917.

62. Letter GB 0809 Ross/161/11/01. Courtesy, Library & Archives Service, London School of Hygiene & Tropical Medicine. © Ross Family; Aubin D. et al., 'The War of Guns and Mathematics: Mathematical Practices and Communities in France and Its Western Allies around World War I', *American Mathematical Society*, 2014.

63. Ross R., 'An Application of the Theory of Probabilities to the Study of a priori Pathometry. Part I', *Proceedings of the Royal Society A,*, 1916.

2장 금융 위기와 에이즈 전염

1. Mathematician Andrew Odlyzko points out that the final loss could plausibly have been even higher than £20,000. What's more, he suggests a multiple of 1,000 is reasonable for converting monetary value in 1720 to a present day amount; Newton's Professorial salary at Cambridge during this time was around £100 per year. Source: Odlyzko A., 'Newton's financial misadventures in the South Sea Bubble', *Notes and Records, The Royal Society*, 2018.

2. Background on Thorp and Simons from: Patterson S., *The Quants* (Crown Business New York, 2010). Background on LTCM from: Lowenstein R., *When Genius Failed: The Rise and Fall of Long Term Capital Management* (Random House, 2000).

3. Allen F. et al., 'The Asian Crisis and the Process of Financial Contagion', *Journal of Financial Regulation and Compliance*, 1999. Data on rise in popularity of the term 'financial contagion' from Google Ngram.

4. Background on CDOs from: MacKenzie D. et al., '"The Formula That Killed Wall Street"? The Gaussian Copula and the Cultures of Modelling', 2012.

5. 'Deutsche Bank appoints Sajid Javid Head of Global Credit Trading, Asia', *Deutsche Bank Media Release*, 11 October 2006; Roy S., 'Credit derivatives: Squeeze is over for EM CDOs', *Euromoney*, 27 July 2006; Herrmann J., 'What Thatcherite union buster Sajid Javid learned on Wall Street', *The Guardian*, 15 July 2015.

6. Derman E., 'Model Risk' *Goldman Sachs Quantitative Strategies Research Notes*, April 1996.

7. CNBC interview, 1 July 2005.

8. According to MacKenzie et al (2012): 'The crisis was caused not by "model dopes", but by creative, resourceful, well-informed and reflexive actors quite consciously exploiting the role of models in governance.' They quote several examples of people gaming the calculations to ensure

that CDOs appeared both profitable and low-risk.

9. Tavakoli J., 'Comments on SEC Proposed Rules and Oversight of NRSROs', Letter to Securities and Exchange Commission, 13 February 2007.

10. MacKenzie D. et al., '"The Formula That Killed Wall Street"? The Gaussian Copula and the Cultures of Modelling', 2012.

11. *New Directions for Understanding Systemic Risk* (National Academies Press, Washington DC, 2007).

12. Chapple S., 'Math expert finds order in disorder, including stock market', *San Diego Union-Tribune*, 28 August 2011.

13. May R., 'Epidemiology of financial networks. Presentation at LSHTM John Snow bicentenary event, April 2013. Available on YouTube.

14. For background on May's involvement see previous note.

15. 'Was tulipmania irrational?' *The Economist*, 4 October 2013.

16. Goldgar A., 'Tulip mania: the classic story of a Dutch financial bubble is mostly wrong', *The Conversation*, 12 February 2018.

17. Online Etymology Dictionary. Origin and meaning of bubble. https://www.etymonline.com/word/bubble.

18. Reproduced with authors' permission. Source: Frehen R.G.P. et al., 'New Evidence on the First Financial Bubble', *Journal of Financial Economics*, 2013.

19. Frehen R.G.P. et al., 'New Evidence on the First Financial Bubble', *Journal of Financial Economics*, 2013.

20. Odlyzko A., 'Newton's financial misadventures in the South Sea Bubble', *Notes and Records, The Royal Society*, 2018.

21. Odlyzko A., 'Collective hallucinations and inefficient markets: The British Railway Mania of the 1840s', 2010.

22. Kindleberger C.P. et al., *Manias, Panics and Crashes: A History of Financial Crises* (Palgrave Macmillan, New York, 1978).

23. Chow E.K., 'Why China Keeps Falling for Pyramid Schemes', *The Diplomat*, 5 March 2018; 'Pyramid schemes cause huge social harm in China', *The Economist*, 3 February 2018.

24. Rodrigue J-P., 'Stages of a bubble', extract from *The Geography of Transport Systems* (Routledge, New York, 2017). https://transportgeography.org/?page_id=9035.

25. Sornette D. et al., 'Financial bubbles: mechanisms and diagnostics', *Review of Behavioral Economics*, 2015.

26. Coffman K.G. et al., 'The size and growth rate of the internet', *First Monday*, October 1998.

27. Odlyzko A., 'Internet traffic growth: Sources and implications', 2000.

28. John Oliver on cryptocurrency: 'You're not investing, you're gambling', *The Guardian*, 12 March 2018.

29. Data from: https://www.coindesk.com/price/bitcoin. Price was $19,395 on 18 December 2017 and $3,220 on 16 December 2018.

30. Rodrigue J-P., 'Stages of a bubble', extract from *The Geography of Transport Systems* (Routledge, New York, 2017). https://transportgeography.org/?page_id=9035.

31. Kindleberger C.P. et al., *Manias, Panics and Crashes: A History of Financial Crises* (Palgrave Macmillan, New York, 1978).

32. Odlyzko A., 'Collective hallucinations and inefficient markets: The British Railway Mania of the 1840s', 2010.

33. Sandbu M., 'Ten years on: Anatomy of the global financial meltdown', *Financial Times*, 9 August 2017.

34. Alessandri P. et al., 'Banking on the State', *Bank of England Paper*, November 2009.

35. Elliott L. and Treanor J., 'The minutes that reveal how the Bank of England handled the financial crisis', *The Guardian*, 7 January 2015.

36. Author interview with Nim Arinaminpathy, August 2017.

37. Brauer F., 'Mathematical epidemiology: Past, present, and future', *Infectious Disease Modelling*, 2017; Bartlett M.S., 'Measles Periodicity and Community Size', *Journal of the Royal Statistical Society. Series A*, 1957.

38. Heesterbeek J.A., 'A Brief History of R0 and a Recipe for its Calculation', *Acta Biotheoretica*, 2002.

39. Smith D.L. et al., 'Ross, Macdonald, and a Theory for the Dynamics and Control of Mosquito-Transmitted Pathogens', *PLOS Pathogens*, 2012.

40. Nájera J.A. et al., 'Some Lessons for the Future from the Global Malaria Eradication Programme (1955–1969)', *PLOS Medicine*, 2011. A proposal to eradicate smallpox had also been made in 1953, but was met with limited enthusiasm.

41. Background on the reproduction number from: Heesterbeek J.A., 'A Brief History of R0 and a Recipe for its Calculation', *Acta Biotheoretica*, 2002.

42. Reproduction number estimates: Fraser C. et al., 'Pandemic potential of a strain of influenza A (H1N1): early findings', *Science*, 2009; WHO Ebola Response Team, 'Ebola Virus Disease in West Africa – The First 9 Months of the Epidemic and Forward Projections', *NEJM*, 2014; Riley S. et al., 'Transmission dynamics of the etiological agent of SARS in Hong Kong', *Science*, 2003; Gani R. and Leach S., 'Transmission potential of smallpox in contemporary populations', *Nature*, 2001; Anderson R.M. and May R.M., *Infectious Diseases of Humans: Dynamics and Control* (Oxford University Press, Oxford, 1992); Guerra F.M. et al., 'The basic reproduction number (R0) of measles: a systematic review', *The Lancet*, 2017.

43. Centers for Disease Control and Prevention, 'Transmission of Measles', 2017. https://www.cdc.gov/measles/transmission/html.

44. Fine P.E.M. and Clarkson J.A., 'Measles in England and Wales––I: An Analysis of Factors Underlying Seasonal Patterns', *International Journal of Epidemiology*, 1982.

45. 'How Princess Diana changed attitudes to aids', BBC News Online, 5 April 2017.

46. May R.M. and Anderson R.M., 'Transmission dynamics of hiv infection', *Nature*, 1987.

47. Eakle R. et al., 'Pre-exposure prophylaxis (PrEP) in an era of stalled hiv prevention: Can it

수학자가 알려주는 전염의 원리

change the game?', *Retrovirology*, 2018.

48. Anderson R.M. and May R.M., *Infectious Diseases of Humans: Dynamics and Control* (Oxford University Press, Oxford, 1992).

49. Fenner F. et al., 'Smallpox and its Eradication', World Health Organization, 1988.

50. Wehrle P.F. et al., 'An Airborne Outbreak of Smallpox in a German Hospital and its Significance with Respect to Other Recent Outbreaks in Europe', *Bulletin of the World Health Organization*, 1970.

51. Woolhouse M.E.J. et al., 'Heterogeneities in the transmission of infectious agents: Implications for the design of control programs', *PNAS*, 1997. The idea built on an earlier observation by nineteenthcentury economist Vilfredo Pareto, who'd spotted that 20 per cent of Italians owned 80 per cent of the land.

52. Lloyd-Smith J.O. et al., 'Superspreading and the effect of individual variation on disease emergence', *Nature*, 2005.

53. Worobey M. et al., '1970s and "Patient 0" hiv-1 genomes illuminate early hiv/aids history in North America', *Nature*, 2016.

54. Cumming J.G., 'An epidemic resulting from the contamination of ice cream by a typhoid carrier', *Journal of the American Medical Association*, 1917.

55. Bollobas B., 'To Prove and Conjecture: Paul Erdős and His Mathematics', *American Mathematical Monthly*, 1998.

56. Potterat J.J., et al., 'Sexual network structure as an indicator of epidemic phase', *Sexually Transmitted Infections*, 2002.

57. Watts D.J. and Strogatz S.H., 'Collective dynamics of "small-world" networks', *Nature*, 1998.

58. Barabási A.L. and Albert R., 'Emergence of Scaling in Random Networks', *Science*, 1999. A similar idea had emerged in the 1970s, when physicist Derek de Solla Price analysed academic publications. He'd suggested preferential attachment could explain the extreme variation in the number of citations: a paper was more likely to be cited if it was already highly cited. Source: Price D.D.S., 'A General Theory of Bibliometric and Other Cumulative Advantage Processes', *Journal of the American Society for Information Science*, 1976.

59. Liljeros F. et al., 'The web of human sexual contacts', *Nature*, 2001; de Blasio B. et al., 'Preferential attachment in sexual networks', *PNAS*, 2007.

60. Yorke J.A. et al., 'Dynamics and control of the transmission of gonorrhea', *Sexually Transmitted Diseases*, 1978.

61. May R.M. and Anderson R.M., 'The Transmission Dynamics of Human Immunodeficiency Virus (hiv)', *Philosophical Transactions of the Royal Society B*, 1988.

62. Foy B.D. et al., 'Probable Non-Vector-borne Transmission of Zika Virus, Colorado, USA', *Emerging Infectious Diseases*, 2011.

63. Counotte M.J. et al., 'Sexual transmission of Zika virus and other flaviviruses: A living systematic review', *PLOS Medicine*, 2018; Folkers K.M., 'Zika: The Millennials S.T.D.?', *New York Times*, 20 August 2016.

64. Others independently reached the same conclusion. Sources: Yakob L. et al., 'Low risk of a sexually-transmitted Zika virus outbreak', *The Lancet Infectious Diseases*, 2016; Althaus C.L. and Low N., 'How Relevant Is Sexual Transmission of Zika Virus?' *PLOS Medicine*, 2016.

65. Background on early hiv/aids transmission from: Worobey et al. '1970s and "Patient 0" hiv-1 genomes illuminate early hiv/aids history in North America', *Nature*, 2016,; McKay R.A., '"Patient Zero": The Absence of a Patient's View of the Early North American aids Epidemic', *Bulletin of the History of Medicine*, 2014.

66. This was before the CDC name changed to Centers for Disease Control and Prevention in 1992.

67. McKay R.A. "Patient Zero": The Absence of a Patient's View of the Early North American aids Epidemic. Bull Hist Med, 2014.

68. Sapatkin D., 'aids: The truth about Patient Zero', *The Philadelphia Inquirer*, 6 May 2013.

69. WHO. Mali case, 'Ebola imported from Guinea: Ebola situation assessment', 10 November 2014.

70. Robert A. et al., 'Determinants of transmission risk during the late stage of the West African Ebola epidemic', *American Journal of Epidemiology*, 2019.

71. Nagel T., 'Moral Luck', 1979.

72. Potterat J.J. et al., 'Gonorrhoea as a Social Disease', *Sexually Transmitted Diseases*, 1985.

73. Potterat J.J., *Seeking The Positives: A Life Spent on the Cutting Edge of Public Health* (Createspace, 2015).

74. Kilikpo Jarwolo J.L., 'The Hurt–and Danger–of Ebola Stigma', ActionAid, 2015.

75. Frith J., 'Syphilis–Its Early History and Treatment until Penicillin and the Debate on its Origins', *Journal of Military and Veterans' Health*, 2012.

76. Badcock J., 'Pepe's story: How I survived Spanish flu', BBC News Online, 21 May 2018.

77. Enserink M., 'War Stories', *Science*, 15 March 2013.

78. Lee J-W. and McKibbin W.J., 'Estimating the global economic costs of SARS', from *Learning from SARS: Preparing for the Next Disease Outbreak: Workshop Summary* (National Academies Press, 2004).

79. Haldane A., 'Rethinking the Financial Network', Bank of England, 28 April 2009.

80. Crampton T., 'Battling the spread of SARS, Asian nations escalate travel restrictions', *New York Times*, 12 April 2003. Although travel restrictions were imposed during the outbreak, such restrictions are likely to have had less effect on containment than measures such as case identification and contact tracing. Indeed, WHO did not recommend restrictions during this period: 'World Health Organization. Summary of WHO measures related to international travel', WHO, 24 June 2003.

81. Owens R.E. and Schreft S.L., 'Identifying Credit Crunches', *Contemporary Economic Policy*, 1995.

82. Background and quotes from author interview with Andy Haldane, July 2018.

83. Soramäki K. et al., 'The topology of interbank payment flows', *Federal Reserve Bank of New York Staff Report*, 2006.

84. Gupta S. et al., 'Networks of sexual contacts: implications for the pattern of spread of hiv', *AIDS*, 1989.
85. Haldane A. and May R.M., 'The birds and the bees, and the big banks', *Financial Times*, 20 February 2011.
86. Haldane A., 'Rethinking the Financial Network', Bank of England, 28 April 2009.
87. Buffett W., Letter to the Shareholders of Berkshire Hathaway Inc., 27 February 2009.
88. Keynes J.M., 'The Consequences to the Banks of the Collapse of Money Values', 1931 (from *Essays in Persuasion*).
89. Tavakoli J., Comments on SEC Proposed Rules and Oversight of NRSROs. Letter to Securities and Exchange Commission, 13 February 2007.
90. Arinaminpathy N. et al., 'Size and complexity in model financial systems', *PNAS*, 2012; Caccioli F. et al., 'Stability analysis of financial contagion due to overlapping portfolios', *Journal of Banking & Finance*, 2014; Bardoscia M. et al., 'Pathways towards instability in financial networks', *Nature Communications*, 2017.
91. Haldane A. and May R.M., 'The birds and the bees, and the big banks', *Financial Times*, 20 February 2011.
92. Authers J., 'In a crisis, sometimes you don't tell the whole story', *Financial Times*, 8 September 2018.
93. Arinaminpathy N. et al., 'Size and complexity in model financial systems', *PNAS*, 2012.
94. Independent Commission on Banking. Final Report Recommendations, September 2011.
95. Withers I., 'EU banks spared ringfencing rules imposed on British lenders', *The Telegraph*, 24 October 2017.
96. Bank for International Settlements. Statistical release: 'OTC derivatives statistics at end-June 2018', 31 October 2018.
97. Author interview with Barbara Casu, September 2018.
98. Jenkins P., 'How much of a systemic risk is clearing?' *Financial Times*, 8 January 2018.
99. Battiston S. et al., 'The price of complexity in financial networks', *PNAS*, 2016.

3장 우정을 측정하다

1. Background from: Shifman M., *ITEP Lectures in Particle Physics*, arXiv, 1995.
2. Pais A. J., *Robert Oppenheimer: A Life* (Oxford University Press, 2007).
3. Goffman W. and Newill V.A., 'Generalization of epidemic theory: An application to the transmission of ideas', *Nature*, 1964. There are some limits to Goffman's analogy, however. In particular, he claimed that the SIR model would be appropriate for the spread of rumours, but others have argued that simple tweaks to the model can produce very different results. For example, in a simple epidemic model, we usually assume people stop being infectious after a period of time, which is reasonable for many diseases. Daryl Daley and David Kendall, two Cambridge mathematicians, have proposed that in a rumour model, spreaders won't necessarily

recover naturally; they may only stop spreading the rumour when they meet someone else who's heard the rumour. Source: Daley D.J. and Kendall D.G., 'Epidemics and rumours', *Nature*, 1964.

4. Landau genius scale. http://www.eoht.info/page/Landau+genius+scale.

5. Khalatnikov I.M and Sykes J.B. (eds.), *Landau: The Physicist and the Man: Recollections of L.D. Landau* (Pergamon, 2013).

6. Bettencourt L.M.A. et al., 'The power of a good idea: Quantitative modeling of the spread of ideas from epidemiological models', *Physica A*, 2006.

7. Azouly P. et al., 'Does Science Advance One Funeral at a Time?', *National Bureau of Economic Research working paper*, 2015.

8. Catmull E., 'How Pixar Fosters Collective Creativity', *Harvard Business Review*, September 2008.

9. Grove J., 'Francis Crick Institute: "gentle anarchy" will fire research', *THE*, 2 September 2016.

10. Bernstein E.S. and Turban S., 'The impact of the "open" workspace on human collaboration.' *Philosophical Transactions of the Royal Society B*, 2018.

11. Background and quotes from: 'History of the National Survey of Sexual Attitudes and Lifestyles'. Witness Seminar held by the Wellcome Trust Centre for the History of Medicine at UCL, London, on 14 December 2009.

12. Mercer C.H. et al., 'Changes in sexual attitudes and lifestyles in Britain through the life course and over time: findings from the National Surveys of Sexual Attitudes and Lifestyles (Natsal)', *The Lancet*, 2013.

13. http://www.bbc.co.uk/pandemic.

14. Van Hoang T. et al., 'A systematic review of social contact surveys to inform transmission models of close contact infections', *BioRxiv*, 2018.

15. Mossong J. et al., 'Social Contacts and Mixing Patterns Relevant to the Spread of Infectious Diseases', *PLOS Medicine*, 2008; Kucharski A.J. et al., 'The Contribution of Social Behaviour to the Transmission of Influenza A in a Human Population', *PLOS Pathogens*, 2014.

16. Eames K.T.D. et al., 'Measured Dynamic Social Contact Patterns Explain the Spread of H1N1v Influenza', *PLOS Computational Biology*, 2012; Eames K.T.D., 'The influence of school holiday timing on epidemic impact', *Epidemiology and Infection*, 2013; Baguelin M. et al., 'Vaccination against pandemic influenza A/H1N1v in England: a real-time economic evaluation', *Vaccine*, 2010.

17. Eggo R.M. et al., 'Respiratory virus transmission dynamics determine timing of asthma exacerbation peaks: Evidence from a population-level model', *PNAS*, 2016.

18. Kucharski A.J. et al., 'The Contribution of Social Behaviour to the Transmission of Influenza A in a Human Population', *PLOS Pathogens*, 2014.

19. Byington C.L. et al., 'Community Surveillance of Respiratory Viruses Among Families in the Utah Better Identification of Germs-Longitudinal Viral Epidemiology (BIG-LoVE) Study', *Clinical Infectious Diseases*, 2015.

20. Brockmann D. and Helbing D., 'The Hidden Geometry of Complex, Network-Driven Contagion Phenomena', *Science*, 2013.

수학자가 알려주는 전염의 원리

21. Gog J.R. et al., 'Spatial Transmission of 2009 Pandemic Influenza in the US', *PLOS Computational Biology*, 2014.

22. Keeling M.J. et al., 'Individual identity and movement networks for disease metapopulations', *PNAS*, 2010.

23. Odlyzko A., 'The forgotten discovery of gravity models and the inefficiency of early railway networks', 2015.

24. Christakis N.A. and Fowler J.H., 'Social contagion theory: examining dynamic social networks and human behavior', *Statistics in Medicine*, 2012.

25. Cohen-Cole E. and Fletcher J.M., 'Detecting implausible social network effects in acne, height, and headaches: longitudinal analysis', *British Medical Journal*, 2008.

26. Lyons R., 'The Spread of Evidence-Poor Medicine via Flawed Social-Network Analysis', *Statistics, Politics, and Policy*, 2011.

27. Norscia I. and Palagi E., 'Yawn Contagion and Empathy in Homo sapiens', *PLOS ONE*, 2011. Note that although it's fairly easy to set up yawn experiments, there can still be challenges with interpreting the results. See: Kapitány R. and Nielsen M., 'Are Yawns really Contagious? A Critique and Quantification of Yawn Contagion', *Adaptive Human Behavior and Physiology*, 2017.

28. Norscia I. et al., 'She more than he: gender bias supports the empathic nature of yawn contagion in Homo sapiens', *Royal Society Open Science*, 2016.

29. Millen A. and Anderson J.R., 'Neither infants nor toddlers catch yawns from their mothers', *Royal Society Biology Letters*, 2010.

30. Holle H. et al., 'Neural basis of contagious itch and why some people are more prone to it'. *PNAS*, 2012; Sy T. et al., 'The Contagious Leader: Impact of the Leader's Mood on the Mood of Group Members, Group Affective Tone, and Group Processes', *Journal of Applied Psychology*, 2005; Johnson S.K., 'Do you feel what I feel? Mood contagion and leadership outcomes', *The Leadership Quarterly*, 2009; Bono J.E. and Ilies R., 'Charisma, positive emotions and mood contagion', *The Leadership Quarterly*, 2006.

31. Sherry D.F. and Galef B.G., 'Cultural Transmission Without Imitation: Milk Bottle Opening by Birds', *Animal Behaviour*, 1984.

32. Background from: Aplin L.M. et al., 'Experimentally induced innovations lead to persistent culture via conformity in wild birds', *Nature*, 2015. Quotes from author interview with Lucy Aplin, August 2017.

33. Weber M., *Economy and Society* (Bedminster Press Incorporated, New York, 1968).

34. Manski C., 'Identification of Endogenous Social Effects: The Reflection Problem', *Review of Economic Studies*, 1993.

35. Datar A. and Nicosia N., 'Association of Exposure to Communities With Higher Ratios of Obesity With Increased Body Mass Index and Risk of Overweight and Obesity Among Parents and Children' *JAMA Pediatrics*, 2018.

36. Quotes from author interview with Dean Eckles, August 2017.

37. Editorial, 'Epidemiology is a science of high importance', *Nature Communications*, 2018.

38. Background on smoking and cancer from: Howick J. et al., 'The evolution of evidence hierarchies: what can Bradford Hill's "guidelines for causation" contribute?', *Journal of the Royal Society of Medicine*, 2009; Mourant A., 'Why Arthur Mourant Decided To Say "No" To Ronald Fisher', *The Scientist*, 12 December 1988.

39. Background from: Ross R., Memoirs, *With a Full Account of the Great Malaria Problem and its Solution* (London, 1923).

40. Racaniello V., 'Koch's postulates in the 21st century', *Virology Blog*, 22 January 2010.

41. Alice Stewart's obituary, *The Telegraph*, 16 August 2002.

42. Rasmussen S.A. et al., 'Zika Virus and Birth Defects—Reviewing the Evidence for Causality', *NEJM*, 2016.

43. Greene G., *The Woman Who Knew Too Much: Alice Stewart and the Secrets of Radiation* (University of Michigan Press, 2001).

44. Background and quotes from author interview with Nicholas Christakis, June 2018.

45. Snijders T.A.B., 'The Spread of Evidence-Poor Medicine via Flawed Social-Network Analysis', *SOCNET Archives*, 17 June 2011.

46. Granovetter M.S., 'The Strength of Weak Ties', *American Journal of Sociology*, 1973.

47. Dhand A., 'Social networks and risk of delayed hospital arrival after acute stroke', *Nature Communications*, 2019.

48. Background from: Centola D. and Macy M., 'Complex Contagions and the Weakness of Long Ties', *American Journal of Sociology*, 2007; Centola D., *How Behavior Spreads: The Science of Complex Contagions* (Princeton University Press, 2018).

49. Darley J.M. and Latane B., 'Bystander intervention in emergencies: Diffusion of responsibility', *Journal of Personality and Social Psychology*, 1968.

50. Centola D., *How Behavior Spreads: The Science of Complex Contagions* (Princeton University Press, 2018).

51. Coviello L. et al., 'Detecting Emotional Contagion in Massive Social Networks', *PLOS ONE*, 2014; Aral S. and Nicolaides C., 'Exercise contagion in a global social network', *Nature Communications*, 2017.

52. Fleischer D., Executive Summary. The Prop 8 Report, 2010. http://prop8report.lgbtmentoring. org/read-the-report/executive-summary.

53. Background on deep canvassing from: Issenberg S., 'How Do You Change Someone's Mind About Abortion? Tell Them You Had One', *Bloomberg*, 6 October 2014; Resnick B., 'These scientists can prove it's possible to reduce prejudice', *Vox*, 8 April 2016; Bohannon J., 'For real this time: Talking to people about gay and transgender issues can change their prejudices', *Associated Press*, 7 April 2016.

54. Mandel D.R., 'The psychology of Bayesian reasoning', *Frontiers in Psychology*, 2014.

55. Nyhan B. and Reifler J., 'When Corrections Fail: The persistence of political misperceptions', *Political Behavior*, 2010.

56. Wood T. and Porter E., 'The elusive backfire effect: mass attitudes' steadfast factual adherence',

수학자가 알려주는 전염의 원리

Political Behavior, 2018.

57. LaCour M.H. and Green D.P., 'When contact changes minds: An experiment on transmission of support for gay equality', *Science*, 2014.

58. Broockman D. and Kalla J., 'Irregularities in LaCour (2014)', Working paper, May 2015.

59. Duran L., 'How to change views on trans people? Just get personal', Take Two®, 7 April 2016.

60. Comment from: Gelman A., 'LaCour and Green 1, This American Life 0', 16 December 2015. https://statmodeling.stat.columbia. edu/2015/12/16/lacour-and-green-1-this-american-life-0/

61. Wood T. and Porter E., 'The elusive backfire effect: mass attitudes' steadfast factual adherence', *Political Behavior*, 2018.

62. Weiss R. and Fitzgerald M., 'Edwards, First Lady at Odds on Stem Cells', *Washington Post*, 10 August 2004.

63. Quotes from author interview with Brendan Nyhan, November 2018.

64. Nyhan B. et al., 'Taking Fact-checks Literally But Not Seriously? The Effects of Journalistic Fact-checking on Factual Beliefs and Candidate Favorability', *Political Behavior*, 2019.

65. Example: https://twitter.com/brendannyhan/status/859573499333136384.

66. Strudwick P.A., 'Former MP Has Made A Heartfelt Apology For Voting Against Same-Sex Marriage', *BuzzFeed*, 28 March 2017.

67. There's also evidence that people who have changed their mind about a topic, and explain why they've changed their mind, can be more persuasive than a simple one-sided message. Source: Lyons B.A. et al., 'Conversion messages and attitude change: Strong arguments, not costly signals', *Public Understanding of Science*, 2019.

68. Feinberg M. and Willer R., 'From Gulf to Bridge: When Do Moral Arguments Facilitate Political Influence?', *Personality and Social Psychology Bulletin*, 2015.

69. Roghanizad M.M. and Bohns V.K., 'Ask in person: You're less persuasive than you think over email', *Journal of Experimental Social Psychology*, 2016.

70. How J.J. and De Leeuw E.D., 'A comparison of nonresponse in mail, telephone, and face-to-face surveys', *Quality and Quantity*, 1994; Gerber A.S. and Green D.P., 'The Effects of Canvassing, Telephone Calls, and Direct Mail on Voter Turnout: A Field Experiment', *American Political Science Review*, 2000; Okdie B.M. et al., 'Getting to know you: Face-to-face versus online interactions', *Computers in Human Behavior*, 2011.

71. Swire B. et al., 'The role of familiarity in correcting inaccurate information', *Journal of Experimental Psychology Learning Memory and Cognition*, 2017.

72. Quotes from author interview with Briony Swire-Thompson, July 2018.

73. Broockman D. and Kalla J., 'Durably reducing transphobia: A field experiment on door-to-door canvassing', *Science*, 2016.

4장 폭력에 놓은 예방접종

1. Background and quotes from author interview with Gary Slutkin, April 2018.

2. Statistics from: Bentle K. et al., '39,000 homicides: Retracing 60 years of murder in Chicago', *Chicago Tribune*, 9 January 2018; Illinois State Fact Sheet. National Injury and Violence Prevention Resource Center, 2015.

3. Slutkin G., 'Treatment of violence as an epidemic disease', In: Fine P. et al. John Snow's legacy: epidemiology without borders. *The Lancet*, 2013.

4. Background on John Snow's work on cholera from: Snow J., *On the mode of communication of cholera*. (London, 1855); Tulodziecki D., 'A case study in explanatory power: John Snow's conclusions about the pathology and transmission of cholera', *Studies in History and Philosophy of Biological and Biomedical Sciences*, 2011; Hempel S., 'John Snow', *The Lancet*, 2013; Brody H. et al., 'Map-making and myth-making in Broad Street: the London cholera epidemic, 1854', *The Lancet*, 2000.

5. Reason for abstraction: Seuphor M., *Piet Mondrian: Life and Work* (Abrams, New York, 1956); Tate Modern, 'Five ways to look at Malevich's Black Square', https://www.tate.org.uk/art/artists/kazimir-malevich-1561/five-ways-look-malevichs-black-square.

6. Background on cholera: Locher W.G., 'Max von Pettenkofer (1818–1901) as a Pioneer of Modern Hygiene and Preventive Medicine', *Environmental Health and Preventive Medicine*, 2007; Morabia A., 'Epidemiologic Interactions, Complexity, and the Lonesome Death of Max von Pettenkofer', *American Journal of Epidemiology*, 2007.

7. García-Moreno C. et al., 'WHO Multi-country Study on Women's Health and Domestic Violence against Women', *World Health Organization*, 2005.

8. Quotes from author interview with Charlotte Watts, May 2018.

9. Background on factors influencing contagion of violence: Patel D.M. et al., *Contagion of Violence: Workshop Summary* (National Academies Press, 2012).

10. Gould M.S. et al., 'Suicide Clusters: A Critical Review', *Suicide and Life-Threatening Behavior*, 1989.

11. Cheng Q. et al., 'Suicide Contagion: A Systematic Review of Definitions and Research Utility', *PLOS ONE*, 2014.

12. Phillips D.P., 'The Influence of Suggestion on Suicide: Substantive and Theoretical Implications of the Werther Effect', *American Sociological Review*, 1974.

13. WHO. 'Is responsible and deglamourized media reporting effective in reducing deaths from suicide, suicide attempts and acts of selfharm?', 2015. https://www.who.int.

14. Fink D.S. et al., 'Increase in suicides the months after the death of Robin Williams in the US', *PLOS ONE*, 2018.

15. Towers S. et al., 'Contagion in Mass Killings and School Shootings', *PLOS ONE*, 2015.

16. Brent D.A. et al., 'An Outbreak of Suicide and Suicidal Behavior in a High School', *Journal of the American Academy of Child and Adolescent Psychiatry*, 1989.

17. Aufrichtig A. et al., 'Want to fix gun violence in America? Go local', *The Guardian*, 9 January 2017.

18. Quotes from author interview with Charlie Ransford, April 2018.

수학자가 알려주는 전염의 원리

19. Confino J., 'Guardian-supported Malawi sex workers' project secures funding from Comic Relief ', *The Guardian*, 9 June 2010.

20. Bremer S., '10 Shot, 2 Fatally, at Vigil on Chicago's Southwest Side', *NBC Chicago*, 7 May 2017.

21. Tracy M. et al., 'The Transmission of Gun and Other Weapon-Involved Violence Within Social Networks', *Epidemiologic Reviews*, 2016.

22. Green B. et al., 'Modeling Contagion Through Social Networks to Explain and Predict Gunshot Violence in Chicago, 2006 to 2014', *JAMA Internal Medicine*, 2017.

23. Fitting a negative binomial offspring distribution to the cluster size distribution from Green et al., I obtained a maximum likelihood estimate for the dispersion parameter k=0.096. (Method from: Blumberg S. and Lloyd-Smith J.O., *PLOS Computational Biology*, 2013.) For context, MERS-CoV had R=0.63 and k=0.25 (from: Kucharski A.J. and Althaus C.L., 'The role of superspreading in Middle East respiratory syndrome coronavirus (MERS-CoV) transmission', *Eurosurveillance*, 2015).

24. Fenner F. et al., *Smallpox and its Eradication* (World Health Organization, Geneva, 1988).

25. Evaluations of violence interruption methods: Skogan W.G. et al., 'Evaluation of CeaseFire-Chicago', U.S. Department of Justice report, March 2009; Webster D.W. et al., 'Evaluation of Baltimore's Safe Streets Program', Johns Hopkins report, January 2012; Thomas R. et al., 'Investing in Intervention: The Critical Role of State-Level Support in Breaking the Cycle of Urban Gun Violence', Giffords Law Center report, 2017.

26. Examples of criticism of Cure Violence: Page C., 'The doctor who predicted Chicago's homicide epidemic', *Chicago Tribune*, 30 December 2016; 'We need answers on anti-violence program', *Chicago Sun Times*, 1 July 2014.

27. Patel D.M. et al., *Contagion of Violence: Workshop Summary* (National Academies Press, 2012).

28. Background from: Seenan G., 'Scotland has second highest murder rate in Europe', *The Guardian*, 26 September 2005; Henley J., 'Karyn McCluskey: the woman who took on Glasgow's gangs', *The Guardian*, 19 December 2011; Ross P., 'No mean citizens: The success behind Glasgow's VRU', *The Scotsman*, 24 November 2014; Geoghegan P., 'Glasgow smiles: how the city halved its murders by "caring people into change"', *The Guardian*, 6 April 2015; '10 Year Strategic Plan', Scottish Violence Reduction Unit, 2017.

29. Adam K., 'Glasgow was once the "murder capital of Europe". Now it's a model for cutting crime', *Washington Post*, 27 October 2018.

30. Formal evaluations are not available for all aspects of the VRU programme, but some parts have been evaluated: Williams D.J. et al., 'Addressing gang-related violence in Glasgow: A preliminary pragmatic quasi-experimental evaluation of the Community Initiative to Reduce Violence (CIRV)', *Aggression and Violent Behavior*, 2014; Goodall C. et al., 'Navigator: A Tale of Two Cities', 12 Month Report, 2017.

31. 'Mayor launches new public health approach to tackling serious violence', London City Hall press release, 19 September 2018; Bulman M., 'Woman who helped dramatically reduce youth murders in Scotland urges London to treat violence as a "disease"', *The Independent*, 5 April

2018.

32. Background on Nightingale's Crimea work from: Gill C.J. and Gill G.C., 'Nightingale in Scutari: Her Legacy Reexamined', *Clinical Infectious Diseases*, 2005; Nightingale F., *Notes on Matters Affecting the Health, Efficiency, and Hospital Administration of the British Army: Founded Chiefly on the Experience of the Late War* (London, 1858); Magnello M.E., 'Victorian statistical graphics and the iconography of Florence Nightingale's polar area graph', *Journal of the British Society for the History of Mathematics Bulletin*, 2012.

33. Nelson S. and Rafferty A.M., *Notes on Nightingale: The Influence and Legacy of a Nursing Icon* (Cornell University Press, 2012).

34. Background on Farr from: Lilienfeld D.E., 'Celebration: William Farr (1807–1883)–an appreciation on the 200th anniversary of his birth', *International Journal of Epidemiology*, 2007; Humphreys N.A., 'Vital statistics: a memorial volume of selections from the reports and writings of William Farr', *The Sanitary Institute of Great Britain*, 1885.

35. Nightingale F., *A Contribution to the Sanitary History of the British Army During the Late War with Russia* (London, 1859).

36. Quoted in: Diamond M. and Stone M., 'Nightingale on Quetelet', *Journal of the Royal Statistical Society A*, 1981.

37. Cook E., *The Life of Florence Nightingale* (London, 1913).

38. Quoted in: MacDonald L., *Florence Nightingale on Society and Politics, Philosophy, Science, Education and Literature* (Wilfrid Laurier University Press, 2003).

39. Pearson K., *The Life, Letters and Labours of Francis Galton* (Cambridge University Press, London, 1914).

40. Patel D.M. et al., *Contagion of Violence: Workshop Summary* (National Academies Press, 2012).

41. Statistics from: Grinshteyn E. and Hemenway D., 'Violent Death Rates: The US Compared with Other High-income OECD Countries, 2010', *The American Journal of Medicine*, 2016; Koerth-Baker M., 'Mass Shootings Are A Bad Way To Understand Gun Violence', *Five Thirty Eight*, 3 October 2017.

42. Background from: Thompson B., 'The Science of Violence', *Washington Post*, 29 March 1998; Wilkinson F., 'Gunning for Guns', *Rolling Stone*, 9 December 1993.

43. Cillizza C., 'President Obama's amazingly emotional speech on gun control', *Washington Post*, 5 January 2016.

44. Borger J., 'The Guardian profile: Ralph Nader', *The Guardian*, 22 October 2004.

45. Background from: Jensen C., '50 Years Ago, "Unsafe at Any Speed" Shook the Auto World', *New York Times*, 26 November 2015.

46. Kelly K., 'Car Safety Initially Considered "Undesirable" by Manufacturers, the Government and Consumers', *Huffington Post*, 4 December 2012.

47. Frankel T.C., 'Their 1996 clash shaped the gun debate for years. Now they want to reshape it', *Washington Post*, 30 December 2015.

48. Kates D.B. et al., 'Public Health Pot Shots', *Reason*, April 1997.

49. Turvill J.L. et al., 'Change in occurrence of paracetamol overdose in UK after introduction of blister packs', *The Lancet*, 2000; Hawton K. et al., 'Long term effect of reduced pack sizes of paracetamol on poisoning deaths and liver transplant activity in England and Wales: interrupted time series analyses', *British Medical Journal*, 2013.

50. Dickey J. and Rosenberg M., 'We won't know the cause of gun violence until we look for it', *Washington Post*, 27 July 2012.

51. Background and quotes from author interview with Toby Davies, August 2017.

52. Davies T.P. et al., 'A mathematical model of the London riots and their policing', *Scientific Reports*, 2013.

53. Example: Myers P., 'Staying streetwise', *Reuters*, 8 September 2011.

54. Quoted in: De Castella T. and McClatchey C., 'UK riots: What turns people into looters?', BBC News Online. 9 August 2011.

55. Granovetter M., 'Threshold Models of Collective Behavior', *American Journal of Sociology*, 1978.

56. Background from: Johnson N.F. et al., 'New online ecology of adversarial aggregates: ISIS and beyond', *Science*, 2016; Wolchover N., 'A Physicist Who Models ISIS and the Alt-Right', *Quanta Magazine*, 23 August 2017.

57. Bohorquez J.C. et al., 'Common ecology quantifies human insurgency', *Nature*, 2009.

58. Belluck P., 'Fighting ISIS With an Algorithm, Physicists Try to Predict Attacks', *New York Times*, 16 June 2016.

59. Timeline: 'How The Anthrax Terror Unfolded', National Public Radio (NPR), 15 February 2011.

60. Cooper B., 'Poxy models and rash decisions', *PNAS*, 2006; Meltzer M.I. et al., 'Modeling Potential Responses to Smallpox as a Bioterrorist Weapon', *Emerging Infectious Diseases*, 2001.

61. I've seen the toy train example used in a few fields (e.g. by Emanuel Derman in finance), but particular credit to my old colleague Ken Eames here, who used it very effectively in disease modelling lectures.

62. Meltzer M.I. et al., 'Estimating the Future Number of Cases in the Ebola Epidemic – Liberia and Sierra Leone, 2014 – 2015', *Morbidity and Mortality Weekly Report*, 2014.

63. The CDC exponential model estimated around a three-fold increase per month. Therefore a prediction three additional months ahead would have estimated 27-fold more cases than the January value. (The combined population of SL, Liberia and Guinea was around 24 million.)

64. 'Expert reaction to CDC estimates of numbers of future Ebola cases', *Science Media Centre*, 24 September 2014.

65. Background from: Hughes M., 'Developers wish people would remember what a big deal Y2K bug was', *The Next Web*, 26 October 2017; Schofield J., 'Money we spent', *The Guardian*, 5 January 2000.

66. https://twitter.com/JoanneLiu_MSF/status/952834207667097600.

67. In the CDC analysis, cases were scaled up by a factor of 2.5 to account for under-reporting. If we apply the same scaling to the reported cases, this suggests there were around 75,000 infections

in reality, a difference of 1.33 million from the CDC prediction. The suggestion that the CDC model with interventions could explain outbreak comes from: Frieden T.R. and Damon I.K., 'Ebola in West Africa–CDC's Role in Epidemic Detection, Control, and Prevention', *Emerging Infectious Diseases*, 2015.

68. Onishi N., 'Empty Ebola Clinics in Liberia Are Seen as Misstep in U.S. Relief Effort', *New York Times*, 2015.

69. Kucharski A.J. et al., 'Measuring the impact of Ebola control measures in Sierra Leone', *PNAS*, 2015.

70. Camacho A. et al., 'Potential for large outbreaks of Ebola virus disease', *Epidemics*, 2014.

71. Heymann D.L., 'Ebola: transforming fear into appropriate action', *The Lancet*, 2017.

72. Widely attributed, but no clear primary source.

73. By early December, the average reporting delay was 2–3 days. Source: Finger F. et al., 'Real-time analysis of the diphtheria outbreak in forcibly displaced Myanmar nationals in Bangladesh', *BMC Medicine*, 2019.

74. Statistics from: Katz J. and Sanger-Katz M., '"The Numbers Are So Staggering." Overdose Deaths Set a Record Last Year', *New York Times*, 29 November 2018; Ahmad F.B. et al., 'Provisional drug overdose death counts', National Center for Health Statistics, 2018; Felter C., 'The U.S. Opioid Epidemic', Council on Foreign Relations, 26 December 2017; 'Opioid painkillers "must carry prominent warnings"'. BBC News Online, 28 April 2019.

75. Goodnough A., Katz J. and Sanger-Katz M., 'Drug Overdose Deaths Drop in U.S. for First Time Since 1990', *New York Times*, 17 July 2019.

76. Background and quotes about opioid crisis analysis from author interview with Rosalie Liccardo Pacula, May 2018. Additional details from: Pacula R.L., Testimony presented before the House Appropriations Committee, Subcommittee on Labor, Health and Human Services, Education, and Related Agencies on April 5, 2017.

77. Exponential increase in death rate from 11 per 100,000 in 1979 to 137 per 100,000 in 2015, implying doubling time = $36/\log_2(137/11)$ = 10 years.

78. Jalal H., 'Changing dynamics of the drug overdose epidemic in the United States from 1979 through 2016', *Science*, 2018.

79. Mars S.G. '"Every 'never' I ever said came true": transitions from opioid pills to heroin injecting', *International Journal of Drug Policy*, 2014.

80. TCR Staff, 'America "Can't Arrest Its Way Out of the Opioid Epidemic"', *The Crime Report*, 16 February 2018.

81. Lum K. and Isaac W., 'To predict and serve?' *Significance*, 7 October 2016.

82. Quotes from author interview with Kristian Lum, January 2018.

83. Perry W.L. et al., 'Predictive Policing', RAND Corporation Report, 2013.

84. Whitty C.J.M., 'What makes an academic paper useful for health policy?', *BMC Medicine*, 2015.

85. Dumke M. and Main F., 'A look inside the watch list Chicago police fought to keep secret', *Associated Press*, 18 June 2017.

86. Background on SSL algorithm: Posadas B., 'How strategic is Chicago's "Strategic Subjects List"? Upturn investigates', *Medium*, 22 June 2017; Asher J. and Arthur R., 'Inside the Algorithm That Tries to Predict Gun Violence in Chicago', *New York Times*, 13 June 2017; Kunichoff Y. and Sier P., 'The Contradictions of Chicago Police's Secretive List', *Chicago Magazine*, 21 August 2017.

87. According to Posadas (*Medium*, 2017), proportion high risk: 287,404/398,684 = 0.72. 88,592 of these (31 per cent) have never been arrested or a victim of crime.

88. Hemenway D., *While We Were Sleeping: Success Stories in Injury and Violence Prevention* (University of California Press, 2009).

89. Background on broken windows approach: Kelling G.L. and Wilson J.Q., 'Broken Windows', *The Atlantic*, March 1982; Harcourt B.E. and Ludwig J., 'Broken Windows: New Evidence from New York City and a Five-City Social Experiment', *University of Chicago Law Review*, 2005.

90. Childress S., 'The Problem with "Broken Windows" Policing', Public Broadcasting Service, 28 June 2016.

91. Keizer K. et al., 'The Spreading of Disorder', *Science*, 2008.

92. Keizer K. et al., 'The Importance of Demonstratively Restoring Order', *PLOS ONE*, 2013.

93. Tcherni-Buzzeo M., 'The "Great American Crime Decline": Possible explanations', In Krohn M.D. et al., *Handbook on Crime and Deviance*, 2nd edition, (Springer, New York 2019).

94. Alternative hypotheses for decline, and accompanying criticism: Levitt S.D., 'Understanding Why Crime Fell in the 1990s: Four Factors that Explain the Decline and Six that Do Not', *Journal of Economic Perspectives*, 2004; Nevin R., 'How Lead Exposure Relates to Temporal Changes in IQ, Violent Crime, and Unwed Pregnancy', *Environmental Research Section A*, 2000; Foote C.L. and Goetz C.F., 'The Impact of Legalized Abortion on Crime: Comment', *Quarterly Journal of Economics*, 2008; Casciani D., 'Did removing lead from petrol spark a decline in crime?', BBC News Online, 21 April 2014.

95. Author interview with Melissa Tracy, August 2018.

96. Lowrey A., 'True Crime Costs', *Slate*, 21 October 2010.

5장 인플루언서, 슈퍼 전파자, 가짜 뉴스

1. Background on Buzzfeed from: Peretti J., 'My Nike Media Adventure', *The Nation*, 9 April 2001; Email correspondence with customer service representatives at Nike iD. http://www.yorku.ca/dzwick/niked.html Accessed: January 2018; Salmon F., 'BuzzFeed's Jonah Peretti Goes Long', *Fusion*, 11 June 2014; Lagorio-Chaf kin C., 'The Humble Origins of Buzzfeed', *Inc.*, 3 March 2014; Rice A., 'Does BuzzFeed Know the Secret?', *New York Magazine*, 7 April 2013.

2. Peretti J., 'My Nike Media Adventure', *The Nation*, 9 April 2001.

3. Background and quotes from author interview with Duncan Watts, February 2018. There is also a more detailed discussion of this research in: Watts D., *Everything is Obvious: Why Common Sense is Nonsense* (Atlantic Books, 2011).

4. Milgram S., 'The small-world problem', *Psychology Today*, 1967.

5. Dodds P.S. et al., 'An Experimental Study of Search in Global Social Networks', *Science*, 2003.

6. Bakshy E. et al., 'Everyone's an Influencer: Quantifying Influence on Twitter', *Proceedings of the Fourth ACM International Conference on Web Search and Data Mining (WSDM'11)*, 2011.

7. Aral S. and Walker D., 'Identifying Influential and Susceptible Members of Social Networks', *Science*, 2012.

8. Aral S. and Dillon P., 'Social influence maximization under empirical influence models', *Nature Human Behaviour*, 2018.

9. Data from: Ugander J. et al., 'The Anatomy of the Facebook Social Graph', *arXiv*, 2011; Kim D.A. et al., 'Social network targeting to maximise population behaviour change: a cluster randomised controlled trial', *The Lancet*, 2015; Newman M.E., 'Assortative mixing in networks', *Physical Review Letters*, 2002; Apicella C.L. et al., 'Social networks and cooperation in hunter-gatherers', *Nature*, 2012.

10. Conclusion supported by: Aral S. and Dillon P., *Nature Human Behaviour*, 2018; Bakshy E. et al., *WSDM*, 2011; Kim D.A. et al., *The Lancet*, 2015.

11. Buckee C.O.F. et al., 'The effects of host contact network structure on pathogen diversity and strain structure', *PNAS*, 2004; Kucharski A., 'Study epidemiology of fake news', *Nature*, 2016.

12. Bessi A. et al., 'Science vs Conspiracy: Collective Narratives in the Age of Misinformation', *PLOS ONE*, 2015; Garimella K. et al., 'Political Discourse on Social Media: Echo Chambers, Gatekeepers, and the Price of Bipartisanship', *Proceedings of the World Wide Web Conference 2018*, 2018.

13. Background from: Goldacre B., *Bad Science* (Fourth Estate, 2008); The Editors of The Lancet, 'Retraction–Ileal-lymphoid-nodular hyperplasia, non-specific colitis, and pervasive developmental disorder in children', *The Lancet*, 2010.

14. Finnegan G., 'Rise in vaccine hesitancy related to pursuit of purity', *Horizon Magazine*, 26 April 2018; Larson H.J., 'Maternal immunization: The new "normal" (or it should be)', *Vaccine*, 2015; Larson H.J. et al., 'Tracking the global spread of vaccine sentiments: The global response to Japan's suspension of its HPV vaccine recommendation', *Human Vaccines & Immunotherapeutics*, 2014.

15. Background on variolation from: 'Variolation–an overview', *ScienceDirect Topics*, 2018.

16. Voltaire., 'Letter XI' from *Letters on the English*. (1734).

17. Background on Bernoulli's work from: Dietz K. and Heesterbeek J.A.P., 'Daniel Bernoulli's epidemiological model revisited', *Mathematical Biosciences*, 2002; Colombo C. and Diamanti M., 'The smallpox vaccine: the dispute between Bernoulli and d'Alembert and the calculus of probabilities', *Lettera Matematica International*, 2015.

18. There is a large literature on MMR and measles vaccine safety and efficacy, e.g. Smeeth L. et al., 'MMR vaccination and pervasive developmental disorders: a case-control study', *The Lancet*, 2004; A. Hviid, J.V. Hansen, M. Frisch, et al., 'Measles, Mumps, Rubella Vaccination and Autism: A Nationwide Cohort Study', *Annals of Internal Medicine*, 2019; LeBaron C.W. et al., 'Persistence of Measles Antibodies After 2 Doses of Measles Vaccine in a Postelimination

수학자가 알려주는 전염의 원리

Environment', *JAMA Pediatrics*, 2007.

19. Wellcome Global Monitor 2018, 19 June 2019.

20. Finnegan G., 'Rise in vaccine hesitancy related to pursuit of purity', *Horizon Magazine*, 26 April 2018.

21. Funk S. et al., 'Combining serological and contact data to derive target immunity levels for achieving and maintaining measles elimination', *BioRxiv*, 2019.

22. 'Measles: Europe sees record number of cases and 37 deaths so far this year', *British Medical Journal*, 2018.

23. Bakshy E. et al., 'Exposure to ideologically diverse news and opinion on Facebook', *Science*, 2015; Tufekci Z., 'How Facebook's Algorithm Suppresses Content Diversity (Modestly) and How the Newsfeed Rules Your Clicks', *Medium*, 7 May 2015.

24. Flaxman S. et al., 'Filter bubbles, echo chambers and online news consumption', *Public Opinion Quarterly*, 2016.

25. Bail C.A. et al., 'Exposure to opposing views on social media can increase political polarization', *PNAS*, 2018.

26. Duggan M. and Smith A., 'The Political Environment on Social Media', Pew Research Center, 2016.

27. boyd dm., 'Taken Out of Context: American Teen Sociality in Networked Publics', University of California, Berkeley PhD Dissertation, 2008.

28. Early example: 'Dead pet UL?' Posted on alt.folklore.urban, 10 July 1992.

29. Letter to Étienne Noël Damilaville, 16 May 1767.

30. Suler J., 'The Online Disinhibition Effect', *Cyberpsychology and Behavior*, 2004.

31. Cheng J. et al., 'Antisocial Behavior in Online Discussion Communities', *Association for the Advancment of Artificial Intelligence*, 2015; Cheng J. et al., 'Anyone Can Become a Troll: Causes of Trolling Behavior in Online Discussions', Computer-Supported Cooperative Work, 2017.

32. Background on Facebook study from: Kramer A.D.I. et al., 'Experimental evidence of massive-scale emotional contagion through social networks', *PNAS*, 2014; D'Onfro J., 'Facebook Researcher Responds To Backlash Against "Creepy" Mood Manipulation Study', *Insider*, 29 June 2014.

33. Griffin A., 'Facebook manipulated users' moods in secret experiment', *The Independent*, 29 June 2014; Arthur C., 'Facebook emotion study breached ethical guidelines, researchers say', *The Guardian*, 30 June 2014.

34. Examples: Raine R. et al., 'A national cluster-randomised controlled trial to examine the effect of enhanced reminders on the socioeconomic gradient in uptake in bowel cancer screening', *British Journal of Cancer*, 2016; Kitchener H.C. et al., 'A cluster randomised trial of strategies to increase cervical screening uptake at first invitation (STRATEGIC)', *Health Technology Assessment*, 2016. It's worth noting that despite their widespread use, the concept of randomised experiments (often called 'A/B tests') seems to make many people uncomfortable – even if the individual options are innocuous and the study is ethically designed. One 2019 study found

that 'people frequently rate A/B tests designed to establish the comparative effectiveness of two policies or treatments as inappropriate even when universally implementing either A or B, untested, is seen as appropriate'. Source: Meyer M.N. et al., 'Objecting to experiments that compare two unobjectionable policies or treatments', *PNAS*, 2019.

35. Berger J. and Milkman K.L., 'What Makes online Content Viral?', *Journal of Marketing Research*, 2011.
36. Heath C. et al., 'Emotional selection in memes: the case of urban legends', *Journal of Personality and Social Psychology*, 2001.
37. Tufekci Z., 'YouTube, the Great Radicalizer', *New York Times*, 10 March 2018.
38. Baquero F. et al., 'Ecology and evolution of antibiotic resistance', *Environmental Microbiology Reports*, 2009.
39. Background from: De Domenico M. et al., 'The Anatomy of a Scientific Rumor', *Scientific Reports*, 2013.
40. Goel S. et al., 'The Structural Virality of Online Diffusion', *Management Science*, 2016.
41. Goel S. et al., 'The Structure of Online Diffusion Networks', *EC'12 Proceedings of the 13th ACM Conference on Electronic Commerce*, 2012; Tatar A. et al., 'A survey on predicting the popularity of web content', *Journal of Internet Services and Applications*, 2014.
42. Watts D.J. et al., 'Viral Marketing for the Real World', *Harvard Business Review*, 2007.
43. Method from: Blumberg S. and Lloyd-Smith J.O., *PLOS Computational Biology*, 2013. This calculation works even if there is potential for superspreading events.
44. Chowell G. et al., 'Transmission potential of influenza A/H7N9, February to May 2013, China', *BMC Medicine*, 2013.
45. Watts D.J. et al., 'Viral Marketing for the Real World', *Harvard Business Review*, 2007. Note that technical issues with the e-mail campaign may have artificially reduced the reproduction number for Tide to some extent.
46. Breban R. et al., 'Interhuman transmissibility of Middle East respiratory syndrome coronavirus: estimation of pandemic risk', *The Lancet*, 2013.
47. Geoghegan J.L. et al., 'Virological factors that increase the transmissibility of emerging human viruses', *PNAS*, 2016.
48. García-Sastre A., 'Influenza Virus Receptor Specificity', *American Journal of Pathology*, 2010.
49. Adamic L.A. et al., 'Information Evolution in Social Networks', *Proceedings of the Ninth ACM International Conference on Web Search and Data Mining (WSDM'16)*, 2016.
50. Cheng J. et al., 'Do Diffusion Protocols Govern Cascade Growth?', *AAAI Publications*, 2018.
51. Background on early BuzzFeed transmission: Rice A., 'Does BuzzFeed Know the Secret?', *New York Magazine*, 7 April 2013.
52. Watts D.J. et al., 'Viral Marketing for the Real World', *Harvard Business Review*, 2007. For ease of reading, the shorthand '⟨' has been replaced by 'less than' in the text.
53. Guardian Datablog, 'Who are the most social publishers on the web?', *The Guardian Online*, 3 October 2013.

수학자가 알려주는 전염의 원리

54. Salmon F., 'BuzzFeed's Jonah Peretti Goes Long', *Fusion*, 11 June 2014.

55. Martin T. et al., 'Exploring Limits to Prediction in Complex Social Systems', *Proceedings of the 25th International Conference on World Wide Web*, 2016.

56. Shulman B. et al., 'Predictability of Popularity: Gaps between Prediction and Understanding', *International Conference on Web and Social Media*, 2016.

57. Cheng J. et al., 'Can cascades be predicted?', *Proceedings of the 23rd International Conference on World Wide Web*, 2014.

58. Yucesoy B. et al., 'Success in books: a big data approach to bestsellers', *EPJ Data Science*, 2018.

59. McMahon V., '#Neknominate girl's shame: I'm sorry for drinking a goldfish', *Irish Mirror*, 5 February 2014.

60. Many Neknomination videos can be seen on YouTube; Fricker M., 'RSPCA hunt yob who downed NekNomination cocktail containing cider, eggs, battery fluid, urine and THREE goldfish', *Mirror*, 5 February 2014.

61. Example coverage: Fishwick C., 'NekNominate: should Facebook ban the controversial drinking game?', *The Guardian*, 11 February 2014; '"Neknomination": Facebook ignores calls for ban after two deaths', *Evening Standard*, 3 February 2014.

62. More or Less: 'Neknomination Outbreak', BBC World Service Online, 22 February 2014.

63. Kucharski A.J., 'Modelling the transmission dynamics of online social contagion', *arXiv*, 2016.

64. Researchers at the University of Warwick found a similar level of predictability. Based on the dynamics of neknomination, they correctly forecast the four-week duration of the ice bucket challenge shortly after it emerged a few months later. Sprague D.A. and House T., 'Evidence for complex contagion models of social contagion from observational data', *PLOS ONE*, 2017.

65. Cheng J. et al., 'Do Cascades Recur?', *Proceedings of the 25th International Conference on World Wide Web*, 2016.

66. Crane R. and Sornette D., 'Robust dynamic classes revealed by measuring the response function of a social system', *PNAS*, 2008.

67. Tan C. et al., 'Lost in Propagation? Unfolding News Cycles from the Source', *Association for the Advancement of Artificial Intelligence*, 2016; Tatar A. et al., 'A survey on predicting the popularity of web content', *Journal of Internet Services and Applications*, 2014.

68. Vosoughi S. et al., 'The spread of true and false news online', *Science*, 2018.

69. Examples from: Romero D.M., 'Differences in the Mechanics of Information Diffusion Across Topics: Idioms, Political Hashtags, and Complex Contagion on Twitter', *Proceedings of the 20th International Conference on World Wide Web*, 2011; State B. and Adamic L.A., 'The Diffusion of Support in an Online Social Movement: Evidence from the Adoption of Equal-Sign Profile Pictures', *Proceedings of the 18th ACM Conference on Computer Supported Cooperative Work & Social Computing*, 2015; Guilbeault D. et al., 'Complex Contagions: A Decade in Review', in Lehmann S. and Ahn Y. (eds.), *Spreading Dynamics in Social Systems* (Springer Nature, 2018).

70. Weng L. et al., 'Virality Prediction and Community Structure in Social Networks', *Scientific Reports*, 2013.

71. Centola D., *How Behavior Spreads: The Science of Complex Contagions* (Princeton University Press, 2018).

72. Anderson C., 'The End of Theory: The Data Deluge Makes the Scientific Method Obsolete', *Wired*, 23 June 2008.

73. 'Big Data, for better or worse: 90 per cent of world's data generated over last two years', *Science Daily*, 22 May 2013.

74. Widely attributed to Goodhart in this form. Original statement: 'Any observed statistical regularity will tend to collapse once pressure is placed upon it for control purposes'. Goodhart C., 'Problems of Monetary Management: The U.K. Experience', in Courakis, A. S. (ed.), *Inflation, Depression, and Economic Policy in the West* (Springer 1981).

75. Small J.P., *Wax Tablets of the Mind: Cognitive Studies of Memory and Literacy in Classical Antiquity* (Routledge, 1997).

76. Lewis K. et al., 'The Structure of Online Activism', *Sociological Science*, 2014.

77. Gabielkov M. et al., 'Social Clicks: What and Who Gets Read on Twitter?', ACM SIGMETRICS, 2016.

78. Quotes from author interview with Dean Eckles, August 2017.

79. Widely attributed, but no clear primary source.

80. One common example of ad tracking is the Facebook Pixel. Source: 'Conversion Tracking', Facebook for Developers, 2019. https://developers.facebook.com/docs/facebook-pixel

81. Timeline from: Lederer B., '200 Milliseconds: The Life of a Programmatic RTB Ad Impression', Shelly Palmer, 9 June 2014.

82. Nsubuga J., 'Conservative MP Gavin Barwell in "date Arab girls" Twitter gaffe', *Metro*, 18 March 2013.

83. Albright J., 'Who Hacked the Election? Ad Tech did. Through "Fake News," Identify Resolution and Hyper-Personalization', *Medium*, 30 July 2017.

84. Facebook ad revenue per user in the US and Canada was $30 in Q1 2019, which would suggest $120 per annum. If users are worth 60 per cent less without browser data, it implies average data value of (at least) $120 x 0.6 = $72. Estimates from: Facebook Q1 2019 Results, http://investor.f b,com; Johnson G.A. et al., 'Consumer Privacy Choice in Online Advertising: Who Opts Out and at What Cost to Industry?', *Simon Business School Working paper*, 2017; Leswing K., Apple makes billions from Google's dominance in search – and it's a bigger business than iCloud or Apple Music', *Business Insider*, 29 September 2018; Bell K., 'iPhone's user base to surpass 1 billion units by 2019', *Cult of Mac*, 8 February 2017.

85. Pandey E. and Parker S., 'Facebook was designed to exploit human "vulnerability"', *Axios*, 9 November 2017.

86. Kaf ka P., 'Amazon? HBO? Netflix thinks its real competitor is… sleep', *Vox*, 17 April 2017.

87. Background on design from: Harris T., 'How Technology is Hijacking Your Mind – from a Magician and Google Design Ethicist', *Medium*, 18 May 2016.

88. Bajarin B., 'Apple's Penchant for Consumer Security', *Tech.pinions*, 18 April 2016.

수학자가 알려주는 전염의 원리

89. Pandey E. and Parker S., 'Facebook was designed to exploit human "vulnerability"', *Axios*, 9 November 2017.

90. Although now a central feature of social media, the 'like' button originated in a very different online era. Source: Locke M., 'How Likes Went Bad', *Medium*, 25 April 2018.

91. Lewis P. '"Our minds can be hijacked": the tech insiders who fear a smartphone dystopia', *Guardian*, 6 October 2017.

92. 'Who can see the comments on my Moments posts?', WeChat Help Center, October 2018.

93. Background on censorship from: King G. et al., 'Reverseengineering censorship in China: Randomized experimentation and participant observation', *Science*, 2014; Tucker J., 'This explains how social media can both weaken–and strengthen–democracy', *Washington Post*, 6 December 2017.

94. Das S. and Kramer A., *Self-Censorship on Facebook*, AAAI, 2013.

95. Davidsen C., 'You Are Not a Target', 7 June 2015. Full video: https://www.youtube.com/watch?v=LGiiQUMaShw&feature=youtu.be

96. Issenberg S., 'How Obama's Team Used Big Data to Rally Voters', *MIT Technology Review*, 19 December 2012.

97. Background and quote from: Rodrigues Fowler Y. and Goodman C., 'How Tinder Could Take Back the White House', *New York Times*, 22 June 2017.

98. Solon O. and Siddiqui S., 'Russia-backed Facebook posts "reached 126m Americans" during US election', *The Guardian*, 31 October 2017; Statt N., 'Twitter says it exposed nearly 700,000 people to Russian propaganda during US election', *The Verge*, 19 January 2018.

99. Watts D.J. and Rothschild D.M., 'Don't blame the election on fake news. Blame it on the media', *Columbia Journalism Review*, 2017. See also: Persily N. and Stamos A., 'Regulating Online Political Advertising by Foreign Governments and Nationals', in McFaul M. (ed.), 'Securing American Elections', Stanford University, June 2019.

100. Confessore N. and Yourish K., '$2 Billion Worth of Free Media for Donald Trump', *New York Times*, 16 March 2016.

101. Sources: Guess A. et al., 'Selective Exposure to Misinformation: Evidence from the consumption of fake news during the 2016 U.S. presidential campaign', 2018; Guess A. et al., 'Fake news, Facebook ads, and misperceptions: Assessing information quality in the 2018 U.S. midterm election campaign', 2019; Narayanan V. et al., 'Russian Involvement and Junk News during Brexit', *Oxford Comprop Data Memo*, 2017.

102. Pareene A., 'How We Fooled Donald Trump Into Retweeting Benito Mussolini', *Gawker*, 28 February 2016.

103. Hessdec A., 'On Twitter, a Battle Among Political Bots', *New York Times*, 14 December 2016.

104. Shao C. et al., 'The spread of low-credibility content by social bots', *Nature Communications*, 2018.

105. Musgrave S., 'ABC, AP and others ran with false information on shooter's ties to extremist groups', *Politico*, 16 February 2018.

106. O'Sullivan D., 'American media keeps falling for Russian trolls', *CNN*, 21 June 2018.

107. Phillips W., 'How journalists should not cover an online conspiracy theory', *The Guardian*, 6 August 2018.

108. Background on media manipulation from: Phillips W., 'The Oxygen of Amplification', *Data & Society Report*, 2018.

109. Weiss M., 'Revealed: The Secret KGB Manual for Recruiting Spies', *The Daily Beast*, 27 December 2017.

110. DiResta R., 'There are bots. Look around', *Ribbon Farm*, 23 May 2017.

111. 'Over 9000 Penises', *Know Your Meme*, 2008.

112. Zannettou S. et al., 'On the Origins of Memes by Means of Fringe Web Communities', *arXiv*, 2018.

113. Feinberg A., 'This is the Daily Stormer's playbook', *Huffington Post*, 13 December 2017.

114. Collins K. and Roose K., 'Tracing a Meme From the Internet's Fringe to a Republican Slogan', *New York Times*, 4 November 2018.

115. Background on real-life spillover: O'Sullivan D., 'Russian trolls created Facebook events seen by more than 300,000 users', *CNN*, 26 January 2018; Taub A. and Fisher M., 'Where Countries Are Tinderboxes and Facebook Is a Match', *New York Times*, 21 April 2018. Analysis of the #BlackLivesMatter online movement also uncovered Russian accounts contributing to both sides of the debate: Stewart L.G. et al., 'Examining Trolls and Polarization with a Retweet Network', *MIS2*, 2018.

116. Broniatowski D.A. et al., 'Weaponized Health Communication: Twitter Bots and Russian Trolls Amplify the Vaccine Debate', *American Journal of Public Health*, 2018; Wellcome Global Monitor 2018, 19 June 2019.

117. Google Ngram.

118. Takayasu M. et al., 'Rumor Diffusion and Convergence during the 3.11 Earthquake: A Twitter Case Study', *PLOS ONE*, 2015.

119. Friggeri A. et al., 'Rumor Cascades'. *AAAI Publications*, 2014.

120. 'WhatsApp suggests a cure for virality', *The Economist*, 26 July 2018.

121. McMillan R. and Hernandez D., 'Pinterest Blocks Vaccination Searches in Move to Control the Conversation', *Wall Street Journal*, 20 February 2019.

122. Quotes from author interview with Whitney Phillips, October 2018.

123. Baumgartner J. et al., 'What we learned from analyzing thousands of stories on the Christchurch shooting', *Columbia Journalism Review*, 2019.

124. Quotes from author interview with Brendan Nyhan, November 2018.

125. Source: Web of Science. Search string: (⟨platform⟩ AND (contagio* OR diffus* OR transmi*). Studies were excluded if they only mentioned the platform as an illustrative or comparative example, or focused adoption of the platform itself rather than diffusion via the platform. In total, 391 Twitter studies and 85 Facebook studies during 2016–2018. 330m Twitter users in 2019 vs 2,400m Facebook users. Source for user data: https://www.statista.com/

126. Nelson A. et al., 'The Social Science Research Council Announces the First Recipients of the Social Media and Democracy Research Grants', *Social Sciences Research Council Items*, 29 April 2019; Alba D., 'Ahead of 2020, Facebook Falls Short on Plan to Share Data on Disinformation', *New York Times*, 29 September 2019.

127. 'Almost all of Vote Leave's digital communication and data science was invisible even if you read every single news story or column ever produced in the campaign or any of the books so far published'. Quote from: Cummings D., 'On the referendum #20', Dominic Cummings's Blog, 29 October 2016. In October 2018, Facebook established a public archive of political adverts–an important shift, although it still only captures the first step of the information transmission processes. Source: Cellan-Jones R., 'Facebook tool makes UK political ads "transparent"', BBC News Online, 16 October 2018.

128. Ginsberg D. and Burke M., 'Hard Questions: Is Spending Time on Social Media Bad for Us?' Facebook newsroom, 15 December 2017; Burke M. et al., 'Social Network Activity and Social Well-Being', *Proceedings of the 28th International Conference on Human Factors in Computing Systems*, 2010; Burke M. and Kraut R.E., 'The Relationship Between Facebook Use and Well-Being Depends on Communication Type and Tie Strength', *Journal of Computer-Mediated Communication*, 2016.

129. Routledge I. et al., 'Estimating spatiotemporally varying malaria reproduction numbers in a near elimination setting', *Nature Communications*, 2018.

6장 컴퓨터 바이러스와 돌연변이

1. Background on Mirai from: Antonakakis M. et al., 'Understanding the Mirai Botnet', *Proceedings of the 26th USENIX Security Symposium*, 2017; Solomon B. and Fox-Brewster T., 'Hacked Cameras Were Behind Friday's Massive Web Outage', *Forbes*, 21 October 2016; Bours B., 'How a Dorm Room Minecraft Scam Brought Down the Internet', *Wired*, 13 December 2017.

2. Quoted in: Bours B., 'How a Dorm Room Minecraft Scam Brought Down the Internet', *Wired*, 13 December 2017.

3. Background on WannaCry from: 'What you need to know about the WannaCry Ransomware', *Symantec Blogs*, 23 October 2017; Field M., 'WannaCry cyber attack cost the NHS £92m as 19,000 appointments cancelled', *The Telegraph*, 11 October 2018; Wiedeman R., 'The British hacker Marcus Hutchins and the FBI', *The Times*, 7 April 2018.

4. Moore D. et al., 'The Spread of the Sapphire/Slammer Worm', *Center for Applied Internet Data Analysis* (CAIDA), 2003.

5. Background on Elk Cloner from: Leyden J., 'The 30-year-old prank that became the first computer virus', *The Register*, 14 December 2012.

6. Quotes from author interview with Alex Vespignani, May 2018.

7. Cohen F., 'Computer Viruses–Theory and Experiments', 1984.

8. Background on Morris Worm from: Seltzer L., 'The Morris Worm: Internet malware turns

25', *Zero Day*, 2 November 2013; UNITED STATES of America, Appellee, v. Robert Tappan MORRIS, Defendant-appellant. 928 F.2D 504, 1990.

9. Graham P., 'The Submarine', April 2005. http://www.paulgraham.com

10. Moon M., '"Minecraft" success helps its creator buy a $70 million mansion', *Engadget*, 18 December 2014.

11. Background on DDoS from: 'Who is Anna-Senpai, the Mirai Worm Author?', *Krebs on Security*, 18 January 2017; 'Spreading the DDoS Disease and Selling the Cure', 19 October 2016.

12. 'Computer Hacker Who Launched Attacks On Rutgers University Ordered To Pay $8,6m', U.S. Attorney's Office, District of New Jersey, 26 October 2018.

13. @MalwareTechBlog, 13 May 2017.

14. Staniford S. et al., 'How to own the Internet in Your Spare Time', *ICIR*, 2002.

15. Assuming R=20 and infectious for 8 days, equivalent to 0.1 infections per hour.

16. Moore D. et al., 'The Spread of the Sapphire/Slammer Worm', *Center for Applied Internet Data Analysis* (CAIDA), 2003.

17. 'Kaspersky Lab Research Reveals the Cost and Profitability of Arranging a DDoS Attack', Kaspersky Lab, 23 March 2017.

18. Palmer D., 'Ransomware is now big business on the dark web and malware developers are cashing in', *ZDNet*, 11 October 2017.

19. Nakashima E. and Timberg C., 'NSA officials worried about the day its potent hacking tool would get loose. Then it did', *Washington Post*, 16 May 2017.

20. Orr A., 'Zerodium Offers $2 Million for Remote iOS Exploits', *Mac Observer*, 10 January 2019.

21. Background on Student from: Kushner D., 'The Real Story of Stuxnet', *IEEE Spectrum*, 26 February 2013; Kopfstein J., 'Stuxnet virus was planted by Israeli agents using USB sticks, according to new report', *The Verge*, 12 April 2012.

22. Kaplan F., *Dark Territory: The Secret History of Cyber War* (Simon & Schuster, 2016).

23. Dark Trace. Global Threat Report 2017. http://www.darktrace.com

24. Background and quotes from: Lomas A., 'Screwdriving. Locating and exploiting smart adult toys', *Pen Test Partners Blog*, 29 September 2017; Franceschi-Bicchierai L., 'Hackers Can Easily Hijack This Dildo Camera and Livestream the Inside of Your Vagina (Or Butt)', *Motherboard*, 3 April 2017.

25. DeMarinis N. et al., 'Scanning the Internet for ROS: A View of Security in Robotics Research', *arXiv*, 2018.

26. Background on AWS outage from: Hindi R., 'Thanks for breaking our connected homes, Amazon', *Medium*, 28 February, 2017; Hern A., 'How did an Amazon glitch leave people literally in the dark?', *The Guardian*, 1 March 2017.

27. Background on AWS performance: Amazon Compute Service Level Agreement. https://aws.amazon.com, 12 February 2018; Poletti T., 'The engine for Amazon earnings growth has nothing to do with e-commerce', *Market Watch*, 29 April 2018.

28. Swift D., '"Mega Outage" Wreaks Havoc on Internet, is AWS too Big to Fail?', *Digit*, 2017;

Bobeldijk Y., 'Is Amazon's cloud service too big to fail?', *Financial News*, 1 August 2017.

29. Barrett B. and Newman L.H., "The Facebook Security Meltdown Exposes Way More Sites Than Facebook', *Wired*, 28 September 2018.

30. Background on Love Bug: Meek J., 'Love bug virus creates worldwide chaos', *The Guardian*, 5 May 2000; Barabási A.L., *Linked: the New Science of Networks* (Perseus Books, 2003).

31. White S.R., 'Open Problems in Computer Virus Research', *Virus Bulletin Conference*, 1998.

32. Barabási A.L. and Albert R., 'Emergence of Scaling in Random Networks', *Science*, 1999.

33. Pastor-Satorras R. and Vespignani A., 'Epidemic Spreading in Scale-Free Networks', *Physical Review Letters*, 2 April 2001.

34. Goel S. et al., 'The Structural Virality of Online Diffusion', *Management Science*, 2016.

35. Background on left-pad from: Williams C., 'How one developer just broke Node, Babel and thousands of projects in 11 lines of JavaScript', *The Register*, 23 March 2016; Tung L., 'A row that led a developer to delete a 17-line JavaScript module has stopped countless applications working', *ZDNet*, 23 March 2016; Roberts M., 'A discussion about the breaking of the Internet', *Medium*, 23 March 2016.

36. Haney D., 'NPM & left-pad: Have We Forgotten How To Program?' 23 March 2016, https://www.davidhaney.io

37. Rotabi R. et al., 'Tracing the Use of Practices through Networks of Collaboration', *AAAI*, 2017.

38. Fox-Brewster T., 'Hackers Sell $7,500 IoT Cannon To Bring Down The Web Again', *Forbes*, 23 October 2016.

39. Gallagher S., 'New variants of Mirai botnet detected, targeting more IoT devices', *Ars Technica*, 9 April 2019.

40. Cohen F., 'Computer Viruses–Theory and Experiments', 1984.

41. Cloonan J., 'Advanced Malware Detection–Signatures vs. Behavior Analysis', *Infosecurity Magazine*, 11 April 2017.

42. Oldstone M.B.A., *Viruses, Plagues, and History* (Oxford University Press, 2010).

43. Background on Beebone from: Goodin D., 'US, European police take down highly elusive botnet known as Beebone', *Ars Technica*, 9 April 2015; Samani R., 'Update on the Beebone Botnet Takedown', *McAfee Blogs*, 20 April 2015.

44. Thompson C.P. et al., 'A naturally protective epitope of limited variability as an influenza vaccine target', *Nature Communications*, 2018.

45. 'McAfee Labs 2019 Threats Predictions Report', McAfee Labs, 29 November 2018; Seymour J. and Tully P., 'Weaponizing data science for social engineering: Automated E2E spear phishing on Twitter', Working paper, 2016.

7장 어디에서 퍼져나갔을까?

1. Background on Schmidt case from: Court of Appeal of Louisiana, Third Circuit. STATE of Louisiana v. Richard J. SCHMIDT. No. 99-1412, 2000; Miller M., 'A Deadly Attraction',

Newsweek, 18 August 1996.

2. Darwin C., *Journal of researches into the natural history and geology of the countries visited during the voyage of H.M.S. Beagle round the world, under the command of Capt. Fitz Roy, R.N.* (John Murray, 1860).

3. Hon C.C. et al., 'Evidence of the Recombinant Origin of a Bat Severe Acute Respiratory Syndrome (SARS)-Like Coronavirus and Its Implications on the Direct Ancestor of SARS Coronavirus', *Journal of Virology*, 2008.

4. Forensic File Update on Janice Trahan Case, *CNN*, 14 March 2016.

5. González-Candelas F. et al., 'Molecular evolution in court: analysis of a large hepatitis C virus outbreak from an evolving source', *BMC Biology*, 2013; Fuchs D., 'Virus doctor jailed for 1,933 years', *The Guardian*, 16 May 2007.

6. Oliveira T. et al., 'hiv-1 and hcv sequences from Libyan outbreak', *Nature*, 2006; 'hiv medics released to Bulgaria', BBC News Online, 24 July 2007.

7. Köser C.U. et al., 'Rapid Whole-Genome Sequencing for Investigation of a Neonatal MRSA Outbreak', *NEJM*, 2012; Fraser C. et al., 'Pandemic Potential of a Strain of Influenza A (H1N1): Early Findings', *Science*, 2009.

8. Kama M. et al., 'Sustained low-level transmission of Zika and chikungunya viruses following emergence in the Fiji Islands, Pacific', *Emerging Infectious Diseases*, 2019.

9. Diallo B. et al., 'Resurgence of Ebola virus disease in Guinea linked to a survivor with virus persistence in seminal fluid for more than 500 days', *Clinical Infectious Diseases*, 2016.

10. Racaniello V., 'Zika virus, like all other viruses, is mutating', *Virology Blog*, 14 April 2016.

11. Beaty B.M. and Lee B., 'Constraints on the Genetic and Antigenic Variability of Measles Virus', *Viruses*, 2016.

12. Background on sequence availability: Gire S.K. et al., 'Genomic surveillance elucidates Ebola virus origin and transmission during the 2014 outbreak', *Science*, 2014; Yozwiak N.L., 'Data sharing: Make outbreak research open access', *Nature*, 2015; Gytis Dudas, https://twitter.com/evogytis/status/1065157012261126145

13. Sample I., 'Thousands of lives put at risk by clinical trials system that is "not fit for purpose"', *The Guardian*, 31 March 2014.

14. Callaway E., 'Zika-microcephaly paper sparks data-sharing confusion', *Nature*, 12 February 2016; Maxmen, A., 'Two Ebola drugs show promise amid ongoing outbreak,' *Nature*, 12 August 2019; Johansson M.A. et al., 'Preprints: An underutilized mechanism to accelerate outbreak science', *PLOS Medicine*, 2018; https://nextstrain.org/community/inrb-drc/ebola-nord-kivu

15. Sabeti P., 'How we'll fight the next deadly virus', *TEDWomen* 2015.

16. Hadfield J. et al., 'Nextstrain: real-time tracking of pathogen evolution', *Bioinformatics*, 2018.

17. Owlcation, 'The History Behind the Story of Goldilocks', 22 February 2018, https://owlcation.com/humanities/goldilocks-and-three-bears

18. Background and quotes from author interview with Jamie Tehrani, October 2017.

19. Tehrani J.J., 'The Phylogeny of Little Red Riding Hood', *PLOS ONE*, 2013.

수학자가 알려주는 전염의 원리

20. Van Wyhe J., 'The descent of words: evolutionary thinking 1780 –1880', *Endeavour*, 2005.

21. Luu C., 'The Fairytale Language of the Brothers Grimm', *JSTOR Daily*, 2 May 2018.

22. Da Silva S.G. and Tehrani J.J., 'Comparative phylogenetic analyses uncover the ancient roots of Indo-European folktales', *Royal Society Open Science*, 2015.

23. Smith D. et al., 'Cooperation and the evolution of hunter-gatherer storytelling', *Nature Communications*, 2017.

24. Background from: Stubbersfield J.M. et al., 'Serial killers, spiders and cybersex: social and survival information bias in the transmission of urban legends', *British Journal of Psychology*, 2015. A similar result pattern has been found in other telephone studies, with social information seemingly having an advantage when it comes to transmission.

25. Background on counter-intuitive elements from: Mesoudi A. and Whiten A., 'The multipleroles of cultural transmission experiments in understanding human cultural evolution', *Philosphical Transactions of the Royal Society B*, 2008; Stubbersfield J. and Tehrani J., 'Expect the Unexpected? Testing for Minimally Counterintuitive (MCI) Bias in the Transmission of Contemporary Legends: A Computational Phylogenetic Approach', *Social Science Computer Review*, 2013.

26. Dlugan A., 'How to Use the Rule of Three in Your Speeches', 27 May 2009. http://sixminutes. dlugan.com/rule-of-three-speechespublic-speaking

27. The rule of three is also common in comedy, where an unexpected third item creates the punchline.

28. Newberry M.G. et al., 'Detecting evolutionary forces in language change', *Nature*, 2017.

29. Valverde S. and Sole R.V., 'Punctuated equilibrium in the largescale evolution of programming languages', *Journal of the Royal Society Interface*, 2015.

30. Svinti V. et al., 'New approaches for unravelling reassortment pathways', *BMC Evolutionary Biology*, 2013.

31. Sample I., 'Evolution: Charles Darwin was wrong about the tree of life', *The Guardian*, 21 January 2009.

32. Background on sponging from: Krutzen M. et al., 'Cultural transmission of tool use in bottlenose dolphins', *PNAS*, 2005; Morell V., 'Why Dolphins Wear Sponges', *Science*, 20 July 2011.

33. Background and quotes from author interview with Lucy Aplin, August 2017.

34. Baker K.S. et al., 'Horizontal antimicrobial resistance transfer drives epidemics of multiple Shigella species', *Nature Communications*, 2018; McCarthy A.J. et al., 'Extensive Horizontal Gene Transfer during Staphylococcus aureus Co-colonization In Vivo', *Genome Biology and Evolution*, 2014; Alirol E. et al., 'Multidrug-resistant gonorrhea: A research and development roadmap to discover new medicines', *PLOS Medicine*, 2017.

35. Gallagher J., 'Man has "world's worst" super-gonorrhoea', BBC News Online, 28 March 2018; Gallagher J., 'Super-gonorrhoea spread causes "deep concern"', BBC News Online, 9 January 2019.

36. Alzheimer's Society's view on genetic testing. April 2015. https://www.alzheimers.org.uk/

about-us/policy-and-influencing/whatwe-think/genetic-testing; Genetic testing for cancer risk. Cancer Research UK. https://www.cancerresearchuk.org/about-cancer/causes-of-cancer/inherited-cancer-genes-and-increased-cancer-risk/genetic-testing-for-cancer-risk

37. Middleton A., 'Attention The Times: Prince William's DNA is not a toy', *The Conversation*, 14 June 2013. Researchers have also criticised the scientific analysis behind the story. Source: Kennett D.A, 'The Rise and Fall of Britain's DNA: A Tale of Misleading Claims, Media Manipulation and Threats to Academic Freedom', *Genealogy*, 2018.

38. Ash L., 'The Christmas present that could tear your family apart', BBC News Online, 20 December 2018.

39. Clark K., 'Scoop: 23andMe is raising up to $300M', *PitchBook*, 24 July 2018; Rutherford A., 'DNA ancestry tests may look cheap. But your data is the price', *The Guardian*, 10 August 2018.

40. Cox N., 'UK Biobank shares the promise of big data', *Nature*, 10 October 2018.

41. Based on 1990 census data, Sweeney estimated 87 per cent of people could be identified. Subsequent studies revised this down to 61–63 per cent based on 1990 and 2000 data. Background: Sweeney L., 'Simple Demographics Often Identify People Uniquely', Carnegie Mellon University, Data Privacy Working Paper, 2000; Ohm P., 'Broken Promises of Privacy: Responding to the Surprising Failure of Anonymization', *UCLA Law Review*, 2010; Sweeney L., 'Only You, Your Doctor, and Many Others May Know', *Technology Science*, 2015.

42. Sweeney L., 'Only You, Your Doctor, and Many Others May Know', *Technology Science*, 2015.

43. Smith S., 'Data and privacy', *Significance*, 3 October 2014.

44. Background on taxi data from: Whong C., 'FOILing NYC's Taxi Trip Data', 18 March 2014. https://chriswhong.com; Pandurangan V., 'On Taxis and Rainbows', 21 June 2014. https://tech.vijayp.ca

45. Background and quotes from: Tockar A., 'Riding with the Stars: Passenger Privacy in the NYC Taxicab Dataset', 15 September 2014. https://research.neustar.biz.

46. De Montjoye Y.A., 'Unique in the Crowd: The privacy bounds of human mobility', *Scientific Reports*, 2013.

47. Shahani A., 'Smartphones Are Used To Stalk, Control Domestic Abuse Victims', National Public Radio, 15 September 2014.

48. Hern A., 'Fitness tracking app Strava gives away location of secret US army bases', *The Guardian*, 28 January 2014.

49. Watts A.G. et al., 'Potential Zika virus spread within and beyond India', *Journal of Travel Medicine*, 2018; Bengtsson L. et al., 'Improved Response to Disasters and Outbreaks by Tracking Population Movements with Mobile Phone Network Data: A Post-Earthquake Geospatial Study in Haiti', *PLOS Medicine*, 2011; Santi P. et al., 'Quantifying the benefits of vehicle pooling with shareability networks', *PNAS*, 2014.

50. Chen M.K. and Rohla R., 'The effect of partisanship and political advertising on close family ties', *Science*, 2018; Silm S. et al., 'Are younger age groups less segregated? Measuring ethnic segregation in activity spaces using mobile phone data', *Journal of Ethnic and Migration Studies*,

2017; Xiao Y. et al., 'Exploring the disparities in park access through mobile phone data: Evidence from Shanghai, China', *Landscape and Urban Planning*, 2019; Atlas of Inequality, https://inequality.media.mit.edu.

51. Conlan A.J.K. et al., 'Measuring social networks in British primary schools through scientific engagement', *Proceedings of the Royal Society B*, 2010.

52. Background on GPS brokers from: Harris R., 'Your Apps Know Where You Were Last Night, and They're Not Keeping It Secret', *New York Times*, 10 December 2018; Signoret P., 'Teemo, 'la start-up qui traque 10 millions de Français en continu', *L'Express L'Expansion*, 25 August 2018; 'Is Geospatial Data a $100 Billion Business for SafeGraph?' *Nanalyze*, 22 April 2017.

53. Importantly, the target gave permission for their phone to be tracked. Source: Cox J., 'I Gave a Bounty Hunter $300. Then He Located Our Phone', *Motherboard*, 8 January 2019.

54. Scam alert: Speeding ticket email scam. Tredyffrin Police Department. 23 March 2016.

55. Background on SARS introduction from: 'SARS Commission Final Report', Government of Ontario, 2005; Tsang K.W. et al., 'A Cluster of Cases of Severe Acute Respiratory Syndrome in Hong Kong', *The NEJM*, 2003.

56. Donnelly C.A. et al., 'Epidemiological determinants of spread of causal agent of severe acute respiratory syndrome in Hong Kong', *The Lancet*, 2003.

57. WHO Ebola Response Team, 'Ebola Virus Disease in West Africa—The First 9 Months of the Epidemic and Forward Projections', *NEJM*, 2014; Assiri A. et al., 'Hospital Outbreak of Middle East Respiratory Syndrome Coronavirus', *NEJM*, 2013; WHO Consultation on Clinical Aspects of Pandemic (H1N1) 2009 Influenza, 'Clinical Aspects of Pandemic 2009 Influenza A (H1N1) Virus Infection', *NEJM*, 2010.

58. Background on Willowbrook from: Rothman D.J., *The Willowbrook Wars: Bringing the Mentally Disabled into the Community* (Aldine Transaction, 2005); Fansiwala K., 'The Duality of Medicine: The Willowbrook State School Experiments', *Medical Dialogue Review*, 20 February 2016; Watts G., 'Robert Wayne McCollum', *The Lancet*, 2010.

59. Quoted in: Offit P., *Vaccinated: One Man's Quest to Defeat the World's Deadliest Diseases* (Harper Perennial, 2008).

60. Goldby S., 'Experiments at the Willowbrook state school', *The Lancet*, 1971.

61. Gordon R.M., *The Infamous Burke and Hare: Serial Killers and Resurrectionists of Nineteenth Century Edinburgh* (McFarland, 2009).

62. Transcript for NMT 1: Medical Case, 9 January 1947. Harvard Law School Library Nuremberg Trials Project.

63. Waddington C.S. et al., 'Advancing the management and control of typhoid fever: A review of the historical role of human challenge studies', *Journal of Infection*, 2014.

64. Background on modern challenge studies: Cohen J., 'Studies that intentionally infect people with disease-causing bugs are on the rise', *Science*, 18 May 2016; https://clinicaltrials.gov; Nordling L., 'The Ethical Quandary of Human Infection Studies', *Undark*, 19 November 2018.

8장 얼룩진 데이터

1. Peterson Hill N., *A Very Private Public Citizen: The Life of Grenville Clark* (University of Missouri, 2016).

2. Ham P., 'As Hiroshima Smouldered, Our Atom Bomb Scientists Suffered Remorse', *Newsweek*, 5 August 2015.

3. Ito S., 'Einstein's pacifist dilemma revealed', *The Guardian*, 5 July 2005; 'The Einstein Letter That Started It All; A message to President Roosevelt 25 Years ago launched the atom bomb and the Atomic Age', *New York Times*, 2 August 1964.

4. Clark G., Letters to the Times, *New York Times*, 22 April 1955.

5. Harris E.D. et al., 'Governance of Dual-Use Technologies: Theory and Practice', *American Academy of Arts & Sciences*, 2016.

6. Santi P. et al., 'Quantifying the benefits of vehicle pooling with shareability networks', *PNAS*, 2014; other references covered in earlier chapters.

7. Cadwalladr C. et al., 'Revealed: 50 million Facebook profiles harvested for Cambridge Analytica in major data breach', *The Guardian*, 17 March 2018.

8. Sumpter S., *Outnumbered: From Facebook and Google to Fake News and Filter-bubbles—The Algorithms That Control Our Lives* (Bloomsbury Sigma, 2018); Chen A. et al., 'Cambridge Analytica's Facebook data abuse shouldn't get credit for Trump', *The Verge*, 20 March 2018.

9. Zunger Y., 'Computer science faces an ethics crisis. The Cambridge Analytica scandal proves it', *Boston Globe*, 22 March 2018.

10. Harkin J., '"Big Data", "Who Owns the Future?" and "To Save Everything, Click Here"', *Financial Times*, 1 March 2013; Harford T., 'Big data: A big mistake?', *Significance*, 1 December 2014; McAfee A. et al., 'Big Data: The Management Revolution', *Harvard Business Review*, October 2012.

11. Ginsberg J. et al., 'Detecting influenza epidemics using search engine query data', *Nature*, 2009.

12. Olson D.R. et al., 'Reassessing Google Flu Trends Data for Detection of Seasonal and Pandemic Influenza: A Comparative Epidemiological Study at Three Geographic Scales', *PLOS Computational Biology*, 2013.

13. Lazer D. et al., 'The Parable of Google Flu: Traps in Big Data Analysis,' *Science*, 2014.

14. World Health Organization, 'Pandemic influenza vaccine manufacturing process and timeline', *WHO Briefing Note*, 2009.

15. Petrova V.N. et al., 'The evolution of seasonal influenza viruses', *Nature Reviews Microbiology*, 2017; Chakraborty P. et al., 'What to know before forecasting the flu', *PLOS Computational Biology*, 2018.

16. Buckee C., 'Sorry, Silicon Valley, but "disruption" isn't a cure-all', *Boston Globe*, 22 January 2017.

17. Farrar J., 'The key to fighting the next "Ebola" outbreak is in your pocket', *Wired*, 4 December 2016; other references covered in earlier chapters.

18. World Health Organisation, 'Ebola outbreak in the Democratic Republic of the Congo declared a Public Health Emergency of International Concern', *WHO newsroom*, 17 July 2019; Silberner

J., 'Congo's fight against Ebola stalls after epidemiologist is shot dead', *British Medical Journal*, 2019.

19. Ginsberg M. et al., 'Swine Influenza A (H1N1) Infection in Two Children – Southern California, March–April 2009, *Morbidity and Mortality Weekly Report*, 2009.

20. Cohen J., 'As massive Zika vaccine trial struggles, researchers revive plan to intentionally infect humans', *Science*, 12 September 2018; Koopmans M. et al., 'Familiar barriers still unresolved–a perspective on the Zika virus outbreak research response', *The Lancet Infectious Diseases*, 2018.

21. Gordon A. et al., 'Prior dengue virus infection and risk of Zika: A pediatric cohort in Nicaragua', *PLOS Medicine*, 2019.

22. Grinberg N. et al., 'Fake news on Twitter during the 2016 U.S. presidential election', *Science*, 2019; Guess A. et al., 'Less than you think: Prevalence and predictors of fake news dissemination on Facebook', *Science Advances*, 2019; Lazer D.M.J. et al., 'The science of fake news', *Science*, 2018; Wagner K., 'Inside Twitter's ambitious plan to change the way we tweet', *Recode*, 8 March 2019; McCarthy K., 'Facebook, Twitter slammed for deleting evidence of Russia's US election mischief ', *The Register*, 13 October 2017.

23. Haldane A.G., 'Rethinking the Financial Network', Bank of England speech, 28 April 2009; Editorial Board, 'A fractured reporting system stymies public-safety research', *Bloomberg*, 25 October 2018.

24. Greene G., *The Woman Who Knew Too Much: Alice Stewart and the Secrets of Radiation* (University of Michigan Press, 2001).

25. Presentation at *Epidemics⁶* conference, 2017.

26. Kosinski M. et al., 'Private traits and attributes are predictable from digital records of human behavior', *PNAS*, 2013.

27. Cadwalladr C. et al., 'Revealed: 50 million Facebook profiles harvested for Cambridge Analytica in major data breach', *The Guardian*, 17 March 2018. Note that despite the apparent similarity in methods, Cambridge Analytica did not work with Kosinki.

28. Alaimo K., 'Twitter's Misguided Barriers for Researchers', *Bloomberg*, 16 October 2018.

29. Godlee F., 'What can we salvage from care.data?', *British Medical Journal*, 2016.

30. Kucharski A.J. et al., 'School's out: seasonal variation in the movement patterns of school children', *PLOS ONE*, 2015; Kucharski A.J. et al., 'Structure and consistency of self-reported social contact networks in British secondary schools', *PLOS ONE*, 2018.

31. http://www.bbc.co.uk/pandemic.

32. Information Commissioner's Office, 'Investigation into the use of data analytics in political campaigns', *ICO report*, 11 July 2018.

33. Rif kind H., TV review, *The Times*, 24 March 2018.

34. Assuming a six-hour reading time (i.e. 225 words per minute). Data: World Health Organization. http://www.who.int, 2018; Dance D.A. et al., 'Global Burden and Challenges of Melioidosis', *Tropical Medicine and Infectious Disease*, 2018.

35. Declined from 291 per 100,000 in 1990 to 154 per 100,000 in 2016. Source: Ritchie H. et al.,

'Causes of Death', *Our World in Data*, 2018.

36. UK Government, *Health profile for England: 2017.* https://www.gov.uk.

37. Harper-Jemison D.M. et al., 'Leading causes of death in Chicago', Chicago Department of Public Health Office of Epidemiology, 2006; 'Illinois State Fact Sheet', National Injury and Violence Prevention Resource Center, 2015.

38. Information Commissioner's Office, 'Investigation into the use of data analytics in political campaigns', ICO report, 11 July 2018; DiResta R. et al., 'The Tactics & Tropes of the Internet Research Agency', *New Knowledge*, 2018.

더 읽을거리

이 책의 각 장에서 다루는 주제에 대해 더 알고 싶다면 다음의 기사, 논문 및 단행본을 참고하기 바란다. 참고로 책에 있는 수치를 생성하는 데 필요한 모든 데이터 및 코드는 다음 링크에서 확인할 수 있다(https://github.com/adamkucharski/rules-of-contagion).

1장 모기의 날갯짓

David Smith and colleagues, Ross, Macdonald, and a Theory for the Dynamics and Control of Mosquito-Transmitted Pathogens, *PLOS Pathogens*, 2012.

P E Fine, Herd immunity: history, theory, practice, *Epidemiological Reviews*, 1993. For.

P E Fine, Ross's a priori pathometry-a perspective, *Proceedings of the Royal Society of Medicine*, 1975.

Paul E. M. Fine, John Brownlee and the Measurement of Infectiousness: An Historical Study in Epidemic Theory, *Journal of the Royal Statistical Society: Series A*, 1979.

2장 금융 위기와 에이즈 전염

Andy Haldane & Robert May, Systemic risk in banking ecosystems, *Nature*, 2011.

Andy Haldane, Rethinking the Financial Network, Bank of England transcript, 2009.

Donald MacKenzie and Taylor Spears, "The Formula That Killed Wall Street"?: The Gaussian Copula and the Material Cultures of Modelling', 2012.

John Potterat, *Positives: A Life Spent on the Cutting Edge of Public Health.*, CreateSpace, 2015.

Matt Keeling and Pej Rohani, *Modelling Infectious Diseases in Humans and Animals*, Princeton University Press, 2007.

Michael Lewis, *Liar's Poker: Rising Through the Wreckage on Wall Street*, W. W. Norton & Company, 1989.

Michael Lewis, *The Big Short: Inside the Doomsday Machine*, W. W. Norton & Company, 2010.

Roger Lowenstein, *When Genius Failed: The Rise and Fall of Long-Term Capital Management*, Random House, 2000.

3장 우정을 측정하다

Damon Centola, *How Behavior Spreads: The Science of Complex Contagions*, Princeton University Press, 2018.

David Spiegelhalter, *Sex by Numbers: What Statistics Can Tell Us About Sexual Behaviour*, Wellcome Collection, 2015.

Lucy Aplin, *Culture and cultural evolution in birds: a review of the evidence*,byimal Behaviour, 2019.

Nicholas Christakis and James Fowler, *Connected: The Amazing Power of Social Networks and How They Shape Our Lives*, HarperPress, 2011.

Nicholas Christakis and James Fowler, Social contagion theory: examining dynamic social networks and human behavior, *Statistics in Medicine*, 2013.

Sean Taylor and Dean Eckles, Randomized experiments to detect and estimate social influence in networks, *Complex Spreading Phenomena in Social Systems*, 2018.

4장 폭력에 놓은 예방접종

Aaron King and colleagues, Avoidable errors in the modelling of outbreaks of emerging pathogens, with special reference to Ebola, *Proceedings of the Royal Society B*, 2015.

Carl Bell, Gary Slutkin and Charlotte Watts, *Contagion of Violence: Workshop Summary*(Forum on Global Violence Prevention), The National Academies Collection, 2013.

Cathy O'Neil, *Weapons of Math Destruction: How Big Data Increases Inequality and Threatens Democracy*, Penguin, 2016.

D.A. Henderson, *Smallpox: The Death of a Disease–The Inside Story of Eradicating a Worldwide Killer*, Prometheus, 2009.

Hannah Fry, *Hello World: How to be Human in the Age of the Machine*, Penguin, 2019.

Neil Ferguson and colleagues, Planning for smallpox outbreaks, *Nature*, 2003.

5장 인플루언서, 슈퍼 전파자, 가짜 뉴스

Duncan Watts, Jake Hofman and Amit Sharma, Prediction and explanation in social systems, *Science*, 2017.

Duncan Watts, *Why Common Sense is Nonsense*, Atlantic Books, 2011.

Justin Cheng and colleagues, Do Diffusion Protocols Govern Cascade Growth?, *AAAI*, 2018.

Roger McNamee, *Zucked: Waking Up to the Facebook Catastrophe*, HarperCollins, 2019.

Sinan Aral and Dean Eckles, Protecting elections from social media manipulation, *Science*, 2019.

Whitney Phillips, The Oxygen of Amplification: Better Practices for Reporting on Extremists, *Data & Society*, 2018.

https://research.fb.com/publications/

6장 컴퓨터 바이러스와 돌연변이

Albert-László Barabási, *Linked: The New Science of Networks*, Perseus, 2002.

Fred Cohen, Computer Viruses – Theory and Experiments, 1984.

Garrett Graff, How a Dorm Room Minecraft Scam Brought Down the Internet, *Wired*, 2017.

Garrett Graff, The Mirai Botnet Architects Are Now Fighting Crime With the FBI, *Wired*, 2018.

수학자가 알려주는 전염의 원리

Stuart Staniford and colleagues, 'How to own the Internet in Your Spare Time, Proceedings of the 11th USENIX Security Symposium, 2002.

7장 어디에서 퍼져나갔을까?

Anthony Tockar, 'Differential Privacy: The Basics' and 'Riding with the Stars: Passenger Privacy in the NYC Taxicab Dataset'.

Jennifer Gardy and Nick Loman, Towards a genomics-informed, real-time, global pathogen surveillance system, *Nature Reviews Genetics*, 2018.

Jonathan Polonsky and colleagues, Outbreak analytics: a developing data science for informing the response to emerging pathogens, *Philosophical Transactions of the Royal Society B*, 2019.

Matthew Salganik, *Bit By Bit: Social Research in the Digital Age*, Princeton University Press, 2018.

8장 얼룩진 데이터

David Sumpter, *Outnumbered: From Facebook and Google to Fake News and Filter-bubbles*, Bloomsbury, 2018.

Sinead Walsh and Oliver Johnson, *Getting to Zero: A Doctor and a Diplomat on the Ebola Frontline*, Zed Books, 2018.

찾아보기

수학자가 알려주는 전염의 원리

수학자가 알려주는 전염의 원리

수학자가 알려주는 전염의 원리

초판 1쇄 발행 2021년 2월 10일
　　4쇄 발행 2021년 8월 16일

지은이 애덤 쿠차르스키 | 옮긴이 고호관
펴낸이 오세인 | 펴낸곳 세종서적(주)

주간 정소연 | 편집 강현호 이상희 | 표지 디자인 this-cover.com | 본문 디자인 HEEYA
마케팅 임종호 | 경영지원 홍성우
인쇄 천광인쇄

출판등록　1992년 3월 4일 제4-172호
주소　　　서울시 광진구 천호대로132길 15, 세종 SMS 빌딩 3층
전화　　　마케팅 (02)778-4179, 편집 (02)775-7011 | 팩스 (02)776-4013
홈페이지　www.sejongbooks.co.kr | 네이버 포스트　post.naver.com/sejongbook
페이스북　www.facebook.com/sejongbooks | 원고 모집　sejong.edit@gmail.com

ISBN 978-89-8407-805-5　03400